周　期　表

10	11	12	13	14	15	16	17	18	族 / 周期
								4.003 $_2$He ヘリウム $1s^2$ 24.59	**1**
			10.81 $_5$B ホウ素 $[He]2s^2p^1$ 8.30　2.04	12.01 $_6$C 炭素 $[He]2s^2p^2$ 11.26　2.55	14.01 $_7$N 窒素 $[He]2s^2p^3$ 14.53　3.04	16.00 $_8$O 酸素 $[He]2s^2p^4$ 13.62　3.44	19.00 $_9$F フッ素 $[He]2s^2p^5$ 17.42　3.98	20.18 $_{10}$Ne ネオン $[He]2s^2p^6$ 21.56	**2**
			26.98 $_{13}$Al アルミニウム $[Ne]3s^2p^1$ 5.99　1.61	28.09 $_{14}$Si ケイ素 $[Ne]3s^2p^2$ 8.15　1.90	30.97 $_{15}$P リン $[Ne]3s^2p^3$ 10.49　2.19	32.07 $_{16}$S 硫黄 $[Ne]3s^2p^4$ 10.36　2.58	35.45 $_{17}$Cl 塩素 $[Ne]3s^2p^5$ 12.97　3.16	39.95 $_{18}$Ar アルゴン $[Ne]3s^2p^6$ 15.76	**3**
58.69 $_{28}$Ni ニッケル $[Ar]3d^84s^2$ 7.64　1.91	63.55 $_{29}$Cu 銅 $[Ar]3d^{10}4s^1$ 7.73　1.90	65.38 $_{30}$Zn 亜鉛 $[Ar]3d^{10}4s^2$ 9.39　1.65	69.72 $_{31}$Ga ガリウム $[Ar]3d^{10}4s^2p^1$ 6.00　1.81	72.63 $_{32}$Ge ゲルマニウム $[Ar]3d^{10}4s^2p^2$ 7.90　2.01	74.92 $_{33}$As ヒ素 $[Ar]3d^{10}4s^2p^3$ 9.81　2.18	78.96 $_{34}$Se セレン $[Ar]3d^{10}4s^2p^4$ 9.75　2.55	79.90 $_{35}$Br 臭素 $[Ar]3d^{10}4s^2p^5$ 11.81　2.96	83.80 $_{36}$Kr クリプトン $[Ar]3d^{10}4s^2p^6$ 14.00　3.0	**4**
106.4 $_{46}$Pd パラジウム $[Kr]4d^{10}$ 8.34　2.20	107.9 $_{47}$Ag 銀 $[Kr]4d^{10}5s^1$ 7.58　1.93	112.4 $_{48}$Cd カドミウム $[Kr]4d^{10}5s^2$ 8.99　1.69	114.8 $_{49}$In インジウム $[Kr]4d^{10}5s^2p^1$ 5.79　1.78	118.7 $_{50}$Sn スズ $[Kr]4d^{10}5s^2p^2$ 7.34　1.96	121.8 $_{51}$Sb アンチモン $[Kr]4d^{10}5s^2p^3$ 8.64　2.05	127.6 $_{52}$Te テルル $[Kr]4d^{10}5s^2p^4$ 9.01　2.1	126.9 $_{53}$I ヨウ素 $[Kr]4d^{10}5s^2p^5$ 10.45　2.66	131.3 $_{54}$Xe キセノン $[Kr]4d^{10}5s^2p^6$ 12.13　2.7	**5**
195.1 $_{78}$Pt 白金 $[Xe]4f^{14}5d^96s^1$ 8.61　2.28	197.0 $_{79}$Au 金 $[Xe]4f^{14}5d^{10}6s^1$ 9.23　2.54	200.6 $_{80}$Hg 水銀 $[Xe]4f^{14}5d^{10}6s^2$ 10.44　2.00	204.4 $_{81}$Tl タリウム $[Xe]4f^{14}5d^{10}6s^2p^1$ 6.11　2.04	207.2 $_{82}$Pb 鉛 $[Xe]4f^{14}5d^{10}6s^2p^2$ 7.42　2.33	209.0 $_{83}$Bi ビスマス $[Xe]4f^{14}5d^{10}6s^2p^3$ 7.29　2.02	(210) $_{84}$Po ポロニウム $[Xe]4f^{14}5d^{10}6s^2p^4$ 8.42　2.0	(210) $_{85}$At アスタチン $[Xe]4f^{14}5d^{10}6s^2p^5$ 9.5　2.2	(222) $_{86}$Rn ラドン $[Xe]4f^{14}5d^{10}6s^2p^6$ 10.75	**6**
(281) $_{110}$Ds ダームスタチウム $[Rn]5f^{14}6d^97s^1$	(280) $_{111}$Rg レントゲニウム $[Rn]5f^{14}6d^{10}7s^1$	(285) $_{112}$Cn コペルニシウム $[Rn]5f^{14}6d^{10}7s^2$	(278) $_{113}$Nh ニホニウム $[Rn]5f^{14}6d^{10}7s^2p^1$	(289) $_{114}$Fl フレロビウム $[Rn]5f^{14}6d^{10}7s^2p^2$	(289) $_{115}$Mc モスコビウム $[Rn]5f^{14}6d^{10}7s^2p^3$	(293) $_{116}$Lv リバモリウム $[Rn]5f^{14}6d^{10}7s^2p^4$	(293) $_{117}$Ts テネシン $[Rn]5f^{14}6d^{10}7s^2p^5$	(294) $_{118}$Og オガネソン $[Rn]5f^{14}6d^{10}7s^2p^6$	**7**

| 152.0 $_{63}$Eu ユウロビウム $[Xe]4f^76s^2$ 5.67　1.2 | 157.3 $_{64}$Gd ガドリニウム $[Xe]4f^75d^16s^2$ 6.15　1.20 | 158.9 $_{65}$Tb テルビウム $[Xe]4f^96s^2$ 5.86　1.2 | 162.5 $_{66}$Dy ジスプロシウム $[Xe]4f^{10}6s^2$ 5.94　1.22 | 164.9 $_{67}$Ho ホルミウム $[Xe]4f^{11}6s^2$ 6.02　1.23 | 167.3 $_{68}$Er エルビウム $[Xe]4f^{12}6s^2$ 6.11　1.24 | 168.9 $_{69}$Tm ツリウム $[Xe]4f^{13}6s^2$ 6.18　1.25 | 173.1 $_{70}$Yb イッテルビウム $[Xe]4f^{14}6s^2$ 6.25　1.1 | 175.0 $_{71}$Lu ルテチウム $[Xe]4f^{14}5d^16s^2$ 5.43　1.27 | ランタ ノイド |
| (243) $_{95}$Am アメリシウム $[Rn]5f^77s^2$ 6.0　1.3 | (247) $_{96}$Cm キュリウム $[Rn]5f^76d^17s^2$ 6.09　1.3 | (247) $_{97}$Bk バークリウム $[Rn]5f^97s^2$ 6.30　1.3 | (252) $_{98}$Cf カリホルニウム $[Rn]5f^{10}7s^2$ 6.30　1.3 | (252) $_{99}$Es アインスタイニウム $[Rn]5f^{11}7s^2$ 6.52　1.3 | (257) $_{100}$Fm フェルミウム $[Rn]5f^{12}7s^2$ 6.64　1.3 | (258) $_{101}$Md メンデレビウム $[Rn]5f^{13}7s^2$ 6.74　1.3 | (259) $_{102}$No ノーベリウム $[Rn]5f^{14}7s^2$ 6.84　1.3 | (262) $_{103}$Lr ローレンシウム $[Rn]5f^{14}6d^17s^2$ | アクチ ノイド |

b) 電子配置には推定したものなどが含まれる.

ベーシック
無機材料科学

辰巳砂昌弘・今中信人 編

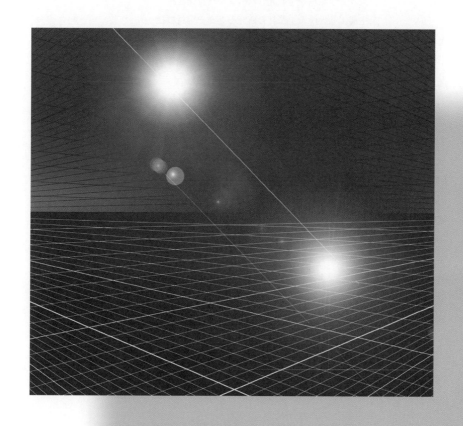

化学同人

執筆者一覧

編　者

辰巳砂昌弘　　大阪公立大学 学長
今中　信人　　大阪大学環境安全研究管理センター特任教授,
　　　　　　　室蘭工業大学希土類材料研究センター客員教授

執筆者（五十音順）　　　　　　　　　　　　　　　　　　　　　　　　　　担当章

今中　信人	大阪大学環境安全研究管理センター特任教授, 室蘭工業大学希土類材料研究センター客員教授	7 章
大槻　主税	名古屋大学大学院工学研究科	11 章
小俣　孝久	東北大学多元物質科学研究所	5 章
梶原　浩一	東京都立大学大学院都市環境科学研究科	9 章
上高原理暢	東北大学大学院環境科学研究科	11 章
幸塚　広光	関西大学化学生命工学部	2 章
忠永　清治	北海道大学大学院工学研究院	12 章
辰巳砂昌弘	大阪公立大学 学長	1 章
田中　勝久	京都大学大学院工学研究科	10 章
田村　真治	大阪大学大学院工学研究科	7 章
鶴見　敬章	東京工業大学物質理工学院	6 章
中西　貴之	物質・材料機構 機能性材料研究拠点	8 章
布谷　直義	大阪大学大学院工学研究科	7 章
林　　晃敏	大阪公立大学大学院工学研究科	3 章
水畑　穣	神戸大学大学院工学研究科	4 章
武藤　浩行	豊橋技術科学大学大学院工学研究科	13 章

はじめに

　人工知能（AI），バイオ，量子技術といった先端技術分野の発展には，シリコン製造技術の高度化や光ファイバー製造法の発明といった材料科学の発展の寄与が非常に大きい。このような材料科学の基礎と応用を学ぶために企画された，本書『ベーシック無機材料科学』は，30 年以上前に刊行された『無機材料科学』（足立吟也，島田昌彦 編，化学同人，1982 年）や『新無機材料科学』（足立吟也，島田昌彦，南　努編，1990 年，化学同人）を源流としている。「材料」とは人類にとって役に立つ「物質」のことであり，物質を如何にして材料に変えるかを考える学問を材料科学とする本書の考え方は，この源流に遡ることができる。英語で材料科学は Materials Science となるが，最近「マテリアル」は材料と物質の両方の，より広い意味を持つ用語としても定着している。人類発展の歴史は，鉄，金属，プラスチック，ファインセラミックス，エレクトロニクス材料などの多種多様なマテリアルの発展に支えられており，その発展がこれまでに何度も，世界の在り方を大きく変えるイノベーションをもたらしている。とりわけ我が国でマテリアルは，科学技術・イノベーションを支える基盤技術と位置づけられ，これまでリチウムイオン電池や青色発光ダイオードなど，数多くのイノベーションを生み出してきた。現代社会において，解決すべき社会課題が複雑化し，マテリアル・イノベーションの重要性が叫ばれるなか，この分野の研究力強化とともに，その本質を追求できる人材の育成が求められている。

　本書，『ベーシック無機材料科学』は，大学学部 3，4 年生を対象とした教科書・参考書として，また無機物質を初めて扱う大学院生や研究者の入門書として執筆・編集されたものである。身近な機器に用いられている無機材料を例にとって，初学者にもわかりやすく，材料科学の本質が理解できる構成を心がけたつもりである。そのような観点に加えて，本書は現代の無機材料科学を牽引する最先端の研究者が，それぞれの材料分野を分担して執筆に当たった。それゆえ，広範にわたる無機材料の基礎が身につくだけでなく，最新の応用例に触れることによって，イノベーションをもたらすための考え方の一端を感じることができるはずである。本書がきっかけとなって，一人でも多くのマテリアル・イノベーション人材が育つことを願っている。

　なお，本書の刊行に際しては，化学同人の大林史彦氏と佐久間純子氏に大変お世話になった。この場を借りて厚くお礼申し上げる。

2021 年 2 月

辰巳砂昌弘，今中信人

目　次

第 13 章　セラミックスの破壊と強度　　199

第1章 無機材料科学の基礎

■ この章の目標 ■

　私たちのまわりは，日常生活を豊かで便利にしてくれるさまざまなモノで溢れている。それらはいずれもさまざまな材料から構成されており，現代の生活に材料は不可欠である。本章では，材料とは何かを知るために，物質と材料の違いについてまず学ぶ。多様な機能をもつ材料を得るには，物質に形態を与えることが重要であるが，その形態にはどのようなものがあるのか，巨視的レベルで発現する機能と原子・分子レベルにおける構造の関係について，物質の三態を基礎として学ぶ。同じ物質でも，与える形態によって発現する機能はさまざまである。電気的，誘電的，光学的，磁気的，熱的，化学的，機械的機能を発現させるために与える形態のポイントと，実際の材料例の概略を知る。また，セラミックス材料，ガラス材料，金属材料，有機材料，高分子材料，複合材料など，物質の分類による材料の分類についても学ぶ。さらに，無機材料では異なる元素間に働く結合力を理解することが重要であり，無機材料科学は，地球環境を配慮して総合的に新しい無機材料を考え創り出す学問分野であることを学ぶ。

1.1　物質と材料

　スマートフォンが普及し，家電製品の性能が飛躍的に向上した現代において，私たちの日常生活は日々便利になっている。人類は有史以前からずっと，より便利に暮らすことを追求し続け，知恵を絞ってきた。石器時代，青銅器時代，鉄器時代と，その時々に使いこなすことができるようになった道具の材質，すなわち「材料」が，歴史の教科書における時代の区分を表していることは興味深い。現代はまだ「鉄」の時代かもしれないし，「シリコン」の時代，あるいは「炭素」の時代かもしれな

い。いずれにしても，人類の文化の発展が材料の進化に大きくかかわり，そのイノベーションが新しい人類文化を生み出していくことにつながっている。したがって，新しい材料を考え創り出す際には，快適な生活だけでなく，持続可能な地球環境に配慮することが，現代の科学者・技術者には求められている。

　私たちの身の回りにはさまざまな物質がある。物質と材料の違いは何であろうか。たとえば二酸化炭素や水，鉄といった「物質」は単なる原子や分子の集合体で，材料とは，人間にとって都合のよいようにつくられた，人間の生活に役立つ物質のことである。材料科学は，このような材料を物質から人工的に創り出すための方法，すなわち，ただの物質をいかに役に立つ材料に変えていくかについて，地球環境を配慮して総合的に考える学問分野といえる。

　石器時代，周囲に転がっている石はそのままでは何の役にも立たないが，それに鋭利な形状を与えることによって，ものを切ることのできる，人間の役に立つ材料に変えることができた。酸化アルミニウムという物質はアルミニウムと酸素の化合物であるが，そこにある形態（この場合は単結晶化と遷移金属の少量添加）を与えることによって，価値の高い宝石ルビーに変えることができる。一般に，物質にある形態を与えることで人間の役に立つ材料が得られる。

物質　＋　形態　→　材料

　「形態」も多様で，それによってどのように役に立つか，すなわちどのような機能を発現するかが異なる。ルビーの場合の機能は「透明」であったり「着色」であったり，また場合によっては「発光」であったりする。物質にどのような形態を与えるとどのような機能が出現するかを考えるのが材料科学の原点である。

1.2　物質の形態

　鋭利な形状といった文字どおりの形態だけでなく，材料化のため物質に与える形態には，そのスケールに応じて，巨視的レベルから原子・分子レベルまでが存在する。それらのレベル間には，およそ1ナノメートル（10^{-9} m）以上のナノレベル，およそ1マイクロメートル（10^{-6} m）以上のマイクロレベルなどがあり，それぞれのスケールで物質に形態を与えることで，多種多様な機能を発現することができる。

　オングストローム（10^{-10} m）スケールの世界である，原子・分子レ

ベルに目を向ける。物質には，気体，液体，固体の三態がある。ある一
つの物質に注目すると，温度や圧力が変化すると物質の状態は変わる。
気体，液体，固体において，その物質を構成する構成粒子，たとえば原
子，分子，イオンがどのように存在しているかを，図1.1に模式的に示
す。構成粒子間の距離が長い気体に比べて，液体や固体ではその距離が
短く，粒子は自由に動き回ることが制限される。このうち，構成粒子が
密にパッキングされた固体では粒子間の結合力によって，個々の粒子が
身動きできず，それゆえ固体は独立で形状を維持する。一方液体は，気
体ほど自由にというわけにはいかないが，構成粒子が互いに位置を変え
ることができるスペースがあるために「流動」という性質をもつことに
なる。このような，巨視的な形状が維持できるかどうかという物質の基
本的性質は，原子・分子レベルの構成粒子の配列に大きくかかわってお
り，このような性質は温度や圧力に支配されている。その詳細は，「第
3章　無機化合物の状態図」で学ぶ。

　材料科学で取り扱われる多くの物質は，巨視的な形状を維持する固体
である。固体で熱力学的に最安定の状態が結晶である。液体の温度を下
げていき，凝固点に達すると，原子や分子が規則正しく配列して結晶と
なる。凝固の際，この再配列が1か所から起こり，巨視的な物質全体に
わたって規則正しく配列した結晶を単結晶と呼ぶ。液体のあちこちから
再配列が起こり，規則正しい配列をした部分が沢山集まってできた結晶
は多結晶と呼ぶ。しかし，場合によっては凝固点で配列が始まらず，構
成粒子間の距離がさらに短くなってついには流動できない状態に至る
と，これは非晶質になる。非晶質は，構成粒子がランダムにパッキング
された固体ということになる。このようにして得られる非晶質はガラス
と呼ばれる。図1.2には，結晶と非晶質，単結晶と多結晶において構成
粒子がどのように配列しているかを示している。多結晶は，規則正しい
配列部分がたくさん集まってできており，それらの間に不連続な部分が
ある。これは粒界と呼ばれ，多結晶は粒界をもつことが特徴である。単
結晶やガラスには粒界がない。同じ物質でも単結晶か多結晶かガラスか
でその性質は大きく異なる。たとえば，一般に単結晶やガラスは透明だ
が，多結晶は不透明である。ガラスか多結晶かなども材料化の際に物質
に与えられる重要な形態である。同じ結晶でも，構成粒子の配列の仕方
によって性質が異なるが，この点については「第4章　無機材料の結晶
構造と結晶成長」で学ぶ。

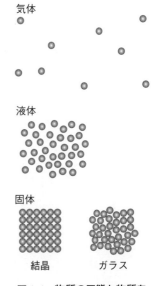

図1.1　**物質の三態と物質を
構成する構成粒子の
存在状態**

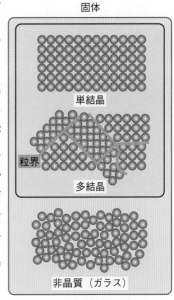

図1.2　**固体を構成する構成
粒子の存在状態**

1.3　形態と機能

　オングストロームレベルやナノレベルでの形態の違いが，なぜ，透明・不透明といった巨視的性質を支配するかを理解するのが，材料科学の基本である。単結晶やガラスが一般に透明であるのに対し，多結晶が不透明なのはなぜか。ある物体が透明かどうかは，可視光がその物体を透過するか，あるいは散乱などによって透過しないかにかかっている。可視光は電磁波の中でも 400〜750 nm の非常に限られた波長をもち，人間の目はこの範囲内の電磁波を色として識別する能力をもっている。図1.1に示した構成粒子の配列間隔はオングストローム（0.1 nm）オーダーなので，その 1,000 倍も長い波長をもつ電磁波は，その物質に吸収されることがなければそのまま素通りしてくる。しかし，多結晶のもつ粒界の間隔はナノレベルからマイクロレベルで，可視光の波長に近いため散乱が起こり，多結晶は光が透過せず不透明になる。これに対し，単結晶やガラスには粒界がないので光が透過し，透明になる。一方で，電磁波の中でも，その配列間隔に近いオングストロームオーダーの波長をもつX線を用いれば，電磁波の回折現象によって結晶とガラスを区別することができる。材料の透明性については，「第9章　透光性材料とガラス」で詳しく学ぶ。

　物質に与える形態によって機能が発現し，材料となることを述べたが，機能にもさまざまあって，それらを分類すると表1.1のようになる。上に述べた「透明性」も光機能の中の重要な性質で，現代の情報化社会を支えている通信用光ファイバーには，極度に透明性の高い材料が求められる。ファイバーの長さが 10 km 以上になっても，伝達する光の強度が半減しない材料が必要で，現在通信用光ファイバーとして用いられているのは二酸化ケイ素（SiO_2）からなる，いわゆるシリカガラスである。その理由は，SiO_2 という物質がもつ電磁波の吸収特性（格子振動による赤外線の吸収と電子遷移による紫外線の吸収）がまず理想的であり，さらに 99.999999％以上と純度を極端に高めることによって散乱特性（組成揺らぎによるレイリー散乱）も理想的なものにできるからである。加えて，ガラス状態でファイバー（繊維）という形態を与えることで，通信ケーブルに用いられている。実際，この光通信用シリカガラスは，通常の窓ガラスと比べると 10 万倍以上透明性が高い。

　SiO_2 は地殻を形成する主要成分として知られる資源豊富な物質で，そこに高純度化やガラス化といった形態付与によって，きわめて有用な透光性材料が得られている。同じ物質でも与える形態を変えれば，まっ

表 1.1 物性と材料の関係

分 類	特性の例	機構発現のポイント	関連する材料, デバイス例
電気的性質	電気伝導	電子, 正孔, イオンの移動	導体, 半導体, 固体電解質, 超伝導体, 蓄電池, 燃料電池, 太陽電池, センサ
誘電的性質	分極, 常誘電性, 圧電性, 焦電性, 強誘電性	イオンの偏移	チタン酸バリウム, 積層セラミックコンデンサ, 圧電センサ, 赤外線センサ, メモリ
光学的性質	光吸収・透過, 発光, 半導体における電荷分離	電荷の振動, 光による電子エネルギーの変化, 光による正孔・電子の生成	蛍光体, 蓄光体, レーザー材料, 光触媒, 発光ダイオード, 太陽電池, EL, 光ファイバー
磁気的性質	反磁性, 常磁性, 強磁性, 反強磁性, フェリ磁性, スピントロニクス, マルチフェロイックス, 磁気光学	電荷の回転, 磁気モーメントの配列, スピンの配列, 磁性と電子伝導の共存	永久磁石 (希土類, KS 鋼, MS 鋼, アルニコ, フェライト), 軟磁性体 (パーマロイ), ハードディスク, 光アイソレーター
熱的性質	比熱, 熱伝導, 熱膨張, 熱電効果	格子振動	断熱材, 熱の導体 (放熱体), 熱電材料
表面の性質	固体表面への吸着, 濡れ性	固体表面のエネルギー, 表面積, 表面欠陥	触媒, ゼオライト, 活性炭, ガスセンサ, 吸着剤, 吸湿剤
機械的性質	弾性, 延性, 機械的強度, 硬度, 破壊	化学結合, 転位, 粒界, 格子欠陥, クリープ, クラック	構造材料一般, 人工骨, 人工歯

たく異なる機能をもった材料を得ることができる。物質に与える形態によって, 発現する機能がどのように変わるかを, やはり資源豊富な物質, アルミナ (酸化アルミニウム；Al_2O_3) を例にとって示す。図 1.3 には, Al_2O_3 から得られるさまざまな材料を示している。物質としては同じ Al_2O_3 であっても, 与える形態によって材料の用途は多岐にわたる。たとえば, Cr^{3+} をわずかにドープして単結晶化すれば, 前出のルビーが得られる。遷移金属イオンは可視光に対応する特定のエネルギーの電

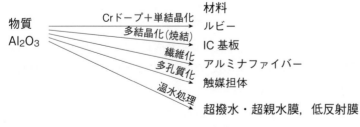

図 1.3 アルミナの材料化

磁波を吸収し，Cr^{3+} の場合赤色を示す。一方，アルミナは多結晶体にすれば半導体基板などの優れた絶縁性電子材料となる。また，繊維化することで耐熱性・高強度のアルミナファイバーが，多孔質化することで触媒担体や高温断熱材が得られる。さらに，ナノオーダーでの凹凸構造をもった薄膜状とすることで，超親水や超撥水機能を与えたり，光の無反射材料としたりすることもできる。

　アルミナと名の付く物質の中に，$β$(ベータ)-アルミナがある。これは，発見された当初は純粋な Al_2O_3 と考えられてこのような名前が付いたが，よく調べるとナトリウムを少し含む $Na_2O \cdot 11Al_2O_3$（モル比）という組成をもった結晶化合物であることが判明した。この物質は Na^+ イオン伝導性が高く，電力貯蔵用のナトリウム硫黄電池（NAS電池）の固体電解質材料として用いられている。$β$-アルミナは，Na^+ イオンのみが層間で流動できる特異な層状の結晶構造をもつため，固体でありながらイオン伝導機能が発現する。表1.1の電気的性質に分類される機能の中で，電気伝導性を高めるためのポイントは，荷電担体が移動しやすい形態を物質に与えることである。しかし，その対象が電子や正孔か，あるいはイオンかによって，すなわち電子伝導かイオン伝導かによって，その方策や材料の用途はまったく異なる。電気伝導に関しては，「第5章　無機材料の電子伝導性と半導体」および「第7章　イオン伝導体とエネルギー材料」において詳しく述べる。

　物質には，単体，化合物を問わず，無機物と有機物がある。本書で取り扱う材料はおもに無機物であり，その学問領域を無機材料科学と呼ぶ。おもな対象は，セラミックス材料，ガラス材料，金属材料であり，対象としないものとして，有機材料，高分子材料，複合材料などがある。物質の機能には，ある物質に固有と考えられるものもあるが，大方は別の物質で同様の機能が発現する場合が多い。たとえば前出のシリカの光ファイバーが開発された過程で，フッ化物やカルコゲン化物，プラスチック製の光ファイバーの研究がなされ，現在も通信用以外の用途で材料として用いられている。

　無機材料と有機材料を比較すると，有機材料が炭素と水素，そして酸素，窒素などの限られた元素で構成され，多重結合を特徴とする物質の化学に基礎を置いているのに対し，無機材料は100以上の多様な元素の組み合わせを特徴とする物質の化学を基礎としている。有機材料の場合，分子に対する理解が最重要であるのに対し，無機材料の場合は，多くの元素の組み合わせによって膨大な化合物が存在するため，まずは異なる元素間に働く結合力を理解することが重要である。元素の周期表の

左下から右上に行くほど電気陰性度が大きくなるが，電気陰性度の小さい陽性元素間は金属結合，陰性元素間は共有結合，陽性元素と陰性元素間，すなわち電気陰性度の差が大きいほどイオン結合性が強くなる。これは，前節で述べたオングストローム（10^{-10} m）スケールにおける形態の違いをもたらすが，共有結合には結合の方向性があり，金属結合やイオン結合にはその方向性がないため，それぞれの化合物の構造にその結合の特徴が現れてくることになる。概していえば，共有結合性が高ければ構成元素の充填率は低くなり，イオン結合性が高ければその充填率は高くなる。したがって，ナノオーダーでの多孔体を得ようとすれば，共有結合性を導入しなければならないことは必然である。結晶構造は材料の機能を大きく支配する最も重要な要因であり，「第3章　無機材料の結晶構造と結晶成長」で詳しく学ぶ。

1.4　地球環境とエネルギー

　現代に生きる私たちの身の回りは沢山のモノで溢れている。生活を便利にするために人工的に作られたモノはいずれその役割を終えるときが来る。廃棄物をどのように取り扱うかまで考えたモノづくりの重要性が高まっている。これまでの材料の開発過程では，一般に「高機能，低コスト，長寿命」が求められてきた。これに加え，地球環境保全に配慮することが現代の材料開発には求められている。健康に影響を及ぼす物質や，地球上にきわめて存在量の少ない元素が，ある機能発現に突出しているというケースは少なくない。そのような問題を解決するのは材料科学の使命である。本章で材料とは人間にとって役に立つ物質と位置づけたが，究極の材料は人類を支えるためだけに開発されるものではなく，生態系に倣って自然と共生できる，いわゆる持続可能な地球環境づくりに貢献できるものでなければならない。

　創・蓄・省エネルギーにかかわる材料は，今後重要性を増すものと考えられる。そのような材料ではとりわけ，製造時に要するエネルギーを配慮してプロセスを考えることが重要である。自然の摂理としてエントロピーは増大する。エントロピーを減少させるには，エネルギーが必要である。物質から材料をつくるとエネルギーを使い，エントロピーが減少する。

　エネルギー収支に加えて，常に地球環境とエネルギー循環を考えたモノづくりが求められており，材料科学に対する期待は大きい。

━━━━━━━━━━ **参 考 文 献** ━━━━━━━━━━

足立吟也，島田昌彦，南　努　編，『新無機材料科学』，化学同人（1990）.

足立吟也，南　努　編，『現代無機材料科学』，化学同人（2007）.

━━━━━━━━━━ **章 末 問 題** ━━━━━━━━━━

1.1　物質に与える形態によって，発現する機能がどのように変わるかを，単体ケイ素（シリコン）を例にとって示せ。

1.2　物質と材料の違いについて，いくつか実例を挙げて説明せよ。

1.3　飲料の容器として使われる，ガラス，金属，有機高分子，紙などについて，容器材料としてのそれぞれの特徴（長所や短所）を挙げ，比較せよ。

第2章 無機材料の作製プロセス

■ **この章の目標** ■

　組成，原子配列，形状や形態のうえで無機材料の種類は多岐にわたる。そのため作製プロセスの種類も膨大な数にのぼり，そのすべてを限られた紙面で説明することはできない。しかし，科学や技術の立場で材料にかかわる者が常識として知っておく必要のある作製プロセスがいくつかある。本章ではそれらについて説明する。まず，複酸化物を合成するための固相反応と，粉末を焼き固めてバルク状の無機材料を作製するための焼結について説明する。固相反応と焼結には原子の拡散が深くかかわるため，原子の拡散についての理解も深める。次に単結晶の作製方法について学ぶ。ひと言で単結晶といっても，溶液，融液，気体，あるいは固体を原料とするさまざまな方法があることを知ることになる。粉末，薄膜，ファイバーはいずれも実用的な無機材料の形態として重要なものであるが，これらがどのようにして作製されるかについて学ぶ。とくに粉末や薄膜について，溶液や気体を原料とするさまざまな方法があることを知ることになる。

2.1　化合物を合成するために──固相反応

2.1.1　固相反応の概要

　水素と窒素が反応してアンモニアが生じる反応は気相状態で進行するため，気相反応と呼ばれる。水酸化ナトリウムの水溶液と塩酸を混合することによって生じる中和反応は液相状態で進行するため，液相反応と呼ばれる。

　これらに対し，固体状態で進行する反応は固相反応と呼ばれる。固相反応は，複酸化物（陽性元素を2種類以上もつ酸化物）を合成するため

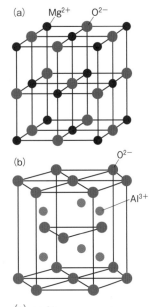

(a) Mg²⁺ O²⁻

(b) O²⁻ Al³⁺

(c) Mg²⁺ O²⁻ Al³⁺

図2.1　**(a) MgO, (b) Al₂O₃, (c) MgAl₂O₄ の結晶構造**

にしばしば利用される。たとえば，マグネシア（MgO）とアルミナ（Al₂O₃）を反応させることによってスピネル（MgAl₂O₄）が合成される。

$$MgO + Al_2O_3 \longrightarrow MgAl_2O_4 \tag{2.1}$$

MgAl₂O₄ の結晶構造は，原料である MgO や Al₂O₃ のいずれの結晶構造とも異なる（図2.1）。原子の組み換えが起こるわけであるから，これは化学反応の一種である。

　アルカリ金属やアルカリ土類金属については，酸化物でなく炭酸塩が使用されることが多い。たとえばチタン酸バリウム（BaTiO₃）は，炭酸バリウム（BaCO₃）とチタニア（TiO₂）から合成され，この場合，二酸化炭素が副生成物として生じ，ガスとして系外に放出される。

$$BaCO_3 + TiO_2 \longrightarrow BaTiO_3 + CO_2\uparrow \tag{2.2}$$

イットリウム系超伝導体 YBa₂Cu₃O₇₋δ も炭酸バリウムを原料として合成される。

$$2Y_2O_3 + 8BaCO_3 + 12CuO + (1-2\delta)O_2 \longrightarrow$$
$$4YBa_2Cu_3O_{7\text{-}\delta} + 8CO_2\uparrow \tag{2.3}$$

ただし，この場合には雰囲気中の酸素も原料となる。

　複酸化物を合成するための固相反応は，図2.2に示す手順によって行われる。まず，原料である酸化物粉末や炭酸塩粉末をはかりとる（秤量）。次に，混合粉末に圧力を加えて押し固める（加圧成形）。最後に，加圧成形した混合粉末を千数百℃という高い温度で保持する（焼成）。焼成の過程で固相反応が進行する。2.2節で説明するが，焼成の過程で混合粉末は硬くなる（焼結）。組成の均一性を確保するために，焼成して硬くなった生成物を粉砕・混合し，再度焼成することもある。

　気相反応や液相反応では，分子どうしの衝突によって反応が起こる。

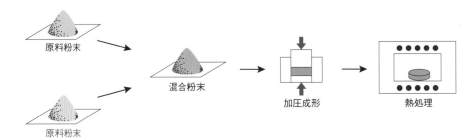

原料粉末　原料粉末　混合粉末　加圧成形　熱処理

図2.2　**固相反応の手順**
原料粉末を混合し，加圧成形し，熱処理する。

たとえば窒素と水素からアンモニアが生じる反応では，N_2分子とH_2分子が衝突することによってNH_3分子が生じる。温度を高くすると反応速度が大きくなるが，これは，N_2分子とH_2分子がもつ運動エネルギーが大きくなり，活性化エネルギーを超えやすくなるからである。これに対し，固相反応では原子の拡散によって反応が進行する。固相反応の速度も温度を高くすると大きくなる。このことについて理解するためには，固相中での拡散について理解を深めておく必要がある。

2.1.2 固相中での原子の拡散

　原子や分子の拡散は，気相，液相，固相のいずれにおいても起こる。空気の流れのない室内に香水を一滴垂らせば，いくらかの時間の経過ののち，室内の別の場所でもその香水のにおいが感じられる。においが感じられるのは，香水の成分である分子が空気中を拡散するからである。ビーカー中の水にインクを一滴静かに垂らせば，インクの成分である分子が水の中を拡散し，最終的には色の濃さがビーカー中で均一になる。

　これと同じように，固相中でも原子や分子の拡散は起こる。気相，液相，固相を問わず，原子や分子は，それらの濃度の高い位置から低い位置に向かって自発的に拡散する。特定の原子の濃度が図2.3に示すように位置によって異なれば，その原子は濃度の高い位置から低い位置に向かって拡散する。

　単位断面積を単位時間あたりに通過する原子や分子の物質量を流束$J(\mathrm{mol\ m^{-2}\ s^{-1}})$という。濃度を$c(\mathrm{mol\ m^{-3}})$，位置座標を$x(\mathrm{m})$とすると濃度勾配は$dc/dx(\mathrm{mol\ m^{-4}})$と表すことができるが（図2.3），流束は濃度勾配に比例する。すなわち，

$$J = -D\frac{dc}{dx} \tag{2.4}$$

この法則はFickの第1法則と呼ばれる。式（2.4）の右辺の負号は，濃度勾配が正のときに流束の向きが負になることを表現している。式（2.4）の比例係数Dを拡散係数という。なお，式（2.4）を次式のように変形することにより，拡散係数Dが，単位濃度勾配（$1\ \mathrm{mol\ m^{-4}}$）のもとで生じる流束であることが理解できる。このように，拡散係数は，単位濃度勾配のもとでの拡散の起こりやすさを表している。

$$D = -\frac{J}{\dfrac{dc}{dx}} \tag{2.5}$$

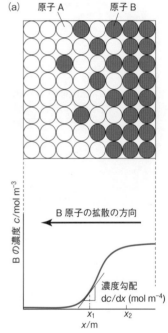

(a) 原子A　原子B

B原子の拡散の方向

濃度勾配
$dc/dx\ (\mathrm{mol\ m^{-4}})$

x_1　x_2

x/m

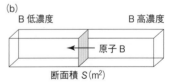

(b)

B 低濃度　　　　B 高濃度

原子B

断面積 $S(\mathrm{m}^2)$

B原子の流束 $J=$

$$\frac{\text{断面 } S \text{ を } 1\,\mathrm{s} \text{ に通過する原子 B の物質量 (mol/s)}}{S\,(\mathrm{m}^2)}$$

図2.3　固体中での原子の濃度勾配と拡散の向きの関係，ならびに流束の定義

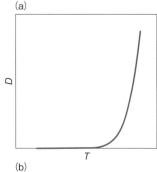

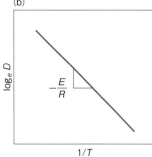

図 2.4　**(a) 拡散係数 D と絶対温度 T の関係，(b) $\log_e D$ と $1/T$ の関係**

拡散係数 D は次式に従って絶対温度 T(K) とともに増大する（図 2.4）。

$$D = D_0 e^{-\frac{E}{RT}} \tag{2.6}$$

ここで R($\mathrm{J\,K^{-1}\,mol^{-1}}$) は気体定数，$D_0$ は比例係数であり，E($\mathrm{J\,mol^{-1}}$) は拡散の活性化エネルギーと呼ばれる。固相中で原子が拡散する際には，隣接する原子との化学結合を切断し，しかも結晶格子を押し広げる必要がある。これらのために必要なエネルギーが拡散の活性化エネルギーの中身であると考えてよい。

2.1.3　原子の拡散と固相反応

　MgO と $\mathrm{Al_2O_3}$ から $\mathrm{MgAl_2O_4}$ が生じる固相反応〔式 (2.7)〕を例にとって説明する。

$$\mathrm{MgO} + \mathrm{Al_2O_3} \longrightarrow \mathrm{MgAl_2O_4} \tag{2.7}$$

MgO 粉末と $\mathrm{Al_2O_3}$ 粉末を十分によく混合して加圧成形すれば，MgO 粉末のひとつぶは必ず $\mathrm{Al_2O_3}$ 粉末と接触する〔図 2.5 (a)〕。接触する部分を拡大して描いたのが図 2.5 (b) である。図 2.5 (b) では原子（イオン）を丸で描いてある。混合粉末加圧成形体を千数百℃で加熱すると，$\mathrm{Al_2O_3}$ 粉末中に $\mathrm{Mg^{2+}}$ イオンが拡散し，MgO 粉末中に $\mathrm{Al^{3+}}$ イオンが拡散する（$\mathrm{Mg^{2+}}$ イオンの濃度の高い MgO 粉末から，濃度が $0\ \mathrm{mol\,m^{-3}}$ の $\mathrm{Al_2O_3}$ 粉末に向かって拡散が起こることに注意する）。その結果，$\mathrm{Mg^{2+}}$ イオンと $\mathrm{Al^{3+}}$ イオンが共存する領域が生じ，そこで $\mathrm{MgAl_2O_4}$ が生成する〔図 2.5 (c)〕。$\mathrm{MgAl_2O_4}$ 層中をもイオンは拡散し，$\mathrm{MgAl_2O_4}$ 層は時間とともに厚くなり，最終的には全領域が $\mathrm{MgAl_2O_4}$ となる。これで固相反応が完了したことになる。

　固相反応が完了するためには，原子は粉末ひとつぶ分の距離を拡散する必要がある。粉末ひとつぶの大きさが $100\ \mathrm{\mu m}$ であれば，$100\ \mathrm{\mu m} =$

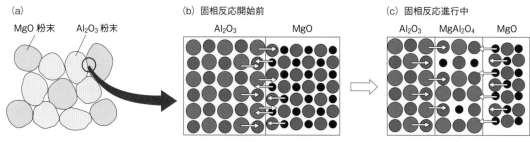

図 2.5　**固相反応の進行過程**

（a）MgO と $\mathrm{Al_2O_3}$ の混合粉末の模式図。MgO 粉末と $\mathrm{Al_2O_3}$ 粉末の接触部の (b) 固相反応開始前の様子と (c) 固相反応進行中の様子。

100,000 nm = 1,000,000 Å，すなわち原子約100万個分の距離を拡散する必要がある。しかし，ひとつぶの大きさが1 μmである細かい原料粉末を使用すれば，原子約1万個分の距離を拡散するだけで固相反応は完了する。ただし，細かい原料粉末を使用しても，混合が十分でなければ，固相反応に必要な拡散距離は大きくなってしまう。以上のように，固相反応に要する時間を短くするには，細かい原料粉末を使用し，それらを十分に混合するのが有効である。

ところで，式（2.7）の反応のギブズ自由エネルギー変化 ΔG は，常温でも負である。したがって，常温でもこの反応は自発的に進行するはずである。しかしながら，常温でこの反応が実際に進行することはなく，反応を進行させるためには千数百℃での焼成が必要である。これは，室温では原子の拡散係数が小さく，現実的な時間のスケールでは反応が進行しないからである。式（2.6）と図2.4を示して説明したように，拡散係数は温度とともに増大する。そのため温度を上げれば固相反応の速度は大きくなる。これが固相反応を進行させるために焼成が必要な理由である。

2.1.4　複酸化物以外の化合物を合成するための固相反応

炭化ケイ素（SiC），ホウ化マグネシウム（MgB_2），ニケイ化モリブデン（$MoSi_2$）の生成反応を以下に記す。

$$Si + C \longrightarrow SiC \tag{2.8}$$
$$SiO_2 + 3C \longrightarrow SiC + 2CO \tag{2.9}$$
$$Mg + 2B \longrightarrow MgB_2 \tag{2.10}$$
$$Mo + 2Si \longrightarrow MoSi_2 \tag{2.11}$$

以上のように，炭化物，ホウ化物，ケイ化物の生成反応も，複酸化物のそれと同様に固相反応であるように見える。実際，式（2.8）の反応は固相反応である。しかし，式（2.9）の反応は SiO ガスが関与する複雑なものであり，Si 原子と C 原子の固相中での拡散だけで進行するわけではないため，固相反応と呼ぶのは適切でない。なお，SiC を製造するために工業的に利用されるのは，式（2.9）の反応である。

式（2.10）は固相反応と呼ぶことができる。しかし Mg の融点が低く（650℃）蒸発しやすいのに対し，B の融点が高い（2,080℃）ため，原料混合粉末を加熱するという単純な方法では MgB_2 は得られず，密封容器中高圧下で反応させる必要がある。

$MoSi_2$ を製造するための式（2.11）も固相反応であるが，反応を進行

(a)

粉末（直径の例：10 μm）

気孔

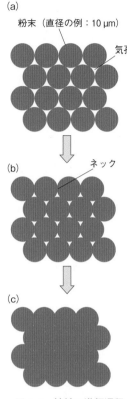

(b)

ネック

(c)

図2.6　焼結の進行過程

させるために非常に高い温度が必要である。そのため，反応熱を利用する自己燃焼合成と呼ばれる方法や，機械的に原子レベルでの混合を実現するメカニカルリミングと呼ばれる方法が用いられる。

2.2　多結晶体の板や棒を作製するために――焼結

2.2.1　焼結の概要

　バルク状の，すなわち塊状の金属材料は，金属を溶融して液体状態としたのちに冷却して固体状態とし，必要に応じて力を加えて加工することによってつくられる。バルク状の高分子材料も高分子を溶融してつくられる。ただし，高分子材料は，加熱して柔らかくなる熱可塑性樹脂と，加熱して硬くなる熱硬化性樹脂に分類される。バルク状の熱可塑性樹脂は溶融した高分子を冷却して固化させてつくられるが，熱硬化性樹脂は溶融した高分子をさらに加熱して固化させてつくられる。のちに述べるように，バルク状のガラスもまた，溶融してつくられる。

　セラミック材料の多くは酸化物，窒化物，炭化物などの無機化合物の多結晶体であるが，これらのセラミック材料のバルク体は，溶融状態を経由せず，原料粉末の加圧成形体を，固体状態のままで焼き固めることにより作製される。この操作を**焼結**という。

　現象としての焼結について説明する。図2.6に焼結の進行過程を模式的に示す。ここで，丸で描かれているのは原料粉末のひとつぶである（実際に使用される粉末がこのようにきれいな球であることはまれであるが）。加圧成形した段階で，粉末同士は点で接触している。これを千数百℃という高い温度で加熱すると，粉末同士の接触が点での接触から面での接触に変化し，面で接触した部分はネックと呼ばれる結合部となる。粉末間の空隙を気孔といい，気孔が占める体積分率を**気孔率**という。ネックの形成と成長にともなって気孔率は減少する。気孔率が0％になったところで焼結が完了したことになる。以上が現象としての焼結であり，焼結により作製されるバルク体を**焼結体**という。粉末の加圧成形体はきわめて脆いが，焼結体は硬い。

2.2.2　焼結の駆動力

　物体の単位質量あたりの表面積を**比表面積**という。比表面積のSI単位は$m^2\,kg^{-1}$であるが，$m^2\,g^{-1}$が単位として使われることが多い。気孔をとりかこむ面もその物体の表面の一部である。したがって，焼結の進行によって気孔が収縮・消滅するとき，比表面積は減少する。

　表面積を 1 m² だけ大きくするのに必要なエネルギーは**表面エネルギー**と呼ばれ，その SI 単位は J m⁻² である。表面積を増やすにはエネルギーが必要である。すなわち，比表面積が大きい分だけ物体の自由エネルギーは大きい。たとえば 1 kg の一塊の氷に比べて 1 kg のかき氷がもつ自由エネルギーは大きい。焼結後の比表面積は焼結前のそれより小さく，したがって焼結後の自由エネルギーは焼結前のそれより小さい。すなわち焼結を次式のように表現したとき，その自由エネルギー変化 ΔG は負である。

$$焼結前 \quad \longrightarrow \quad 焼結後，\Delta G \tag{2.12}$$

これが，焼結が自発的に進行する理由である。

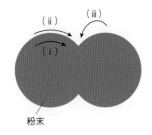

図2.7　**焼結の機構**

2.2.3　原子の拡散と焼結

　焼結が進行するためには原子が拡散する必要がある。その詳細を図2.7 に描く。図中の（ⅰ），（ⅱ），（ⅲ）の矢印で示されるように，粉末内部での原子の拡散〔（ⅰ）〕，粉末表面での原子の拡散〔（ⅱ）〕，さらには粉末外の気相での原子の拡散〔蒸発・凝縮，（ⅲ）〕によってネックの形成と成長が実現する。

　室温においても式（2.12）の ΔG は負である。しかしながら，酸化物，窒化物，炭化物において室温で焼結が進行することはない。これは室温では拡散係数が小さすぎるためである。温度を上げれば拡散係数が大きくなり，その結果，焼結が進行する速度が大きくなる。これが焼結に高温が必要な理由である。

2.2.4　焼結のための工夫

　省エネルギーの観点からは，より低い温度，より短い時間で焼結を完了させることが望ましい。焼結の速度を大きくするために，**焼結助剤**と呼ばれる添加物を原料混合粉末に加えることがある。焼結助剤は焼成過程で微量の液相を生じさせる働きをもち，液相の生成によって原子の移動が容易になる。液相の生成を伴う焼結はとくに**液相焼結**と呼ばれる。

　気孔率の減少速度を大きくするために，加圧した状態で焼結を進行させることもある（図2.8）。**ホットプレス法**（hot pressing；HP法）は，原料混合粉末を鋳型に入れ，一方向で加圧した状態（一軸加圧）で加熱し，焼結を進行させる方法である。一軸加圧ではなく，全方向から均等に圧力をかけた状態で焼結を進行させる方法もあり，**熱間静水圧法**（hot isostatic pressing；HIP法）と呼ばれる。この方法では，混合粉末

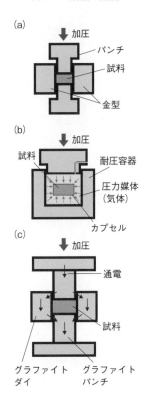

図2.8　**焼結を進める方法**
(a) HP法，(b) HIP法，
(c) SPS法。

加圧成体をカプセルに入れ，窒素やアルゴンなどの不活性ガスを媒体としてカプセルの外側から等方的に圧力を加える。

このほか，加圧しながら原料混合粉末に通電し，内部から加熱して焼結を促進させる放電プラズマ焼結法（spark plasma sintering; SPS法）がある。この方法では，グラファイトでできた型に入れた原料混合粉体を加圧し，直流電圧のオン・オフを繰り返す。このパルス通電によって，電磁的エネルギー，自己発熱，粒子間に発生する放電プラズマエネルギーなどにより焼結が促進される。

2.3　ガラスを作製するために──溶融・冷却

無機ガラスの代表的なものにソーダ石灰ガラス，ホウケイ酸ガラス，石英ガラスがある。ソーダ石灰ガラスは SiO_2，CaO，Na_2O を主成分とするガラスで，窓ガラスや瓶ガラスとして使われる。ホウケイ酸ガラスは SiO_2 と B_2O_3 を主成分とし，Na_2O や Al_2O_3 を微量含むガラスで，ビーカーなどの理化学用ガラス器具のガラスとして使われる。石英ガラスは SiO_2 だけでできたガラスで，高い耐熱性，低い熱膨張性，高い紫外光透過性が必要なところで使われる。酸化物ガラスにはこのほか P_2O_5 を主成分とするリン酸塩ガラスや GeO_2 を主成分とするゲルマン酸塩ガラスなど，さまざまなものがある。酸化物以外にもフッ化物ガラス（ZrF_4-BaF_2-LaF_3-AlF_3-NaF 系など）やカルコゲン化物ガラス（Sn-Te-Se 系など）が知られている。

ガラスは溶融と冷却によって作製される。酸化物ガラスは，原料となる酸化物や炭酸塩の粉末を混合し，溶融して液体状態とし，それを冷却・固化して作製される。

熱力学的に安定なのは結晶であり，ガラスは準安定な状態にある。液体の結晶への変化を，液体の固体への相転移という。液体の固体への相転移は，「原子が自由に動くことができ，その配列が不規則である状態から，原子が自由には動けず，その配列が規則的である状態への劇的な変化」である。これは，規則的な原子配列をもつ微小な領域の生成（核生成）と，その成長（結晶成長）によって実現する。

液体の急速な冷却は，核生成と結晶成長を妨害し，ガラスの生成を促す。しかし，ある種の物質はゆっくりと冷却しても核生成と結晶成長を起こしにくく，ガラスになりやすい。SiO_2 はその代表的なものである。ただし，「SiO_2 はガラスである」といってはいけない。「SiO_2 には熱力学的に安定な結晶の状態と，準安定なガラスの状態がある」というのが

正しい。

　なお，2.5.3節で述べるように，酸化物ガラスは溶融状態を経ない方法によっても作製することができる。

2.4　単結晶を作製するために

2.4.1　単結晶の作製の概要

　一塊の単結晶には粒界がなく，原子は端から端まで一糸乱れぬ配列をもつ。そのため，単結晶には，多結晶体にはないさまざまな性質が期待できる。たとえば，酸化物の多結晶体は，粒界で光が散乱されるため不透明であるが，単結晶は透明である。また特定の結晶方位で優れた性質をもつ場合，多結晶体ではその性質が平均化されて薄まってしまうが，単結晶ではその優れた性質を顕在化させることができる。

　無機材料の単結晶を作製する方法には，溶液，融液，気相，固相からの作製法がある。以下ではこれらについて説明する。

2.4.2　溶液からの作製

　食塩の水溶液から水を蒸発させると，濃度が飽和濃度を超えて溶液が過飽和状態になり，その結果，食塩の結晶が析出する。この原理を使うことによって，溶液から単結晶を合成することができる。融点とは，固体がそれ自身と同じ組成の液体に変化する温度である。昇温していくとある温度で自身とは異なる組成の液相を生じるとき，その温度を非調和融点といい，その現象を分解溶融という。分解溶融を起こす化合物の単結晶でも合成できる点が，この方法の強みである。

　多くの場合，液体への固体の溶解度は温度上昇とともに増大する。したがって飽和溶液を作製したのちに温度を下げれば溶液は過飽和状態となり，溶質が結晶として析出する。溶液中の至る所から結晶が析出すると，小さい単結晶しか得られない。大きい単結晶を得るためには，核が生成する場所を限定する必要がある。あらかじめ結晶を溶液中に入れておくと，その結晶の表面から結晶成長が起こり，大きい単結晶を得ることができる。この目的のために溶液中に入れられる結晶を種結晶という。

　溶媒の沸点以下の温度で小さい溶解度しか得られない場合には，溶液をオートクレーブと呼ばれる耐圧耐熱容器に入れて高温高圧状態にし，溶解度を高めて単結晶を合成することができる。溶媒が水であるとき，この手法は水熱合成法と呼ばれる。この方法により，水晶（高純度で無

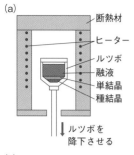

(a)

断熱材
ヒーター
ルツボ
融液
単結晶
種結晶

ルツボを
降下させる

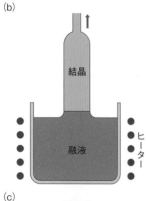

(b)

結晶

融液

ヒーター

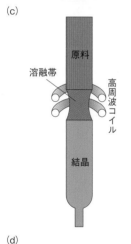

(c)

原料

溶融帯

高周波コイル

結晶

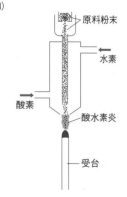

(d)

原料粉末

水素

酸素

酸水素炎

受台

図 2.9　融液からの合成法
(a) ブリッジマン法, (b) チョクラルスキー法, (c) ゾーンメルト法, (d) ベルヌーイ法。

色透明の SiO_2 単結晶) が作製される。

　溶融状態にある酸化物, 無機塩, 金属を溶媒とすることもできる。それらの溶媒はとくにフラックスと呼ばれ, フラックスを用いた単結晶作製法をフラックス法という。Na 金属融液に Ga と N_2 を溶解させて GaN の単結晶を作製した例[1], NaCl 融液に Co_3O_4 と $LiOH \cdot H_2O$ を溶解させて $LiCoO_2$ の単結晶を作製した例[2] をはじめとし, さまざまな無機材料の単結晶が作製されている。

2.4.3　融液からの作製

　目的とする結晶と同一の組成をもつ原料を溶融して冷却すれば, 単結晶を得ることができる。この場合にも, 大きい単結晶を得るためには随所から核が生成することを防ぐ必要がある。代表的な方法として, ルツボを使用するブリッジマン法とチョクラルスキー法, ルツボを使用しないゾーンメルト法とベルヌーイ法がある (図 2.9)。

　ブリッジマン法 (Bridgman 法；温度勾配法) では, 原料粉末をルツボに入れて溶融し, 温度勾配を設けた炉中でルツボを移動させることによって融液を一方向に凝固させる〔図 2.9 (a)〕。種結晶を用いることもあり, また, ルツボ先端をとがらせてそこから結晶成長が起こるよう工夫することもある。この方法により, $(Mn, Zn)Fe_2O_4$ や LiF の大型単結晶が工業的に製造されている[3]。

　チョクラルスキー法 (Czochralski 法；回転引き上げ法) では, ルツボ中の融液の表面に種結晶を接触させ, 単結晶をゆっくり回転させながら静かに引き上げる〔図 2.9 (b)〕。半導体素子のもとになる円盤状の単結晶シリコンウェハーは, インゴットと呼ばれる円柱状の単結晶をスライスしてつくられるが, 直径 30 cm, 長さ 1 m にも及ぶ単結晶シリコンインゴットが, この方法によって工業的に製造されている。また, $Y_3Al_5O_{12}$ や $LiNbO_3$ の大型単結晶も製造されている[3]。

　ゾーンメルト法 (zone melting 法；帯溶融法) は, 原料となる棒状の固体を垂直に配置してその一部を溶融し, 溶融した部分 (溶融帯) を少しずつ移動させることによって単結晶を成長させる方法である〔図 2.9 (c)〕。一部を溶融するために高周波誘導加熱や赤外線集光加熱が利用される。ルツボを使用しない点でブリッジマン法やチョクラルスキー法と異なり, ルツボからの不純物の混入を回避することができる。この方法により, Si, TiO_2, LiB_6 などの単結晶が工業的に製造されている[3]。

　ベルヌーイ法 (Verneuil 法；火炎溶融法) では, 原料粉末を, 酸水素炎中を落下させて溶融し, 受け台の上に積もらせる〔図 2.9 (d)〕。この

とき酸素と水素の流量を調節し，その頭部を溶融させると核ができ，これが徐々に成長して単結晶となる。これもルツボを使用しない方法である。融点の高い化合物の単結晶の作製に適しており，ルビーやサファイヤ（Al_2O_3）などの人造宝石や TiO_2 の単結晶の製造に利用されている[3]。

2.4.4　気相と固相からの作製

　低い温度に保った固体表面に，蒸気成分を凝縮させて単結晶を得ることができる。このとき，土台となる固体を基板という。目的とする結晶と同一組成の蒸気を原料とする方法と，化学反応によって生じた蒸気を原料とする方法がある。後者は化学気相蒸着と呼ばれ，薄膜作製技術として 2.6 節でも説明する。この方法により，次式の反応を経由して厚さ数百 μm，直径数 cm の円盤状 GaN 単結晶が製造される。

$$GaCl + NH_3 \longrightarrow GaN + HCl + H_2 \qquad (2.13)$$

Ga 融液と HCl ガスとの反応により GaCl を生成させ，GaCl と NH_3 の気相反応によって GaN を基板上で生成させる[1]。

　メタンと水素の混合気体を減圧下で加熱してメタンを分解させ，基板表面にダイヤモンドの単結晶を成長させることができる[4]。これも化学気相蒸着による単結晶作製の例である。

　ダイヤモンド単結晶は固相からでも作製できる。この方法はとくに高温高圧合成として知られている。高圧に保った容器内に温度差をつけ，高温部に炭素源となるダイヤモンド粉末を，低温部に種結晶となるダイヤモンドを置き，両者の間に金属を置く。温度差によって金属に対する溶解度に差が生じ，炭素が金属を通して種結晶に移動し，種結晶上に大きいダイヤモンド結晶が成長する[4]。

2.5　粉末，薄膜，ファイバーを作製するために ——液相プロセス

2.5.1　液相プロセスの概略

　粉末，薄膜，ファイバーのように特殊な形状をもつ無機材料を，液相から作製することができる。液相プロセスには，2.4.2 項で説明した単結晶の合成を含め，さまざまなものがあるが，以下では代表的なものについて説明する。

2.5.2　沈殿法：粉末を合成するために

　溶液中のイオン濃度を高くして溶解度積を超える状況をつくり，粉末を沈殿として得る方法を沈殿法という。たとえば，金属塩の水溶液にアルカリを加えることによって金属水酸化物を沈殿させ，粉末として得ることができる。$Zn(OH)_2$ を例にとって説明する。$Zn(OH)_2$ の溶解度積 K_{sp} は温度によって定まる。Zn^{2+} のモル濃度と OH^- のモル濃度の2乗の積が K_{sp} よりも大きいとき，すなわち，

$$[Zn^{2+}][OH^-]^2 > K_{sp} \tag{2.14}$$

のとき，溶液中には $Zn(OH)_2$ が析出する。Zn^{2+} を含有する溶液にアルカリを加えると $[OH^-]$ が増大し，$[Zn^{2+}][OH^-]^2$ が K_{sp} を超え，$Zn(OH)_2$ が沈殿として生じる。

　大きさと形が揃った沈殿を得るためには，溶液の pH の急激な変化を避ける必要がある。そのため，溶液にアルカリを直接加えるのではなく，尿素〔$(NH_2)_2CO$〕を加え，その加水分解によって徐々に OH^- を供給するという工夫が加えられる[5]。

$$(NH_2)_2CO + H_2O \longrightarrow 2NH_3 + C_2 \tag{2.15}$$

$$NH_3 + H_2O \longrightarrow NH_4^+ + OH^- \tag{2.16}$$

　2種類以上の金属イオンを同時に沈殿させ，複酸化物の前駆体としての水酸化物粉末を得る沈殿法はとくに共沈法と呼ばれる。ただしそれぞれの金属イオンの溶解度積が異なるため，所望の組成をもつ沈殿を得るのは容易ではない。

　シュウ酸塩のような難溶性の有機酸塩を沈殿として合成し，金属酸化物の前駆体粉末とする方法もある[5]。たとえば，金属塩水溶液とエステルの混合物を加熱し，エステルの加水分解によって有機酸を供給すると，次式に従って反応が進行し，有機酸の濃度が一定に維持されるため，大きさの揃った有機酸塩粉末が得られる。

$$(COOC_2H_5)_2 + 2H_2O \longrightarrow 2(COOH)_2 + 2C_2H_5OH \tag{2.17}$$

$$MgCl_2 + (COOH)_2 + 2H_2O \longrightarrow Mg(C_2O_4) \cdot 2H_2O + 2HCl \tag{2.18}$$

2.5.3　ゾル-ゲル法——粉末，薄膜，ファイバーを合成するために

(1) ゾル-ゲル法とは

　ゾル-ゲル法（sol-gel method）は，金属アルコキシド $M(OR)_n$（M

は金属，R はアルキル基）の加水分解と，加水分解生成物間での脱水縮合反応を基礎とする液相プロセスである。この方法は石英ガラスバルク体の合成法として 1980 年代に注目を集め，それ以降，さまざまな形状をもつ無機材料（とくに酸化物）や，有機成分と無機成分が分子レベルで混ざり合った有機・無機ハイブリッド材料の合成法として発展してきた。以下ではまず，ゾル−ゲル法による石英ガラスの合成プロセスについて説明する[6]。

ケイ素のアルコキシド〔下記の例ではシリコンテトラエトキシド $Si(OC_2H_5)_4$〕の加水分解と，加水分解生成物間の脱水縮合反応は，次の式によって表される。

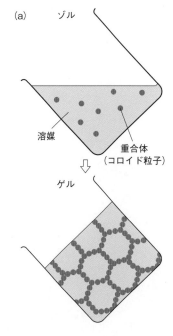

(a) ゾル

溶媒

重合体
（コロイド粒子）

ゲル

$$\text{(2.19)}$$

$$\text{(2.20)}$$

ただし，この反応はアルコールを溶媒とする溶液中で行われる。加水分解反応によって OH 基が生成し〔式（2.19）〕，2 個の OH 基から 1 分子の H_2O が生じて Si-O-Si 結合が生じる〔式（2.20）〕。式（2.20）で反応が終了するわけではなく，式（2.20）の生成物も加水分解を受け，加水分解と脱水縮合反応が逐次的に進行する。その結果，溶液中には Si-O-Si 結合（シロキサン結合）を骨格とする重合体が生じる。

反応条件によって，重合体は球状に近い粒子となることもあれば，ひも状の高分子となることもある。反応が進行し，重合体同士がつながって支持構造を形成すると，ゾルは流動性を失ってゲルとなる（図 2.10）。この現象をゲル化あるいはゾル−ゲル転移と呼ぶ。

このようにして作製されるシリカゲルは多孔質であり，細孔中に溶媒を保持している。細孔中の溶媒を蒸発させて湿潤ゲルを乾燥ゲルに変え，これを約 1,000 ℃まで昇温すると，細孔が収縮・消滅し，透明な石英ガラスが得られる。石英ガラスを作製するための従来法では SiO_2 を約 2,200 ℃で溶融する必要があるが，ゾル−ゲル法では溶融状態を経由することなく約 1,000 ℃で石英ガラスが得られる。なお，アルコキシドの加水分解と脱水縮合反応によって作製されるゲルは非晶質である。

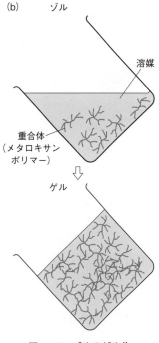

(b) ゾル

溶媒

重合体
（メタロキサン
ポリマー）

ゲル

図 2.10　ゾルのゲル化

SiO_2 のように，溶融・冷却によってガラスになりやすい酸化物のゲルは，加熱しても非晶質のままである。一方，TiO_2 や ZrO_2 のように，溶融・冷却によって結晶となる酸化物のゲルは，加熱によって結晶化する。

（2）粉末の合成

アルコキシドを加水分解する条件を調整することによって，数 nm〜数 µm の大きさをもつ酸化物や水酸化物の微粒子を作製することができる。粒径が揃っていることを単分散という。塩基性条件下でケイ素のアルコキシドを大過剰の水で加水分解すると，単分散のシリカ粒子が得られ，この方法は Stöber 法と呼ばれている。

（3）ファイバーの作製

ガラスファイバーを作製するための従来法は，ガラスを溶融して適正な粘度になるよう温度を保ち，ノズルからガラスファイバーを引き出して紡糸するというものである。これに対しゾル-ゲル法では，ゾルを濃縮して粘度を高め，ノズルを通して室温でゲルファイバーを紡糸する。このようにして作製したゲルファイバーを 500〜1,000 ℃ で焼成することによって，ガラスファイバーや多結晶ファイバーが得られる。溶融状態を経由しないため，従来法よりも低い温度でファイバーを作製できる。

（4）薄膜の作製

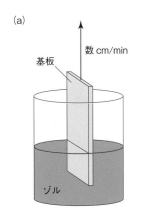

ゾル-ゲル法によって，固体材料（基板）の表面に酸化物薄膜を作製することができる。ゾルに基板を浸して一定速度でゆっくりと引き上げる，あるいは高速で回転する基板の表面にゾルを供給することによって，基板表面にゲル膜が形成される。前者の方法をディップコーティング，後者の方法をスピンコーティングという（図2.11）。このようにして作製されるゲル膜を 500〜1,000 ℃ で加熱することによって，厚さ数十〜数百 nm のガラス薄膜や多結晶薄膜が得られる。

硝酸塩，有機酸塩，β-ジケトナートなどの溶液をコーティング液とすることもできる。この場合，アルコキシドを原料とする方法とは異なり，M-O-M 結合（メタロキサン結合）は生じない。アルコキシドを原料とする方法とは区別し，CSD 法（chemical solution deposition），有機酸塩や β-ジケトナートを使う場合には MOD 法（metal organic deposition）と呼ぶことが多い。

（5）有機・無機ハイブリッド材料の作製

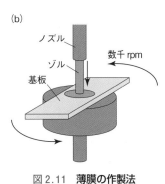

図2.11　薄膜の作製法
（a）ディップコーティングと
（b）スピンコーティング。

ゾル-ゲル法を利用することによって，有機成分と無機成分が分子レベルで混ざりあった有機・無機ハイブリッド材料を作製することもできる。$R'Si(OR)_4$ のように有機側鎖 R' をもつケイ素のアルコキシドを加水分解して得られるゲルは，Si-O-Si 結合を骨格とし，R' を側鎖とする

ハイブリッド材料である〔図 2.12（a）〕。R′ が重合可能な側鎖であれ
ば，有機鎖と Si-O-Si 骨格が共有結合で連結したハイブリッド材料とな
る〔図 2.12（b）〕。有機高分子や有機分子の共存下でアルコキシドを加
水分解することにより，分子間力によって有機成分と無機成分が結合し
たハイブリッド材料が得られる〔図 2.12（c）〕。

2.5.4　LPD 法：薄膜を作製するために

　LPD 法（液相析出法；liquid phase deposition）は，金属フルオロ錯
体の加水分解平衡反応を利用し，水溶液中で酸化物薄膜を基板上に形成
する方法である。酸化物 MO_n が生成する反応は次式で表せる。

$$MF_x^{(x-2n)-} + nH_2O = MO_n + xF^- + 2nH^+ \qquad (2.21)$$

溶液にホウ酸 H_3BO_3 を加えることにより，式（2.22）に従って，副生
成物であるフッ化物イオンが消費される。

$$H_3BO_3 + 4H^+ + 4F^- = HBF_4 + 3H_2O \qquad (2.22)$$

フッ化物イオンの消費によって，式（2.21）の平衡が右辺側に移動し，
MO_n が生成する。

　ある単結晶の表面で，その単結晶の原子配列に追随するように別の結
晶が成長するとき，そのような成長をエピタキシャル成長と呼ぶ。エピ
タキシャル成長によって，単結晶薄膜や配向結晶薄膜，すなわちある結
晶方位が基板表面に垂直である多結晶薄膜が得られる。LPD 法でも，
基板と薄膜の組み合わせを選択して反応条件を調整すれば，エピタキシ
ャル成長が実現できる。

2.6　粉末や薄膜を作製するために──気相プロセス

2.6.1　気相プロセスの概要

　気相からの固体の析出を利用することによって，粉末や薄膜を作製す
ることができる。このようなプロセスを気相プロセスという。固体が，
気相中のどの位置でも同じように析出すれば，すなわち均一核生成によ
って析出すれば粉末となり，材料表面上だけで析出すれば薄膜となる[7]。
LPD 法と同様に，気相プロセスでもエピタキシャル成長を起こすこと
ができる。

　気相プロセスは物理気相蒸着法（PVD 法；physical vapor deposition）
と化学気相蒸着法（CVD 法；chemical vapor deposition）に大別され

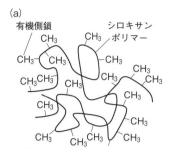

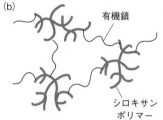

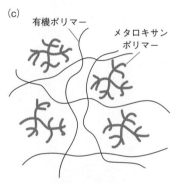

図 2.12　**有機・無機ハイブリッ
ド材料の模式図**
（a）有機側鎖をもつシロキサンポリ
マー，（b）有機鎖と Si-O-Si 骨格が
共有結合で連結したハイブリッド材
料，（c）分子間力によって有機高分
子と無機高分子が結合したハイブリ
ッド材料。

る。原料となるガスが，PVD 法では物理的につくられ，CVD 法では化学反応によってつくられる。以下ではこれらについて説明する。

2.6.2　PVD 法

(1) 真空蒸着法

真空蒸着法は，原料となる固体を 10^{-5}〜10^{-3} Pa 以下の真空中で加熱して気化させ，気体成分である原子や分子を基板表面に降り積もらせて（堆積させて）薄膜あるいは粉末を得る方法である〔図2.13 (a)〕。加熱のために抵抗加熱，電子ビーム，アーク放電などが用いられる。

気化させてつくった気体成分を Ar^+ イオンの照射によってイオン化し，電場によって加速することにより，基板との密着力に優れた薄膜を作製することもできる。気体成分をイオン化させるこのような真空蒸着法を，イオンプレーティング法という[8]。

真空度をさらに上げると，気体成分である原子・分子が互いに衝突することなく，細い線状となって真空中を直進し，基板に直接到達するようになる。このような原子・分子の流れを分子線という。分子線が生じるほどの高真空下で蒸発量を高精度に制御して行う真空蒸着を分子線エピタキシー法（MBE 法；molecular beam epitaxy）という[8, 9]。

(2) スパッタ法

Ar などの貴ガスを微量含む真空下で，直流または高周波の電場を印加するとグロー放電が起こり，これにより貴ガスがイオン化する。この状態をプラズマ状態，またこの気体をプラズマという。プラズマ中の貴ガスイオンを電場によって加速し，原料となる固体（ターゲットと呼

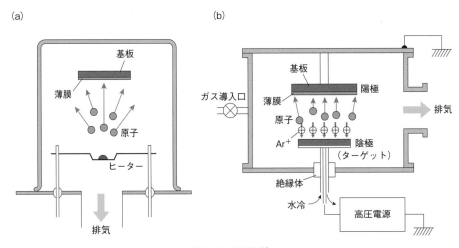

図2.13　**PVD 法**

（a）真空蒸着法と（b）スパッタ法。

ぶ）に衝突させると，固体から原子・分子がはじき出され，これを基板上に堆積させることにより薄膜を作製することができる。この方法をスパッタ法という〔図2.13（b）〕。

　グロー放電を起こすために，直流電場を用いる場合と高周波（ラジオ波）の交流電場を用いる場合がある。高周波の交流電場を使うスパッタ法はとくにrf(radio frequency)スパッタ法と呼ばれる。直流電場を用いた方が成膜速度は大きいが，絶縁物質をターゲットとして薄膜化することができないのに対し，**rf**スパッタ法では絶縁物質の薄膜化が可能である[8,9]。またターゲット表面に垂直な磁場を印加し，スパッタ効率を高めたスパッタ法はとくにマグネトロンスパッタ法と呼ばれる[8,9]。

（3）パルスレーザー蒸着法

　パルスレーザー蒸着法（pulsed laser deposition；PLD法）はレーザーアブレーション法とも呼ばれ，大出力の紫外線パルスレーザーを固体表面に集光し，固体の気化によって生じた気体成分を基板上に堆積させて薄膜を作製する方法である。融点の違いによらず瞬時にして固体原料が気化するため，複雑な組成をもつ材料を，組成ずれを起こすことなく薄膜化できる[8,9]。

2.6.3 CVD法

　CVD法は，気体原料を混合し，加熱して気相反応を起こさせ，そのまま均一核生成によって固体粒子を析出させて粉末を作製する方法，あるいは反応生成物気体を基板上で凝縮させて薄膜を作製する方法である[7,8]。たとえば次の反応によって薄膜が得られる（図2.14）。

$$CH_4(g) \longrightarrow C（ダイヤモンド）薄膜 + 2H_2(g) \qquad (2.23)$$
$$BCl_3(g) + NH_3(g) \longrightarrow BN薄膜 + 3HCl(g) \qquad (2.24)$$

また，次の反応によって粉末が得られる。

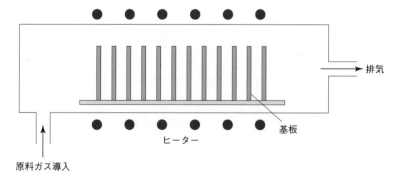

図2.14　**CVD法**

$$\text{TiCl}_4(g) + \text{O}_2(g) \longrightarrow \text{TiO}_2\ 粉末 + 2\text{Cl}_2(g) \tag{2.25}$$

$$\text{WCl}_6(g) + \text{CH}_4(g) + \text{H}_2(g) \longrightarrow \text{WC}\ 粉末 + 6\text{HCl}(g) \tag{2.26}$$

　通常のCVD法は熱CVD法と呼ばれ，抵抗加熱や高周波加熱によって気体を加熱する。原料として金属有機化合物（metal organic compound）を使用して行われる熱CVDは，とくにMOCVD法と呼ばれる。また，プラズマ状態をつくって気体成分をイオン化して反応性を高めたり，あるいはレーザー光や紫外光の照射によって反応性を高めたりするCVD法がある。前者をプラズマCVD法，後者を光CVD法という。

参　考　文　献

［1］大島祐一，セラミックス，**46**，632（2011）.

［2］手嶋勝弥，水野祐介，我田元，是津信行，大石修治，セラミックス，**49**，372（2014）.

［3］日本化学会　編，『第5版実験化学講座23 無機化合物』，丸善（2005），1.4節.

［4］日本化学会　編，『第5版実験化学講座23 無機化合物』，丸善（2005），2.1節.

［5］水田　進，河本邦仁，セラミック材料，東京大学出版会（1986），3.2.4節.

［6］作花済夫，『ゾル-ゲル法の科学』，アグネ承風社（1988）.

［7］水田　進，河本邦仁，セラミック材料，東京大学出版会（1986），3.2.3節.

［8］日本化学会　編，『第5版実験化学講座23 無機化合物』，丸善（2005），1.1節.

［9］菱田俊一，セラミックス，**40**，661（2005）.

章　末　問　題

2.1　固相反応の例を，化学反応式を使って書きなさい。また，固相反応を進行させるために高い温度が必要である理由を説明しなさい。

2.2　焼結がどのような現象であるかを説明しなさい。焼結の駆動力，すなわち焼結がなぜ自発的に進行するかを説明しなさい。また，焼結を進行させるために高い温度が必要である理由を説明しなさい。

2.3　ブリッジマン法，チョクラルスキー法，ゾーンメルト法のいずれによっても大きいサイズの単結晶を作製することができる。大きいサイズの単結晶を作製するために，これらの方法で共通に見られる原理を説明しなさい。

2.4　亜鉛の塩の水溶液に尿素を加えることによって，水酸化亜鉛の粉末を合成することができる。化学反応式を書いて，この原理を説明しなさい。

2.5　ゾル-ゲル法による石英ガラスの作製手順を説明しなさい。必要であれば化学反応式を書き，また，各段階で何が起こるかを説明しなさい。

2.6　薄膜作製法は大きく分けて気相プロセスと液相プロセスに分類できる。気相プロセスと液相プロセスのそれぞれにどのような方法があるかを具体的に説明しなさい。

第3章 無機化合物の状態図

■ この章の目標 ■

　相平衡状態図（状態図）は，熱力学的な平衡状態において温度や組成が変化したときに，安定に存在する相の領域を示したものである。状態図から，化合物や固溶体の組成や融点・分解温度などの情報が得られる。無機化合物を使用するときに安定な温度領域を把握したい場合や，化合物を作製するときの組成や熱処理温度についての知見を得たいときに有用である。本章では，1成分系と2成分系の状態図の基礎について述べる。

3.1　状態図（相図）とは

　セラミックスに代表される無機化合物を作製しようとするとき，状態図に関する概念は重要である。平衡状態で存在する物質の相関係を，温度・圧力・組成を座標軸として表した図形を状態図または相図（phase diagram）という。ここで相とは，系の他の部分と明確な境界によって区別されるような物理的に均質な部分のことであり，相は，気相・液相・固相に区別できる。これら二つ以上の相の間の平衡を相平衡（phase equilibrium）という。この相平衡に関する最も一般的な法則が相律（phase rule）である。相の数を P，成分の数を C とすると，系の状態変化を伴わずに独立に変化できる変数（温度・圧力・組成）の数，つまり自由度 F は次の式で表される。

　　$F = C + 2 - P$

この式はギブズの相律と呼ばれる。状態図からは熱力学的に平衡状態にある相や，温度や圧力などによって生じる相の変化，つまり相転移（transformation）について知ることができる。たとえば液相を冷却す

る場合を考えると，平衡状態では凝固点で液相から固相に相転移するはずであるが，実際には液相が凝固点よりも ΔT だけ低い温度まで過冷却される。この ΔT を過冷度（degree of supercooling）と呼び，この ΔT によって生じた固相と液相の自由エネルギーの差分 ΔG を駆動力として固相の核が生成し，それぞれが成長して多数の結晶粒からなる固相へと変化することになる。このように，状態図には相転移についての速度論的な情報が含まれておらず，熱力学的に平衡状態にある相の存在領域が示されているにすぎないことに留意する必要がある。

3.2　1成分系状態図

　1成分系の状態図の例として，SiO_2 の状態図を図3.1に模式的に示す。縦軸に圧力，横軸に温度をとると，平衡状態における気相・液相・固相の3相の関係が示される。また固相には4種類の結晶相の存在することがわかる。このように同じ化学組成をもつが，異なる結晶構造をもつ化合物を多形（polymorphism）という。気相・液相・固相（もしくは気相と2種類の固相）の3相が共存する熱力学的平衡状態（図中○で示す点）では，$F = 1 + 2 - 3 = 0$ となり，温度と圧力は一定値をと

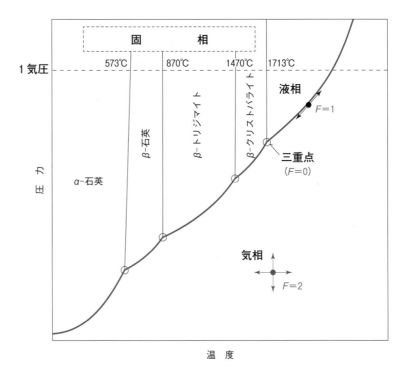

図 3.1　SiO_2 の状態図の模式図

る。これを三重点（triple point）という。

　また，図中の実線はそれぞれの相間の境界線を示しており，その線上
では二つの相が共存することを意味している。この場合，自由度は $F =$
$1 + 2 - 2 = 1$ となり，温度と圧力のどちらか一方を指定すれば他方は
自動的に決定される。固相-液相の境界線に着目すると，融点（凝固点）
は圧力によって大きく変化せず，1気圧，1713℃で固相が液相に相転
移する。

　また，1気圧の一定圧力下において温度を上昇すると，固相である α-
石英は573℃で β-石英へ，870℃で β-トリジマイトへ，1470℃で β-ク
リストバライトへと多形が変化し，1713℃で液相となる。熱力学的に
平衡状態にあり，その系のギブズの自由エネルギーが最小の状態，すな
わち格子エネルギーが最小状態にある多形が，状態図には記載されてお
り，それぞれの多形間の境界線は相転移温度の圧力依存性を示してい
る。このように状態図からは，相がある温度で熱力学的に安定であるか
どうかは読み取ることができるが，相転移の速度についてはわからな
い。たとえば，α-石英から β-石英への相転移は原子がわずかに移動し
て生じる変位型の転移であり，この構造変化は容易に生じるため可逆的
である。一方，β-石英から β-トリジマイトへの相転移は原子が再配列し
て結晶構造が大幅に変化する再編型の転移であり，この転移は一般的に
遅く，不可逆的である。つまり，β-トリジマイトを冷却すると，平衡状
態では β-石英に転移するはずであるが，実際には状態図に記載されて
いない α-トリジマイトなどの準安定相へ転移する。このように，準安
定状態から安定な平衡状態への移行に大きなエネルギー障壁が存在する
と，その障壁が高すぎるために，低温では準安定状態が長時間持続し，
準安定相が凍結されることがある。

3.3　2成分系状態図

　2成分系（$C = 2$）では自由度 F が最大3となり，温度・圧力・組成
を座標軸にとることになるが，セラミックスや合金などの無機材料を扱
う際には，相平衡のなかでも固相-液相の平衡が有用である。この平衡
に対しては圧力の影響が小さいため，気相を無視し，圧力一定（普通は
1気圧）として温度-組成図により表すのが一般的である。図3.2には，
2成分系におけるいくつかの状態図を模式的に示す。(1) には2成分が
固相でまったく溶け合わない系，(2)，(3) には2成分の間に化合物を
生じる系，(4) には2成分が任意の割合で溶け合って固溶体をつくる系

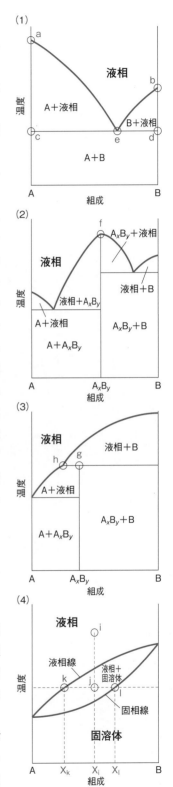

図 3.2　2成分系における状態図の模式図

をそれぞれ示している。

3.3.1　2成分が固相で溶け合わない系（共晶系）

二つの成分AとBが，液相においては任意の割合で溶け合うが，固相ではまったく溶け合わずに，新たな化合物も生成しない場合の状態図（1）から説明する。横軸に示す組成について，左端はAが100％（Bが0％），右端はBが100％であることを表している。組成はモル％もしくは重量％で表示するのが一般的である。図中には液相のみ，固相Aと液相，固相Bと液相，固相Aと固相Bの存在する四つの領域をそれぞれ示している。aおよびbはそれぞれ，純粋なAおよびBの液体が凝固する温度（凝固点・融点）である。曲線aeおよびbeは液相の組成と凝固点の関係を表しており，**液相線**（liquidus）と呼ばれる。e点は**共晶点**（eutectic point）と呼ばれ，このときの温度および組成をそれぞれ，共晶温度，共晶組成という。またcedの水平線は共晶線と呼ばれる。共晶組成をもつ液体を冷却していくと，共晶温度において，固相Aと固相Bが溶け合わずに同時に晶出する。このような変化を**共晶反応**（eutectic reaction）といい，固相の混合物を**共晶**（eutectic crystal）という。また共晶点の温度以下では相の変化は生じない。また共晶反応では液相から2種類の固相が生成するが，同様に一つの固相から2種類の別の固相が晶出する反応を**共析反応**（eutectoid reaction）という。

3.3.2　2成分の間に化合物を生じる系

二つの成分AとBからなる化合物 A_xB_y を含む2成分系には，典型的には（2）と（3）に示すような2種類の状態図がある。化合物 A_xB_y は状態図上で垂直な直線で表され，これはこの化合物が安定な温度域を示している。

（2）の状態図において，化合物 A_xB_y はf点で同じ組成の液相に直接融解する。これを**調和融解**（congruent melting），もしくは合致融解という。組成Aから A_xB_y の領域，および組成 A_xB_y からBの領域は，（1）と同じく単純な共晶系となっている。この状態図の特徴は，液相線が極大を示し，f点の左右どちらの組成領域においても液相線の温度が低下することである。

一方（3）の状態図において，化合物 A_xB_y の温度を上昇していくと，g点に達したときに部分的に融けて固相Bと液相に分解する。化合物が融けるときに生じる液相はh点の組成をもち，化合物の組成とは異なっており，これを**非調和融解**（incongruent melting）もしくは分解融解と

いう。一方で、A_xB_y 組成の液相を冷却していくと、液相線と交わる温度で固相 B が晶出し、さらに温度が下がると固相 B と液相が反応して固相 A_xB_y が生成する。このとき、固相 B の表面から反応が生じ、固相 B のまわりに新たな固相 A_xB_y が包み込むようにできるため、**包晶**（peritectic）と呼ばれる。このように、液相と固相からから別の固相を生成する反応は**包晶反応**（peritectic reaction）という。また、2種類の固相から別の一つの固相を生成する反応を**包析反応**（pertectoid reaction）という。

3.3.3　2成分が固相で溶け合う系（固溶系）

次に、A と B の2成分が液相でも固相でも任意の割合で溶け合う場合を取り上げる。2種類以上の固体が均一に混じり合うことで生成する固体を**固溶体**（solid solution）という。たとえば酸化アルミニウムの室温安定相である α-Al_2O_3 は、酸化物イオン O^{2-} が六方最密充填構造をつくり、その八面体隙間の 2/3 を Al^{3+} イオンが占めるコランダム型構造をとる。同じ結晶構造をもつ微量の酸化クロム Cr_2O_3 が反応すると、α-Al_2O_3 中の Al^{3+} の一部が Cr^{3+} に置き換わることによって、置換型の固溶体を形成し、これは宝石やレーザーとして重宝されるルビーとなる。

このように、2種類の固相がどのような組成で混合されても安定な固溶体を生成する系を**全率固溶系**という。このような固溶体を形成するためには、互いの結晶構造が同じで、原子の大きさが近く（原子半径の差が15%以内）、電気陰性度がほとんど等しく、原子価が2以上異ならないという、**ヒュームロザリー**（Hume-Rothery）の経験則を満足する必要がある。たとえば MgO と NiO はどちらも岩塩型構造をとり、Mg^{2+} と Ni^{2+} のイオン半径はそれぞれ 0.072 nm、0.069 nm とほぼ等しく、MgO-NiO 系は全率固溶体を形成する。固溶体の格子定数は組成に対して直線的に変化し、これを**ベガードの法則**（Vegard's rule）という。2種類の固相の格子定数がわかっていれば、その組成比から、固溶体組成の格子定数を決定することができる。

この全率固溶系の状態図を（4）に模式的に示す。この状態図では、液相と固相（固溶体）、それらの相に囲まれた液相と固溶体の共存領域がある。液相と固溶体の共存領域と液相との間の境界線を**液相線**、固溶体との間の境界線を**固相線**（solidus）という。液相線は固相が存在しうるもっとも高い温度、固相線は液相が存在しうるもっとも低い温度をそれぞれ表している。

ここで X_i 組成の液体を i 点から冷却していくと、液相線と交わる温度

で固相（固溶体）が生じる。ここで生じる固相は最初に結晶化するので，初晶（primary crystal）と呼ばれる。j点では液相と固溶体の混合物となっており，このときj点を通る等温線，つまりタイライン（tie line）が液相線および固相線と交わる点をそれぞれk点，l点とすると，それぞれの点に対応する組成X_kとX_lはそれぞれ液相と固溶体の組成を表している。またテコの法則（lever rule）を適用すると，線分kjと線分jlの比は，固溶体と液相の存在比に等しい。j点から冷却していくと，液相および固溶体の組成はそれぞれ，液相線および固相線に沿って変化し，固相線と交わる温度では液相が消失して，組成X_iの固溶体が生成する。

　全率固溶系に対して，状態図における両端成分の近傍で互いの置換量に制限のある系を部分固溶系という。もっとも単純な例として，単純共晶系を拡張した部分固溶系であるMgO-CaO系の状態図を図3.3に示す。CaOはMgOと同じ岩塩型構造をとるが，Ca^{2+}のイオン半径が0.100 nmであり，Mg^{2+}のイオン半径と39％もの差があるため，全率固溶体は形成せず，部分固溶系となる。図中のMgO固溶体は，MgOにわずかにCaOが溶け込んだ固溶体であり，CaO固溶体は，CaOにわずかにMgOが溶け込んだ固溶体である。ここで，CaOが20重量％の組成の液体を2800℃から冷却していく場合を考える。液相線と交わるa点で，b点の組成をもつMgO固溶体が生成する。冷却にともなって，液相組成はaeに沿って変化し，MgO固溶体の組成はbdに沿って変化する。また，液相とMgO固溶体の存在比はテコの法則から求められる。c点の直前では組成eの液相が消失して，組成dのMgO固溶体と組成fのCaO固溶体の共晶となる。c点以下の温度では共晶のみ存在するが，MgO固溶体およびCaO固溶体の組成はそれぞれ，溶媒線（solvus）と呼ばれる曲線dgおよび曲線fhに沿って変化する。

　このような部分固溶を利用して，ジルコニア（ZrO_2）の熱安定性を高めることができる。ZrO_2にはさまざまな多形があり，高温安定相である立方晶は，約2370℃以下では正方晶へ，さらに約1170℃で単斜晶へ相転移する。正方晶から単斜晶への相転移は体積増加をともなうので，高温で作製されたZrO_2は冷却の際に壊れてしまう。Zr^{4+}の一部をY^{3+}などの異原子価の陽イオンにより部分的に置換し，固溶体$Zr_{1-x}Y_yO_{2-y/2}$とすることによって，冷却時の破壊を抑制することができる。またZrO_2-Y_2O_3系では，Y_2O_3の置換量が増加するにつれてZrO_2の相転移温度は急激に低下する。約8モル％のY_2O_3組成では，立方晶の構造が室温まで安定化され，イットリア安定化ジルコニア（YSZ）と呼

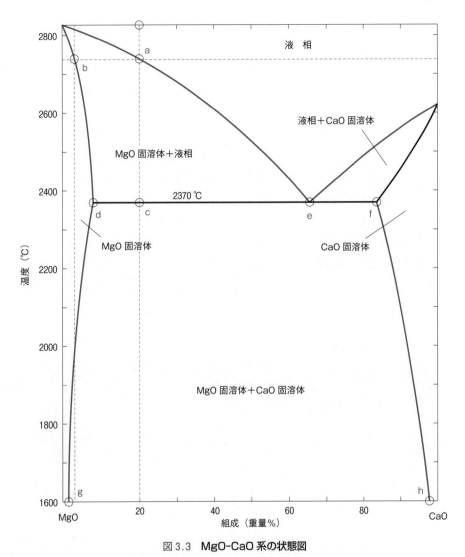

図 3.3　MgO-CaO 系の状態図

ばれる[*1]。YSZ は広い温度範囲で安定なセラミックスであるだけでな
く，燃料電池やセンサー用の酸化物イオン伝導体として利用されている。

＊1　実際には立方晶ジルコニ
アの母相中に正方晶相の微細な
ジルコニア粒子が析出した部分
安定化ジルコニアが用いられて
いる。

-------------- 章 末 問 題 --------------

3.1　状態図を作成するとき，組成はモル％もしくは重量％で表示するのが一般的である。MgO-SiO₂
　　系では，Mg_2SiO_4 と $MgSiO_3$ が化合物として存在する。この二つの相について，組成を SiO_2 のモ
　　ル％と重量％で求めよ。有効数字は 2 桁とする。

3.2　次の情報をもとに，A-B 共晶系の状態図の概略を描け。

（a）固相 A と固相 B は化合物や固溶体を生成しない。

（b）固相 A と固相 B はそれぞれ 800 ℃と 600 ℃で融解する。

（c）固相 A と固相 B のモル比が 3：2 の組成の液相は，共晶温度 400 ℃で凝固する。

3.3　全率固溶体を形成する Al_2O_3-Cr_2O_3 系の状態図の概略を描け。ただし，Al_2O_3 と Cr_2O_3 の融点をそれぞれ 2035 ℃，2330 ℃とする。

3.4　MgO-NiO 系は全率固溶体を形成する。MgO と NiO はどちらも岩塩型構造をとり，格子定数はそれぞれ 0.418 nm，0.421 nm である。格子定数が 0.419 nm となる固溶体の組成を推定せよ。

3.5　図 3.3 に示す MgO-CaO 系の状態図において，CaO の組成が 90 重量％の試料を 2700 ℃で保持した後に徐冷する場合を考える。

（a）固相が初めて現れる温度と，そのときの固相の組成を答えよ。

（b）液相が完全に消失する温度と，その消失する直前の液相の組成を答えよ。

（c）MgO 固溶体との共晶が得られる温度を答えよ。

第4章 無機材料の結晶構造と結晶成長

■ この章の目標 ■

　固体の構造を極限まで分割していくと原子が何らかの相互作用によって結合し，規則正しい配列を形づくっているものが多い。このような規則性を長距離秩序性（long range ordering；LRO）という。これに対して，ガラスやアモルファス材料の場合は繰り返し構造が非常に短いが，任意の原子に対して隣接する原子数が一定の数を示す等の短距離秩序性（short range ordering；SRO）をもち，結晶と対比される。ここでは結晶の基本的な構造とそれによって分類される晶系，結晶を構成する元素の種類や性質に基づく金属結晶・イオン結晶・共有結合結晶などの分類を中心に材料科学の視点から結晶の性質を学ぶ。そのなかで，結晶内の原子の充填と密度との関係，おもな結晶の種類と物質としての特徴，原子が集まって結晶ができるまでの過程や核生成と結晶成長に注意してもらいたい。

4.1　結晶の構造とその表現

4.1.1　空間格子

　結晶中では原子やイオンが三次元的に規則性をもって配列し，空間格子（lattice）を形成し，この空間格子点をすべて網羅する三つのベクトルにより示される。一般的にはその三つのベクトルによってできる平行六面体の体積が最小になるようにベクトル a, b, c をとる。これを基本並進ベクトルといい，

$$r = ua + vb + wc　（ただし，u, v, w は整数）\qquad (4.1)$$

として表される。このときにできる平行六面体を単位胞（unit cell）または単位格子（unit lattice）と呼ぶ。この平行六面体形は三つのベクト

ルの長さ a, b, c と，それらのなす角 α, β, γ によって決まる。これらのパラメータ a, b, c および α, β, γ を格子定数（lattice constant）という。

　以上の空間格子には 14 の格子が存在することが知られている。これらを総称してブラベ（Bravais）格子と呼び，表 4.1 のように整理される。これらの単位格子を構成する最小の要素は以下の条件を満足する。

（1）単位格子の頂点には結晶を構成するいずれかの原子が存在する。

（2）単位格子の空間を占める原子数はその分子式の組成と一致する。

（3）単位格子においてはその結晶における最大の対称性をもつように
　　決定される。

4.1.2　格子面とミラー指数

　各単位格子内の面を表すにはその考案者の名を取ってミラー指数（Miller index）と呼ばれる三つの整数の組み合わせを用いる。

　単位格子の a, b, c の三つの軸がそれぞれ ma, nb, pc の長さのところで交わる面のミラー指数は次の 3 段階で求められる。

（1）切片の大きさを，格子定数を単位として求める。ここでは（$m\ n\ p$）
　　となる。

（2）それらの逆数の比をとる。すなわち（$\dfrac{1}{m}$, $\dfrac{1}{n}$, $\dfrac{1}{p}$）。

（3）それらと同じ比でかつ最小となる整数の組に変える。これを（$h\ k$
　　l）と表す。

　たとえば図 4.1(a) の例では a, b, c 軸に対する交点はそれぞれ（$\dfrac{a}{2}$,
$\dfrac{b}{3}$, c）において交わっており，この面のミラー指数は（231）と示す。もし，a 軸との座標上の切片が $-\dfrac{a}{2}$ と負の向きであれば（$\bar{2}31$）のように表す。また軸に重なり，平行であるような面では，その切片は無限大（どこまでも交わらない）とし，その逆数として 0 を用いて（$h\ k\ 0$）などと書く。

　ここで，立方晶系を考えると，それを構成する立方体の 6 個の面は図 4.1(b) に示すように，それぞれ（100），（010），（001），（$\bar{1}00$），（$0\bar{1}0$），（$00\bar{1}$）として表せる。これらの面は立方晶系の対称性からすべて等価であることから，これら一群の面は {100} として表す。

4.1.3　方位指数

　結晶中のある方向を示すには，単位格子の原点から目的とする格子点までのベクトルを示すことで行われる。結晶学ではこのベクトルの結晶軸方向の成分と同じ比をもつ最小の整数の組を用い，[hkl] のように表

表 4.1 七つの晶系とブラベ格子およびその表記法

辺がたがいに直交（$\alpha = \beta = \gamma = 90°$）または 120° となっているものは角度記号を省略。

結晶群 Crystal family	結晶系 Lattice system	記号	ブラベ格子（Bravais Lattices）			
			単純 Primitive P	底心 Base-centered S or A/B/C	体心 Body-centered I	面心 Face-centered F
三斜晶系 Triclinic $a \neq b \neq c$ $\alpha \neq \beta \neq \gamma$ $\alpha,\ \beta,\ \gamma \neq 90°$		C_i				
単斜晶系 Monoclinic $a \neq b \neq c$ $\alpha = \gamma = 90°$ $\beta \geqq 90°$		C_{2h}				
直方晶系（斜方晶系） Orthorhombic $a \neq b \neq c$ $\alpha = \beta = \gamma = 90°$		D_{2h}				
正方晶系（Tetragonal） $a = b \neq c$ $\alpha = \beta = \gamma = 90°$		D_{4h}				
六方晶系 Hexagonal	菱面体晶系 Rhombohedral $a = b = c$ $\alpha = \beta = \gamma \neq 90°$	D_{3d}				
	六方晶系 Hexagonal $a = b \neq c$ $\alpha = \beta = 90°$ $\gamma = 120°$	D_{6h}				
立方晶系 Cubic $a = b = c$ $\alpha = \beta = \gamma = 90°$		O_h				

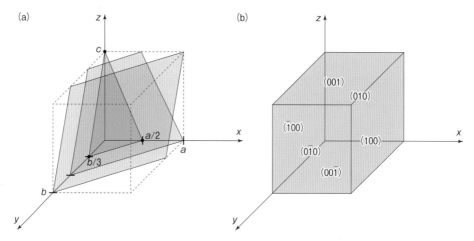

図4.1　格子面とミラー指数
（a）ミラー指数（231）で示される面，（b）立方体からなる単位格子の面。

す。これを方位指数（方向指数）といい，そのベクトル$\vec{A}$は

$$\vec{A} = K\vec{a} + L\vec{b} + M\vec{c}$$

を意味する。この場合，結晶面の表記と異なり，方位指数に対応するベクトルはその長さには意味がなく，向きのみに意味があるため，たとえば［110］［330］は同じ向きを示すことに注意する必要がある。この場合はベクトルの大きさが最小となる記載方法，この場合は［110］で示されることが普通である。

　たとえば，図4.2に示されているように原点と座標$(1, \frac{1}{2}, 0)$の格子点を結ぶ方向は［210］で示される。同じく，ベクトルが座標上で負の向きを示す必要がある場合には，［11$\bar{1}$］のように数字の上に線を引く。また立方晶の［100］［010］［001］のようにその対称性から等価である場合，これらをまとめて〈100〉と示す。

4.1.4　面間隔

　格子面に垂直な格子面の間隔の距離を一般に面間隔またはd間隔（d-spacing）という。たとえば，立方格子における（100）面はその等方的な軸の長さaと同じ面間隔をもつ。さらに立方晶格子の（200）面では$d = \frac{a}{2}$である。さらに一般式として記述すると，

$$\frac{1}{d^2} = \frac{h^2 + k^2 + l^2}{a^2}$$

となる。前述の（200）面の場合，$h = 2$, $k = l = 0$であるから$\frac{1}{d^2} = \frac{4}{a^2}$

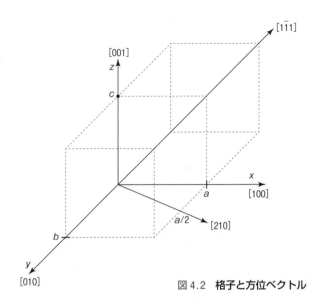

図 4.2 **格子と方位ベクトル**

より，$d = \dfrac{a}{2}$ であることがこの式から理解できる。一方，直方晶系は $\alpha = \beta = \gamma = 90°$ である直方体からなるため，一般式では

$$\frac{1}{d^2} = \frac{h^2}{a^2} + \frac{k^2}{b^2} + \frac{l^2}{c^2}$$

となる。d 間隔は XRD 測定における構造決定で重要な役割を示す。

4.2 化学結合と結晶

4.2.1 金属結晶 (metallic crystal)

　金属結晶は光沢をもち，一般的に高い電気伝導性や熱伝導性を示す。これは外部からの電場や熱的な作用に対して自由に対応できる**自由電子** (free electron) が，結晶中に存在するからである。自由電子は，特定の原子に束縛される価電子とは異なり，多数の原子にまたがって共有されるために，金属イオンの格子間を自由に動き回れる性質があるところからこのように呼ばれる。金属が固体として集合しているのは，この自由電子と陽イオンとの間に働く静電的な力が全体を結合させる力として働いているからである。

4.2.2 イオン結晶 (ionic crystal)

　NaCl や KCl のようなハロゲン化アルカリに代表されるイオン結晶の配列においては，球対称な陽および陰イオン間の静電的相互作用に基づ

く等方的な結合方向性をもつことが多い。一般に陽イオンは陰イオンに比べて小さく，大きい陰イオンが最も密に充填し，その隙間に小さい陽イオンができるだけ陰イオンと接触するようになった場合に最も安定化する。

図4.3(a)にNaCl結晶の{100}面における各イオンの電子密度分布を等高線図で示す。イオン間の結合に対する電子の共有はほとんどなく，荷電粒子であるイオン間の静電的相互作用によって結合していることが示される。これらが三次元的に配列した様子を示したものが図4.3(b)である。この図ではNa$^+$とCl$^-$がそれぞれのイオン半径の大きさに相当する球として示されている。立方体の頂点にある原子は$\frac{1}{8}$，辺（陵）にある原子は$\frac{1}{4}$，面上にある原子は$\frac{1}{2}$だけ単位格子に寄与しているた

図4.3(a)　NaCl結晶

（a）NaCl結晶の{100}面における各イオンの電子密度分布。
数字はCl-イオンの原子核付近の電子密度を100とした場合の電子の存在確率を表す。

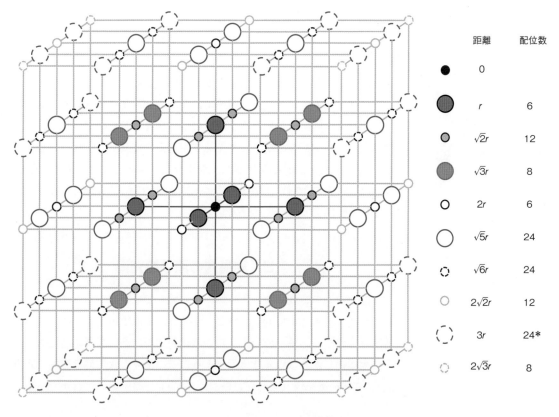

距離	配位数
0	
r	6
$\sqrt{2}r$	12
$\sqrt{3}r$	8
$2r$	6
$\sqrt{5}r$	24
$\sqrt{6}r$	24
$2\sqrt{2}r$	12
$3r$	24*
$2\sqrt{3}r$	8

図 4.3(b)　NaCl 結晶

(b) NaCl 結晶の構造。●の位置にある Na^+ イオンを中心とすると六最近接の Cl^- イオンは●で表される六つである。この Na^+ と Cl^- 間の距離を r とすると，●の位置にある 12 個の Na^+ イオンまでの距離は $\sqrt{2}r$ である。また，●の位置にある 8 個の Cl- イオンまでの距離は $\sqrt{3}r$ である。この枠内に見える Na および Cl の配位数と距離は図の右に示したとおりである〔*はこの格子の外側に同じ距離で存在するイオン（Cl^-）があることを示す〕。

め，この図の単位格子内の Na^+ および Cl^- のイオンの数は，

$$Na^+：頂点 0，辺上 12，面上 0，格子内 1 \rightarrow \frac{1}{4} \times 12 + 1 = 4$$

$$Cl^-：頂点 8，辺上 0，面上 6，格子内 0 \rightarrow \frac{1}{8} \times 8 + \frac{1}{2} \times 6 = 4$$

となり，単位格子にそれぞれ四つ存在することがわかる。なお，各原子の位置は格子定数を単位とした**原子座標**（atomic coordinates）を x, y, z（ただし，$0 \leq x, y, z < 1$）とすると，

$$Na：\frac{1}{2}\ \ \frac{1}{2}\ \ \frac{1}{2},\ 0\ \ 0\ \ \frac{1}{2},\ 0\ \ \frac{1}{2}\ \ 0,\ \frac{1}{2}\ \ 0\ \ 0$$

$$Cl：0\ \ 0\ \ 0,\ \frac{1}{2}\ \ \frac{1}{2}\ \ 0,\ \frac{1}{2}\ \ 0\ \ \frac{1}{2},\ 0\ \ \frac{1}{2}\ \ \frac{1}{2}$$

となる。

4.2.3　共有結合結晶（covalent crystal）

　共有結合結晶では，結晶全体にわたって個々の構成原子が互いに共有結合によって結びついている。したがってその結合は電子の軌道が重なる方向で決まる。その代表例が炭素原子からなるダイヤモンドである。その構造を図4.4に示す。この構造は炭素のsp³混成軌道による空間的に等価な四つの結合からなる。類似の単体物質としてはシリコン，ゲルマニウム，α-スズなどがダイヤモンド型構造をとり，いずれも結晶自体が一つの巨大分子と見なせる。また化合物の例としては，ZnS，ZnSeなどの周期表の12族と16族元素からなる化合物や，GaAs，InSbなどの13族と15族元素からなる化合物がある。

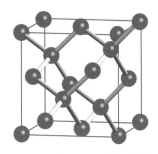

図4.4　ダイヤモンドの単位格子

4.3　結晶内の原子の充塡

　結晶が最大の密度となるように原子が並んで構造がつくられることを最密充塡（close packing）と呼び，構成される原子・イオンによりその構造は変化する。単一の元素からなる代表的な結晶は金属結晶であり，その充塡のしかたは表4.2に示すようにその多くが六方最密充塡（六方晶），立方最密充塡（面心立方格子），体心立方格子のいずれかである。

4.3.1　最密充塡構造──六方最密充塡と立方最密充塡

　同一の元素によって形成される結晶に関する最密充塡構造は三次元空間に同じ大きさの粒子を隙間なく詰め込むことによって形成され，図4.5(a)のように1個の球の周りに球を並べると最大6個の最近接（nearest neighbor）の球で囲むことができる。この数を配位数（coordination number）と呼び，平面上の配位数は6となる。三次元空間においてはこの平面に並べた球の集合体に同じ球の集合体を最密充塡の状態を保つように重ねる。この積み重ね方には二つの方法があり，そ

表4.2　代表的な金属の構造と格子定数

面心立方格子 (立方最密充塡)		六方晶 (六方最密充塡)			体心立方格子		単純立方格子	
元素	a/pm	元素	a/pm	c/pm	元素	a/pm	元素	a/pm
Al	405	Be	228	358	Cr	288	Po	336
Ni	352	Mg	320	521	Fe	286		
Cu	361	Ti	295	467	Mo	314		
Ag	409	Zn	266	495	Ba	501		
Au	407	Zr	323	514	Ta	330		
Pb	495	Cd	297	562	W	316		

(a) 平面上の最密充填。中央の原子に対して　(b) 六方最密充填における原子層の重なり。
6個の球が配位する。

(c) 平面上の最密充填。

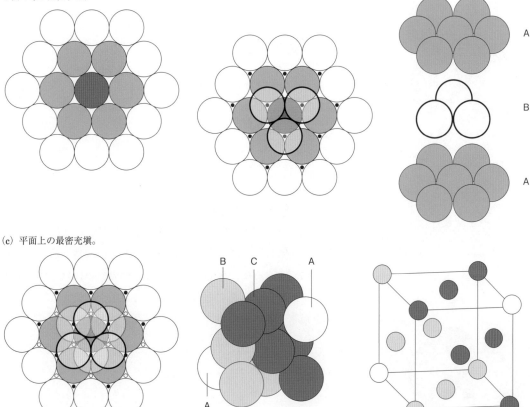

図4.5　最密充填構造

れぞれ六方最密充填（hexagonal close packing；hcp）と立方最密充填
（cubic close packing；ccp）と呼ぶ。

六方最密充填の場合は，図4.5(b) に示すように，まず平面に球が最
密充填されたA層の●で示されたくぼみにB層を重ねる。これを繰り
返し，ABABA……とする。これにより1個の球に配位する6個の球の
中心を頂点とする六角形を底面とし，B層を挟む2枚のA層によってc
軸の長さが決まる六方晶系をなす。

これに対して立方最密充填の場合は，図4.5(c) に示すように，A層
のくぼみのうち，●で示された場所にB層，さらに○で示されるくぼみ
にC層を重ね，これを繰り返すとABCABCA……の繰り返しが生じる。
この場合，積み重なった層を（111）面とする面心立方格子が形成され
ることがわかる。いずれの場合も三次元空間における最近接原子数は
12である。

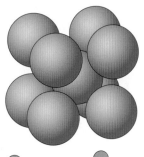

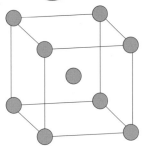

体心立方格子

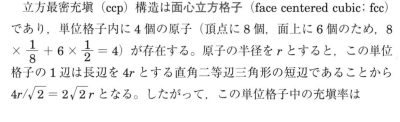

立方最密充塡（ccp）構造は**面心立方格子**（face centered cubic；fcc）であり，単位格子内に4個の原子（頂点に8個，面上に6個のため，$8 \times \frac{1}{8} + 6 \times \frac{1}{2} = 4$）が存在する。原子の半径を$r$とすると，この単位格子の1辺は長辺を$4r$とする直角二等辺三角形の短辺であることから$4r/\sqrt{2} = 2\sqrt{2}\,r$となる。したがって，この単位格子中の充塡率は

$$\frac{4 \times \dfrac{4}{3}\pi r^3}{(2\sqrt{2}\,r)^3} = 0.7405$$

となる。

4.3.2　体心立方格子・単純立方格子

最密充塡ではなくても規則性を保持した格子をもつ結晶は多い。表4.2に記載された体心立方格子，単純立方格子をもつ結晶も数多く存在する。図4.6に示すように，体心立方格子は1個の原子に対して最近接に8個の原子が配位し，単純立方格子は6個の原子が配位する。それぞれの充塡率を最密充塡構造の場合と同様に計算すると

$$\text{体心立方格子}：\frac{2 \times \dfrac{4}{3}\pi r^3}{\left(\dfrac{4\sqrt{3}\,r}{3}\right)^3} = 0.6802$$

$$\text{単純立方格子}：\frac{\dfrac{4}{3}\pi r^3}{(2r)^3} = 0.5236$$

となる。

4.3.3　配位数

結晶内の原子やイオンのような粒子に別の粒子が隣接していることを配位と呼び，その原子数を**配位数**（coordination number）と呼ぶ。イオン結晶のように陽イオンと陰イオンが共存する結晶においては，隣接する粒子は通常反対符号の電荷をもつ対イオンとなる。そこではあるイオンの周りに存在する対イオンの数を配位数という。

ポーリングはこの配位の状態について，イオン半径比と想定される配位数との関係に着目して検討した。陽イオンのまわりに配位する陰イオンの数は図4.7に示すように，その隙間の大きさ，つまり陰イオンの半径r_-に対する陽イオンの半径r_+の比によって決まると考えることがで

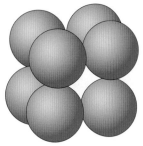

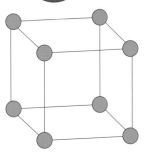

単純立方格子

図4.6　体心立方格子と単純立方格子

表 4.3 イオン半径比と配位数の関係

半径比（r_+/r_-）	配位数	配位するイオンによりできる図形
$r_+/r_- < 0.155$	2	直線
$0.155 < r_+/r_- < 0.225$	3	正三角形
$0.225 < r_+/r_- < 0.414$	4	正四面体
$0.414 < r_+/r_- < 0.732$	6	正八面体
$0.732 < r_+/r_- < 1.000$	8	立方体
$r_+/r_- = 1.000$	12	立方八面体（ccp 型）または同相双三角台塔（hcp 型）

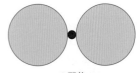

2 配位

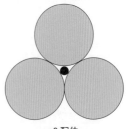

3 配位

きる。その空間に入る最大の大きさは陽イオンのイオン半径を r_+，陰イオンのイオン半径を r_- とすると，3 配位では r_+/r_-（イオン半径比）＝ 0.155 のとき陽イオンと陰イオンとがぴったり接触するが，この値以下では陰イオンどうしだけが接触することになって静電的な斥力が大きくなり，不安定になる。同様な関係は他の配位にも適用でき，その結果は表 4.3 のようになる。この半径比と配位数との関係はポーリングの第 1 原理として知られている。

4.4 代表的な無機結晶の構造

表 4.4 に代表的な化合物の結晶構造を示す。

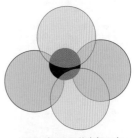

4 配位（正四面体内部の空隙に陽イオンが入る）

4.4.1 ダイヤモンド型構造（diamond structure）

ダイヤモンド型構造はすでに図 4.4 で示した。sp^3 混成軌道の合理的な相互の結合によってきわめて対称性の高い格子をつくっている。またこの構造は，結晶格子を形成している炭素原子の半分が立方最密充填をつくる。

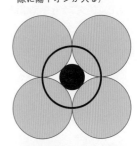

6 配位（正八面体の上部から見たところ）

4.4.2 グラファイト型構造（graphite structure）

炭素の同素体の一つであるグラファイトの構造は，図 4.8 に示すように炭素原子の六員環が二次元的に広がった層の積み重なった構造である。この層内の炭素間の結合は sp^2 混成軌道によるものであって，その距離は 142 pm である。これに対して，層間の距離は 335 pm と著しく長く，いわゆるファンデルワールス（van der Waals）力で弱く結合している。グラファイト構造とよく似た構造をもつものに六方晶系の BN がある。この物質の構造は，グラファイトの六員環の炭素原子を交互に B と N とで置き換えた層の積み重なりで成り立っている。化学結合は sp^2 混成軌道からなるが，π 電子の局在化により，グラファイトと異な

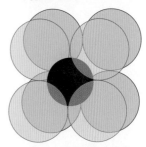

8 配位（立方体内部の空隙に陽イオンが入る）

図 4.7 陰イオンの間隙に入る陽イオンとその配位数

表 4.3 にイオン半径と配位数の関係が示す。

表4.4　代表的な無機化合物の結晶構造とその化合物の例

結晶構造	量論比	配位数	例
岩塩型	1:1	6配位	NaCl, KBr, RbI, AgCl, AgBr, MgO, CaO, SnAs
CsCl型	1:1	8配位	CsCl, TlI, CsAu, CuZn, NbO
ウルツ鉱型	1:1	4配位（hcp）	α-ZnS, ZnO, β-AgI, SiC
閃亜鉛鉱型	1:1	4配位（ccp）	β-ZnS, CuCl, CdS, γ-AgI, InAs
ルチル型	1:2	6-3配位	TiO_2, MnO_2, SnO_2, WO_2,
蛍石型	1:2	8-4配位	CaF_2, UO_2, LaH_2
逆蛍石型	2:1	4-8配位	K_2O, Na_2O, Li_2O, K_2S, Na_2O
ペロブスカイト型	（ABO_3）	A:12, B:6	$CaTiO_3$, $SrTiO_3$, $PbZrO_3$, $KMnF_3$
スピネル型	（AB_2O_4）	A:4, B:6	$MgAl_2O_4$, $ZnFe_2O_4$, $LiMn_2O_4$

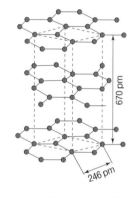

図4.8　グラファイト型構造

って絶縁体である。

4.4.3　岩塩（NaCl）型構造（rocksalt structure）

　岩塩（NaCl）型構造は図4.3ですでに示しており，相互にイオンを六つ配位する。NaCl のほかに多くのハロゲン化アルカリがこの構造をとる。ただし，イオン半径の大きな Cs^+ イオンを含むハロゲン化物は半径比も大きくなり，8配位構造をとるようになるため，CsCl 構造になる。また酸化物としてアルカリ土類酸化物および CdO, CoO, NiO, 希土類元素の窒化物などがこの構造をとる。なお，2種類の陽イオンを含む $LiCoO_2$ や $LiNiO_2$, $LiInO_2$ では酸化物イオンの立方最密充塡の八面体位置に Li^+ とそれぞれ Co^{3+}, Ni^{3+}, In^{3+} が交互に規則正しく配置されており，これらも岩塩（NaCl）型構造と呼ばれることが多い。

4.4.4　CsCl 型構造（cesium chloride structure）

　イオン半径比 $r_+/r_->0.732$ の場合，このイオン結晶は CsCl 型構造をとりやすい。図4.9に示すように，この構造では陽イオン半径が大きいため，陰イオンは最密充塡をとらず，単純立方格子と同様の充塡をしている。陽イオンは立方体8配位の位置にある。室温ではハロゲン化アルカリの中で CsCl, CsBr, CsI がこの構造をとる。さらに β 黄銅（CuZn），AlFe, MgTi などの金属間化合物もこの構造をとる。

4.4.5　ウルツ鉱型構造（wurtzite structure）

　ZnS のうち，六方晶系である α-ZnS と呼ばれる多形としてウルツ鉱が存在する。この構造の単位格子においては図4.10に示すように，陽イオンの配位は四面体4配位であるが，陰イオンの充塡は六方最密充塡（hcp）である。ウルツ鉱型構造の例としては，ZnO と ZnS が代表的であるが，このほかに13族と15族からなる AlN, GaN, InN などの化

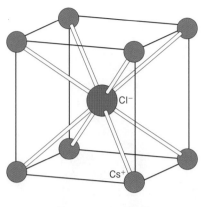

図 4.9　CsCl 型構造　　　　図 4.10　*α*-ZnS（ウルツ鉱）型構造

合物もこの構造をとる。

4.4.6　閃亜鉛鉱型構造（zincblende structure）

　ZnS においてダイヤモンド型構造と同様の構造をもつものに，*β*-ZnS と呼ばれる多形として閃亜鉛鉱が存在する。閃亜鉛鉱は ZnS の鉱物の一つである。この構造は図 4.11 に示すようにダイヤモンド型構造ときわめて類似性があって，ダイヤモンド型構造の炭素原子を交互に Zn 原子と S 原子で置き換えたものである。ウルツ鉱型構造と閃亜鉛鉱型構造との違いは，陰イオンの充填の仕方が立方か六方の違いだけである。この構造をとる化合物には，12 族と 16 族からなる ZnSe や CdS などの化合物，13 族と 15 族からなる GaAs や InSb などの化合物がある。また NaCl 構造における $LiNiO_2$ の場合と同様に，三成分化合物である $CuGaS_2$ も閃亜鉛鉱型構造と同様な構造をとる。

4.4.7　蛍石（CaF_2）型構造（fluorite structure）

　この構造は蛍石（CaF_2）に代表される，1：2 の量論比をもっている。一般に MX_2 の化学組成をもつ化合物の結晶では，［M の配位数］= 2 ×［X の配位数］の関係が成り立つので，陽イオンと陰イオンの配位数の組み合わせは，8-4 配位，6-3 配位，4-2 配位が考えられる。このうち，CaF_2 では 8-4 配位の組み合わせとなり，図 4.12 に示すように陽イオンは立方体 8 配位をとっている。この構造の例としては，SrF_2，BaF_2，CdF_2，$SrCl_2$ などのハロゲン化物のほかに，ZrO_2，HfO_2，CeO_2，UO_2 などの酸化物がある。この構造の陽イオンと陰イオンを入れ替えたのが逆蛍石型構造である。

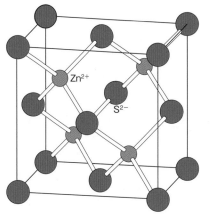

図 4.11　*β*-ZnS（閃亜鉛鉱）型構造

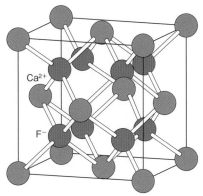

図 4.12　蛍石（CaF₂）型構造

4.4.8　ルチル型構造（rutile structure）

　ルチルとは，MX_2 の組成をもつ TiO_2 の鉱物の一つである。化合物の
なかで 6-3 配位の組み合わせの場合，図 4.13 に示されるルチル構造を
とる。陰イオンは多少ゆがんだ六方最密充塡をしていて，これによって
できる八面体の隙間の半分が陽イオンによって占められている。この構
造をとる化合物には，MnF_2，ZnF_2，CoF_2，$CaCl_2$ などのハロゲン化物，
GeO_2，SnO_2，PbO_2 など，多くの酸化物がこの形状をとる。なお，TiO_2
はルチルの他にも製法や温度によって安定相がいくつか見られ，アナタ
ーゼ（anatase）型・ブルッカイト（brookite）型と呼ばれる結晶形があ
ることが知られている。

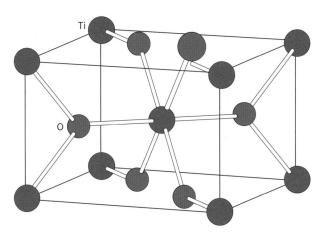

図 4.13　ルチル（TiO₂）型構造

4.4.9 ペロブスカイト型構造 (perovskite structure)

　ペロブスカイトとは$CaTiO_3$の鉱物名で，ABX_3タイプの化学組成をもつ化合物では一般的な構造である。酸化物の場合，AとBイオンの電荷の和は6+であるので，陽イオンの電荷の組み合わせは1-5($NaNbO_3$，$KNbO_3$，$KTaO_3$)，2-4($SrTiO_3$，$BaTiO_3$)，3-3($LnMnO_3$，$LnFeO_3$，$LnCrO_3$)(ここでLn：希土類元素)などが挙げられる。図4.14に示すように，Aはイオン半径の大きい陽イオン，Bはイオン半径の小さい陽イオン，Xは陰イオンである。この構造ではBイオンと陰イオンが立方最密充填をしている。ここで三つのイオンがすべて接触している立方体を考えると

$$r_A + r_x = \sqrt{2}\,(r_B + r_x)$$

となる。さらには構成イオンのイオン半径の組み合わせによって変形することが知られており，**許容因子**(tolerance factor)tを導入し，

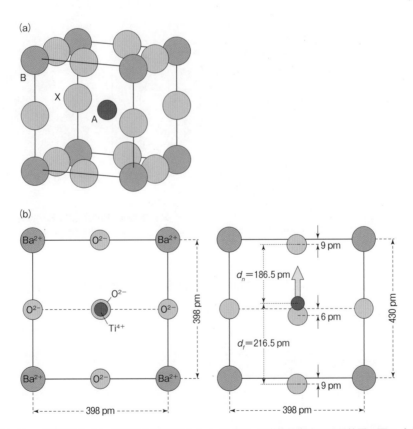

図 4.14　ペロブスカイト (ABO₃) 型構造 (a) と BaTiO₃ の単位格子内の原子位置の歪み (b)
この歪みが生じることによって，大きな誘電特性を示す。

$$r_A + r_x = \sqrt{2}\,t\ (r_B + r_x)$$

とすることによって，t の値が小さくなるほど変形が大きくなることが示される。実際のペロブスカイト型構造の t の値はおおむね 0.80〜1.00 の範囲に入っている。$BaTiO_3$ は代表的なペロブスカイト型構造をもっているが，図 4.14 (b) に示すように，その中心に位置するはずの Ti はもとの位置から変位している。そのため，格子全体において分極性を示し，強い誘電特性を示す。

4.4.10　スピネル型構造（spinel structure）

　$MgAl_2O_4$ に代表されるスピネル型構造をもつ酸化物は図 4.15 に示すように，酸素の立方最密充填構造（ccp）の配列になっているところに，4 配位および 6 配位を示す Mg^{2+} および Al^{3+} のイオンが配列している。一般式は AB_2O_4 となり，この場合，陽イオンの価数の合計は 8 となることから，陽イオンの電荷の組み合わせも 2-3（$MgAl_2O_4$，$CoAl_2O_4$，$MgTi_2O_4$），2-4（Co_2GeO_4，Fe_2GeO_4），1-6（Na_2WO_4）などがある。

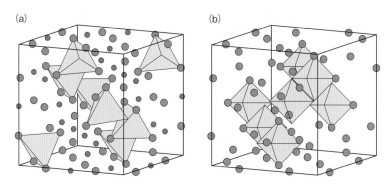

図 4.15　スピネル（AB_2O_4）型構造
（a）四面体間隙の 1/8 を占める陽イオン A，（b）正八面体間隙の 1/2 を占めている陽イオン B。

4.4.11　オリビン型構造（olivine structure）

　スピネル型構造の酸素の配列が立方最密充填（ccp）であるのに対して，オリビン型構造は図 4.16 に示すように六方細密充填構造（hcp）にならった配列となったものである。代表的な物質に Mg_2SiO_4 や $LiFePO_4$ がある。

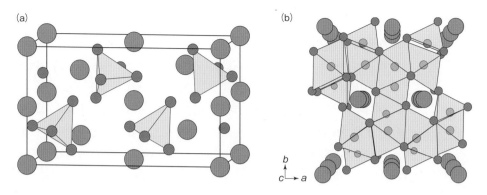

図 4.16　**オリビン型構造**
(a) α-$(Mg, Fe)_2SiO_4$,　(b) $LiFePO_4$。

4.5　結晶成長

　天然石英（水晶）は図 4.17 に示すように，成長した六角柱の先端に
とがった六角錐が存在している。つまり単位格子の形をそのまま拡大し
た結晶成長を経ているわけではない。現在は**直方晶**と呼ぶことが推奨さ
れる "Orthorhombic crystal system" はこれまで斜方晶と呼ばれてき
た。たとえば直方晶の単位格子をもつ硫黄結晶は図 4.18 で示すように，
天然で算出された状態では斜方八面体（底が菱形の四角錐を上下に接合
した形）をもっており，その外形を基準として斜方晶（Rhombic
crystal）と呼ばれていたためである。これらのことは，結晶成長の途上
で生じる表面形状，すなわちその成長環境下において表面エネルギーを
できるかぎり下げ，安定な表面形状を形成するよう反応を進行させるた

図 4.18　**天然硫黄の結晶**
左側に {111} 面が表面に露出している。

図 4.17　**天然水晶と Si の原子配列
モデル**

めと考えられる。

4.5.1　結晶核の発生

　結晶が何もないところから自発的に生じる（均一相から不均一相として の固相が分離する）現象の場合，結晶を構成する原子 n 個が均一相 I から不均一相 II（固体）に移行する際（つまり核生成）の自由エネルギー変化 ΔG は，粒子表面の生成によって生じる表面エネルギー σ によって一部補償されることから

$$\Delta G \ = \ -n\varphi + \sigma C$$

となる。ここで n は結晶を構成する原子数，φ はポテンシャルエネルギー，C は定数である。粒子全体を形成する原子数 n に対して，その表面に存在する原子数は $n^{2/3}$ であり，C に置き換えると

$$\Delta G \ = \ -n\varphi + n^{2/3}\psi$$

と表せる。ここで，$\psi = \sigma k$ とする。相 I と比べて相 II はエネルギーが低いため，$\varphi > 0$ となる。すなわち，n は極大値をもつようになるため，ある閾値 n^* を超えると，いったん生成した結晶核はさらに大きくなる方向に向かう。

　実際の固体結晶の核生成においては，単に 1 原子が決まった方向に接合するだけではない。固相核の際には界面を通って原子が拡散し，核の上に付くための活性化エネルギー q を加えて考えなければならない。したがって，空気中における核の生成速度 J は ΔG^* を核生成の自由エネルギーとして，

$$J \ = \ A\exp\left[-(\Delta G^* + q)/k_B T\right]$$

となる。ここで k_B はボルツマン定数，A は頻度因子である。図 4.19 は水溶液中の沈殿反応において難溶性塩が析出する過程を想定した結晶粒子の生成速度に関する各種パラメータの時間変化を記述したものである。溶液内の反応の進行に伴い，過飽和状態が顕著になり，核生成の活性化エネルギーを越えた段階で核は急激に生成する。ここまでの時間 t_i を誘導時間と呼ぶ。これ以降，核が生成することにより，水溶液中の過飽和度は急激に減少する。しかしながら核の数の積分値となる生成量（析出物の総体積）は急激に増加することを示している。このように，結晶の核生成は反応場の過飽和状態と密接に関係している。

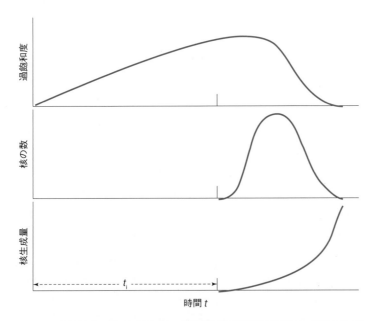

図 4.19　水溶液中の沈殿反応において難溶性塩が析出する過程を想定した結晶粒子の生成速度に関する各種パラメータの時間変化

4.5.2　結晶成長

　最も単純な結晶成長の過程は平滑な表面（ファセット）の上に析出する場合である。厚みが格子間距離 d に等しい二次元核が 1 個析出し，新たな表面を形成する過程で存在する可能性を図 4.20 に示す。表面に生

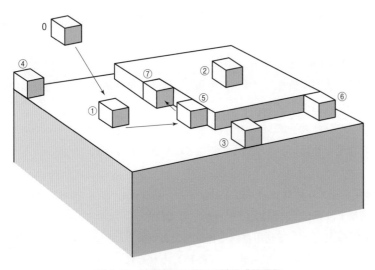

図 4.20　結晶表面における結晶成長過程
① 生成したばかりの結晶核 ＞ ② 表面（孤立）＞ ③ 辺 ＞ ④ 角 ＞ ⑤ ステップ ＞ ⑥ ステップ端 ＞ ⑦ 折れ目（kink）の順に安定化する。

(a)

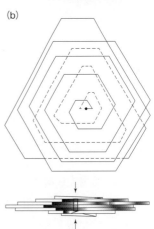

(b)

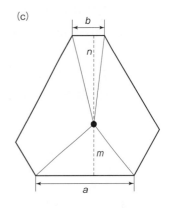

(c)

図 4.21　結晶の形態
（a）塩化金酸水溶液中に還元性のサリチル酸を添加して生成した金ゾルの電子顕微鏡写真，（b）結晶成長過程を示した図，（c）Wulff の定理を示す図。この図の場合，$am = bn$ がなりたつ。
〔E. Suita et al, *Bull. Inst. Chem. Res. Kyoto Univ.*, **42**, 511（1965）.〕

じる核によってできる構造上の自由エネルギーは

① 生成したばかりの結晶核 ＞② 表面（孤立）＞③ 辺＞④ 角＞
⑤ ステップ ＞⑥ ステップ端 ＞⑦ 折れ目（kink）

の順に小さくなっていき，安定化していく。結晶の形態は，この表面エネルギーを最小にするという考え方に基づき説明できる（Wulff の定理）。塩化金酸水溶液中に還元性のサリチル酸を添加して金ゾルを生成すると，図 4.21（a）に示すように，金の（111）面を中心にらせん状の結晶端面が成長してできることが知られている。図 4.21（b）のように，成長した金単結晶において，等角不等辺六角形の形状ができていることがわかる。この図の輪郭のみを取りだし，結晶内の1点（Wulff 点）から各面に垂線を下ろすと，図 4.21（c）に示すようにその長さ（図では m, n）が面の表面自由エネルギー（図では辺の長さ a, b に相当）と反比例関係になり $am = bn$ であることが示される。

<hr>

------------------ 章 末 問 題 ------------------

4.1 最密充填構造における充填率を求めよ。

4.2 格子定数 a の体心立方格子を考える。単位格子を図示せよ。この格子の中で原子密度が大きな面で構造上すべりやすいすべり面は ｛110｝面，すべり方向は 〈111〉 である。（110）面および ［111］方向を図示せよ。

4.3 NaH と LiH はいずれも岩塩構造をもち，陽イオンがすべての八面体サイトを占めている。NaH と LiH の格子定数はそれぞれ 488 pm と 408 pm である。Na^+，Li^+，H^- のイオン半径を計算せよ。ただし，H^- イオンの半径は 146 pm とする。

4.4 岩塩型構造，閃亜鉛鉱型構造，蛍石型構造，ウルツ鉱型構造，ルチル型構造について各結晶中の原子間距離を，格子定数（a や c）を用いて表せ。

4.5 体心立方格子をもつタングステンは原子量 $M = 183.84\,\mathrm{g\,mol^{-1}}$，原子半径 $r = 137\,\mathrm{pm}$ である。このとき，タングステンの密度を計算しなさい。ここで得られた値と実測値 $19.25\,\mathrm{g\,cm^{-3}}$ とを比較せよ。

4.6 ルチル構造をもつ TiO_2 の単位格子定数は $a = 459.4\,\mathrm{pm}$，$c = 295.9\,\mathrm{pm}$，$M = 79.87\,\mathrm{g\,mol^{-1}}$ である。このときルチルの密度を計算し，実測値 $4.26\,\mathrm{g\,cm^{-3}}$ と比較せよ。

4.7 リチウムイオン二次電池の正極材料として利用される各種酸化物の構造はリチウムイオンが移動しやすい構造をもつ必要がある。$LiCoO_2$，$LiMnO_3$，$LiFePO_3$ それぞれの構造を調べ，リチウムイオンが動きやすい原因について調べよ。

4.8 結晶成長において原料の過飽和度がどのように影響を及ぼすか述べよ。

第5章 無機材料の電子伝導性と半導体

*1 電気伝導度
電気伝導体の単位断面積，単位長さあたりの電流の流しやすさ。長さ l，断面積 A の一様な電気伝導体の底面間の抵抗を R とすると，電気伝導度 σ（シグマ）は

$$\sigma = \frac{1}{R} \times \frac{l}{A}$$

である。SI 単位は $\mathrm{S\,m^{-1}}$（ジーメンス毎メートル）または $\Omega^{-1}\mathrm{m^{-1}}$。

■ この章の目標 ■

電力や電気信号が身の回りのあらゆる箇所で使われている現代社会において，電気を通す材料や通さない材料は，なくてはならないものとなっている。電気を通す物質は，電気の運び手である電荷担体（charge carrier；キャリア）の種類により2種類に大別され，キャリアが電子である物質は**電子伝導体**，キャリアがイオンである物質は**イオン伝導体**と呼ばれる。この章では，半導体を中心に無機材料において電子伝導性が発現する原理について学び，半導体を利用したさまざまな素子の動作原理となる基本的な性質と構造，半導体の材料科学の基礎を学ぶ。

5.1 電子伝導性とその起源

電子伝導体の**電気伝導度**（σ）[*1] は物質によってさまざまで，25桁もの広い範囲でその値は変わる（図5.1）。おおよそ $\sigma > 10^4\,\mathrm{Sm^{-1}}$ の電気をよく通す物質は**金属**，$\sigma < 10^{-8}\,\mathrm{Sm^{-1}}$ の電気を通しにくい物質は**絶縁体**，その中間は**半導体**と呼ばれる。電子伝導は，印加された電場に応答して電子が長距離を移動する現象である。無機材料に限らず，物質は核外電子を纏った原子から構成されているので，固体物質中には非常に多くの電子が存在する。密度，組成式量から原子密度を求め，構成原子1個あたりの電子数をかければ，固体中の全電子密度は簡単に計算できる。たとえば，銅，シリコン，SiO_2 ガラスの全電子密度は，それぞれ $2.4 \times 10^{24}\,\mathrm{cm^{-3}}$，$7.0 \times 10^{23}\,\mathrm{cm^{-3}}$，$6.6 \times 10^{23}\,\mathrm{cm^{-3}}$ であり，いずれも $1\,\mathrm{cm^3}$ 中におおむね $1\,\mathrm{mol}$ の電子がある。では，電気伝導度に25桁もの違いが現れるのはなぜだろうか。

銅を例に固体中の電子がすべて同じ性格ではないことを思い出そう。1

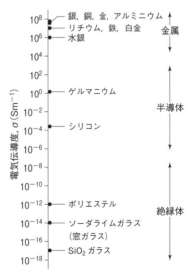

図5.1 **各種物質の電気伝導度**

個の銅原子は 29 個の電子をもち，その電子配置は $1s^2 2s^2 2p^6 3s^2 3p^6 3d^{10} 4s^1$ であった。原子の中で電子は原子核に束縛されており，その束縛（Coulomb 引力）は原子核に近いほど大きい。孤立した銅原子の電子のエネルギーは，$1s = -8,839\,\text{eV}$，$2s = -1,063\,\text{eV}$，$2p = -939\,\text{eV}$，$3s = -117\,\text{eV}$，$3p = -78\,\text{eV}$，$3d = -10\,\text{eV}$，$4s = -7\,\text{eV}$ であり，原子核に近い原子軌道を占有する電子は，原子核から遠い電子と比べて桁違いに安定化している。エネルギーが $-20\,\text{eV}$ 程度以下の電子は原子核に十分に強く束縛されており，電場を印加しても動かない。電場の印加により動く可能性があるのは，束縛の弱い 3d 電子と 4s 電子，すなわち，化学結合の形成にも関与する価電子で，その中でもエネルギーが最も大きい（最も不安定な）4s 電子 1 個がキャリアとなりうる電子である。全電子数に比べれば価電子の数はずいぶん少ないが，それでもすべての固体物質中には原子の密度（$10^{22} \sim 10^{23}\,\text{cm}^{-3}$）と同程度の価電子が存在する。物質によって電気伝導度が異なるのは，物質によって動ける価電子をもつものと，そうでないものがあるからと理解できる。このような違いはなぜ生じるのだろうか。

　箱に入ったピンポン玉（図 5.2）を使って，電子の世界と私たちの生活する世界（実空間）との橋渡しとなるイメージを作ろう。箱 A には隙間なく，箱 B には半分ほどのピンポン玉が入っている。箱 B のピンポン玉は箱を傾けると動きだすが（図 5.2 の右下），箱 A のピンポン玉は隙間なく詰められているので傾けても動かない（図 5.2 の右上）。固体物質中の価電子は，箱の中のピンポン玉と類似の状況にあるとイメージするとよい。すなわち，電気を良く通す金属の価電子は，価電子の総数より収容可能な電子の総数が多い状態に収容されているため，電場を印加するとそれに応答して動きだす。一方，絶縁体の価電子は収容可能な電子の総数が価電子の総数と同じ状態に収容されているため，電場が印加されても動けない。このイメージをより詳細に広げるには，価電子が収容されている状態，すなわちエネルギーバンドがどのようなものである

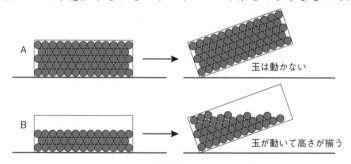

図 5.2　箱に詰められたピンポン玉

かを知る必要がある。

5.2 エネルギーバンド

私たちが扱う材料は固体の物質からできている。それはどれくらいの数の原子からできているのだろうか。たとえば，1辺が1 μmの立方体形状のNaCl中には，NaとClがそれぞれ2×10^{10}個含まれている。$1 \, \mu m^3$の立方体は感覚的には非常に小さいが，それでも結晶を構成する原子は非常に多い。Na原子とCl原子には，それぞれ1個（3s電子），7個（3s，3p電子）の価電子があるので，$1 \, \mu m^3$のNaClには合計1.6×10^{11}個の価電子が存在する。このように多くの価電子の取り扱いは簡単ではないので，原子2個からなる分子の価電子が，どのような状態を占有するかを復習するところから始めよう。

5.2.1 原子軌道と2原子分子の分子軌道

孤立原子の核外電子は，そのエネルギーが量子化された原子軌道（atomic orbital；AO）を占有する。原子軌道には，たとえば1s，$2p_x$，$2p_y$，$2p_z$，$3d_{xy}$，$3d_{yz}$，$3d_{zx}$，$3d_{x^2-y^2}$，$3d_{z^2}$などがあり，その波動関数は模式的には図5.3のように広がっている。二つの原子が近づくと，各原子の最外殻にあたる価電子の原子軌道が重なり，化学結合が生じる。このとき価電子はもとの原子軌道とはエネルギーが異なる分子軌道（molecular orbital；MO）を占有し安定化する。内殻軌道の電子は原子核に近い空間を周回しているので隣の原子の影響をほとんど受けず，もとの原子軌道を占有したままである。図5.4は2個のH原子からH_2分子が，Li原子とH原子からLiH分子が生成するときの価電子の占有する軌道とエネルギーを模式的に表している。H_2分子が生成すると2個のH原子の電子は，いずれもエネルギーの小さい結合性軌道を占有する。一つの軌道はスピンの異なる2個の電子を収容できるので，H_2分子の結合性軌道は電子で満たされ，反結合性軌道は空となる。分子軌道のエネルギーとその波動関数は，分子軌道を原子の状態で価電子が占有する原子軌道の波動関数の線形結合（LCAO；linear combination of atomic orbitals）で表し，Schrödinger方程式を解くことで求められる。LCAO法ではH_2分子を構成する二つのH原子a，bの1s原子軌道の波動関数をχ_a，χ_bとすると，H_2分子の分子軌道ϕは次の式で表される。

$$\phi = c_a \chi_a + c_b \chi_b \tag{5.1}$$

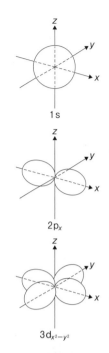

図5.3 原子軌道の広がりの模式図

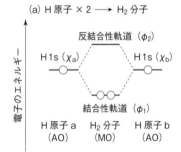

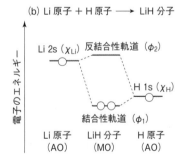

図5.4 分子軌道の形成
(a) H_2分子，(b) LiH分子。

ここで c_a, c_b は LCAO 係数と呼ばれ，分子軌道 ϕ に対する原子軌道 χ_a, χ_b の寄与を表す。ϕ を求めるには，次の Schrödinger 方程式を解けばよい。

$$\hat{H}\phi = E\phi \tag{5.2}$$

$\hat{H}$ はハミルトン演算子（ハミルトニアン），E はエネルギー固有値（波動関数のエネルギー）である。

$$\int \chi_a \chi_b \mathrm{d}r = 0 \qquad \text{（重なりゼロの近似）} \tag{5.3}$$

$$\int |\chi_a|^2 \,\mathrm{d}r = \int |\chi_b|^2 \,\mathrm{d}r = 1 \qquad \text{（χ_a, χ_b は規格化されている）} \tag{5.4}$$

$$\int \chi_a \hat{H} \chi_a \,\mathrm{d}r = \int \chi_b \hat{H} \chi_b \,\mathrm{d}r = E_0$$
$$\text{（クーロン積分；H 原子の 1s 電子のエネルギー）} \tag{5.5}$$

$$\int \chi_a \hat{H} \chi_b \,\mathrm{d}r = \int \chi_b \hat{H} \chi_a \,\mathrm{d}r = -A$$
$$\text{（共鳴積分；電子が原子間を飛び移るときのエネルギー積分（$A>0$）} \tag{5.6}$$

として，Schrödinger 方程式を解くと，H_2 分子の分子軌道のエネルギー E は

$$E = E_0 \pm A \tag{5.7}$$

となる。A>0 なので符号がマイナスの場合が結合性軌道に，プラスの場合が反結合性軌道に相当する。式（5.7）から波動関数を求め，規格化 $\left(\int |\phi|^2 \mathrm{d}r = 1 \right)$ すると，

$$\phi = \frac{1}{\sqrt{2}} \chi_a \pm \frac{1}{\sqrt{2}} \chi_b \tag{5.8}$$

となる。結合性軌道はプラスの場合に，反結合性軌道はマイナスの場合に相当する。χ_a, χ_b の LCAO 係数は等しいので，分子軌道 ϕ に対する a，b 二つの H 原子の 1s 軌道 χ_a, χ_b の寄与（振幅）は等しいことを示している。これは，H_2 分子の分子軌道を占有する二つの電子は，もとの二つの H 原子の 1s 軌道に等しく帰属していること，すなわち，二つの H 原子の 1s 電子は H_2 分子では共有され，H_2 分子が"完全な"共有結

合からなることを意味する。

　LiH 分子の場合，H 原子の価電子は 1s 軌道の電子（エネルギー E_H），Li 原子の価電子は 2s 軌道の電子（エネルギー E_{Li}）となる。二つの原子軌道が異なるため H_2 分子の場合よりすこし面倒だが，結合性軌道のエネルギーは $E_H - \dfrac{A^2}{E_{Li} - E_H}$，反結合性軌道のエネルギーは $E_{Li} + \dfrac{A^2}{E_{Li} - E_H}$ となる。結合性軌道の波動関数 $\phi = c_{Li}\chi_{Li} + c_H\chi_H$（$\chi_{Li}$ は Li 原子の 2s 原子軌道，χ_H は H 原子の 1s 原子軌道の波動関数）において，$\dfrac{c_{Li}}{c_H} \sim \dfrac{A}{E_{Li} - E_H}$ となり，E_{Li} が -5.4 eV，E_H が -13.6 eV，$A = 1\sim3$ eV であることを考慮すると，結合性軌道においては $c_{Li} \ll c_H$ となる。このことは，LiH 分子の結合性軌道の大部分は H 原子の 1s 軌道からなることを意味する。H 原子，Li 原子の価電子は LiH 分子では結合性軌道を占有するので，LiH 分子中では“もとの Li 原子の 2s 電子”は“もとの H 原子の 1s 軌道”に移ったことに相当し，価電子は H 原子に偏って存在するイオン性の強い（LiH 分子中の H は H^- のように，Li は Li^+ のように振る舞う）結合が生成していると理解できる。もしも $c_{Li} = 0$ であれば，もとの Li 原子の 2s 電子は完全に H 原子の 1s 軌道に移ったことになり，Li と H の結合は Li^+ と H^- との“完全な”イオン結合となるが，分子や固体中で完全なイオンになることはない。

5.2.2　2 原子分子から固体への拡張──エネルギーバンドの感覚的理解

　LiH 分子の構成原子数を増やし，Li_2H_2，Li_4H_4 などの仮想分子の電子の状態を考える。図 5.5 は原子数が増えたときのエネルギー準位の変化を模式的に表している。LiH 分子では考慮する原子軌道は Li 2s 軌道と H 1s 軌道の二つであったが，Li_2H_2 分子ではそれぞれ二つずつ，合計四つの原子軌道を考慮しなければならない。このとき，LiH と同様に化学結合が生じるのであれば，結合性軌道，反結合性軌道が二つずつできる。ただし，Li_2H_2 分子中の Li 原子と H 原子の周りの状況は，LiH 分子中のそれとは異なるので，それぞれ二つの結合性軌道と反結合性軌道のエネルギーも同じではないだろう。このように，構成原子数が増えていくと，分子軌道の数も増えていく。LiH ⟶ Li_2H_2 ⟶ Li_4H_4 の変化から $Li_{100}H_{100}$ 分子の分子軌道を想像すると，それぞれ 100 個の結合性軌道と反結合性軌道は，それほど広くないエネルギー範囲に密集し，各軌道間のエネルギー差は非常に小さくなるだろう。さらに構成原子数が増えれば，各軌道間のエネルギー差はさらに小さくなり，価電子は多数

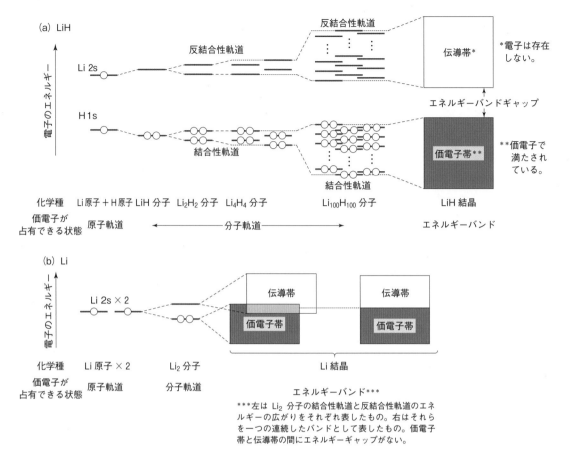

図5.5　原子，分子，巨大分子，結晶における電子の占有できる状態
(a) LiH，(b) Li。

　の結合性軌道が密集してできた，事実上エネルギーが連続した状態を占
有していると見なせるようになる。このようにしてできた，あるエネル
ギー幅をもった価電子が占有可能な状態がエネルギーバンドであると理
解すればよい〔図5.5 (a)〕。

　Li原子の価電子は2s電子一つであり，H原子の価電子とは主量子数
が異なるだけである。したがって，水素の場合と同様にLi$_2$分子を考え
ることができる。Li$_2$分子から原子数を増やしていくと，LiHの場合と
同様に価電子の占有できる状態はエネルギーバンドとなる。ただし，
LiHの場合，Li 2s電子とH 1s電子のエネルギー差は8 eV以上あり，
LiH結晶となっても，LiH分子のときの結合性軌道と反結合性軌道のエ
ネルギー差は埋まらなかった〔図5.5 (a)〕。一方，Li$_2$分子の結合性軌
道と反結合性軌道のエネルギー差は共鳴積分Aの2倍であり，それほど
大きくないため，エネルギーバンドが形成されると，価電子帯と伝導帯

が一続きのバンドになる〔図 5.5（b）〕。

　このように，エネルギーバンドとは結晶中で価電子が占有できる状態である。原子→分子→結晶という物質の状態の変化に応じて，原子軌道→分子軌道→エネルギーバンドのように価電子が占有できる状態が変わっていくと理解すればよい。

5.2.3　価電子帯，伝導帯，エネルギーバンドギャップ

　図 5.5（a）の LiH 結晶のエネルギーバンドのうち，エネルギーの小さい方のバンドは**価電子帯**（valence band），エネルギーの大きい方のバンドは**伝導帯**（conduction band）と呼ばれる。価電子帯と伝導帯の間には，電子が占有することができないエネルギー域が存在し，**禁止帯（禁制帯）**あるいは**エネルギーバンドギャップ**（energy band gap）あるいはバンドギャップと呼ばれる。LiH 結晶の価電子帯は LiH 分子の結合性軌道に相当するので，このバンドは収容できる電子数とちょうど同じだけの Li 2s 電子と H 1s 電子により満たされている。一方，伝導帯は LiH 分子の反結合性軌道に相当し，基底状態では電子は占有しない。このような電子構造は，5.1 節（図 5.2）で述べた箱 A に相当し，電場を印加しても価電子は動けない。すなわち，絶縁体はそのエネルギーバンドが図 5.5（a）の LiH 結晶のような物質に相当する。

　図 5.5（b）の Li 結晶の価電子帯と伝導帯が一続きになったバンドは，Li_2 分子の結合性軌道と反結合性軌道を合わせたものに由来する。このバンドは，結晶を構成する Li 原子数の 2 倍の電子を収容できるバンドであるが，価電子の総数は Li 原子の総数と同じなので，半分までを電子が占有する。このような電子構造は 5.1 節（図 5.2）で述べた箱 B に相当し，電場を印加すればバンド内の電子は Li 結晶中を動くことができる。このように完全には満たされていないエネルギーバンドをもつ物質が金属である。

　電気伝導度が金属と絶縁体の中間である半導体の電子構造は，絶縁体の電子構造と同じである。したがって，半導体が電子伝導性を発現する理由はここまでの説明ではわからない。このことについては 5.3 節で述べる。

　価電子帯，伝導帯の特徴とエネルギーバンドギャップの大きさは，物質の電子伝導性を決定づける主要な役割を担っている。価電子帯や伝導帯がどのような特徴をもっているのかは，分子に戻って考えるとわかりやすい。たとえば，LiH 結晶の価電子帯と伝導帯は，それぞれ LiH 分子の結合性軌道と反結合性軌道と同じ由来であるので，それらは同様の特

徴をもっていると考えてよいからである。LiH 分子の結合性軌道は
H 1s 軌道の寄与が非常に大きくなることは 5.2.1 項ですでに述べた。
一方，反結合性軌道への各原子軌道の寄与は結合性軌道の裏返しにな
り，Li 2s 軌道の寄与が大きい。したがって，LiH 結晶の価電子帯は
H 1s 軌道の寄与が大きく，伝導帯は Li 2s 軌道の寄与が大きいと考えれ
ばよい。Li$_2$ 分子の結合性軌道と反結合性軌道はいずれも Li 2s 軌道か
ら成る（H$_2$ 分子の場合にそれらがいずれも H 1s 軌道からできているの
と同様）。したがって，Li 結晶の一続きのエネルギーバンドは Li 2s 軌
道からできていると考えてよい。

5.2.4　一次元結晶のエネルギーバンド

　5.2.2，5.2.3 項ではエネルギーバンドの形成とその特徴を，分子軌
道の拡張として感覚的に捉えた。ここでは，波動関数を使って少し厳密
に記述する。通常われわれが取り扱う結晶は，三次元の周期的原子配列
をもつ。結晶で価電子の占有できる状態がエネルギーに広がりのある状
態となることを理解するため，価電子を一つもった原子からなる仮想的
な一次元結晶（たとえば水素やリチウムの一次元結晶）について考える。
　図 5.6（a）のように，価電子 1 個をもつ H 原子が原子間距離 d で並
んだ一次元結晶を考える。分子軌道の取扱いで用いた LCAO 法を使う
と，このような結晶中の電子の波動関数は，n 個の原子の原子軌道関数
の線形結合で表されるので，

$$\phi = \sum_n c_j \chi_j \tag{5.9}$$

と書ける。χ_j は j 番目の原子の原子軌道関数（水素原子なら H 1s 軌道の
原子軌道関数），c_j はその LCAO 係数である。隣り合う原子間でのみ共
鳴積分 A はゼロでないとして，これを式（5.2）の Schrödinger 方程式
に代入し解こうとすると，

$$c_j E_0 - c_{j-1} A - c_{j+1} A = c_j E \tag{5.10}$$

が得られる。式（5.9）の項の数は注目する原子の数（n 個）だけあり，
たとえ結晶が有限の大きさであっても原子は数多く含まれる（5.2 節の
冒頭 NaCl 結晶の例を参照）ので，この連立方程式を解くのは現実的で
はない。一次元結晶では電子の振幅は図 5.6（a）の右から左へ，もしく
は，左から右へと移動していくので，LCAO 係数 c_j もそのような位置依
存性をもつとして良さそうだ。x_n を n 番目の原子の位置として c_n を進

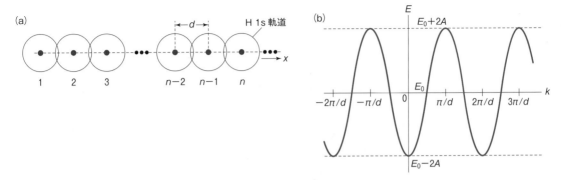

図 5.6 水素の一次元結晶
(a) 一次元結晶の模式図, (b) そのエネルギーバンド。

行波で表すと,

$$c_n = \exp(-ikx_n) \tag{5.11}$$

と書け, これを式 (5.10) に代入し, オイラーの公式と呼ばれる次の関係

$$\cos\theta = \frac{e^{i\theta} + e^{-i\theta}}{2} \tag{5.12}$$

$$\sin\theta = \frac{e^{i\theta} - e^{-i\theta}}{2i} \tag{5.13}$$

を用いると,

$$E = E_0 - 2A\cos kd \tag{5.14}$$

が求められ, 図 5.6 (b) のようになる。1 個の原子では E_0 のエネルギーをもつ原子軌道から, $E_0 - 2A \leq E \leq E_0 + 2A$ の範囲でエネルギーが連続的に変化するエネルギーバンドが確かに得られた。詳細は述べないが, c_n と k の位相が一致することから, k の範囲を $-\pi/d \leq k < \pi/d$ に制限することができる〔図 5.7 (a)〕。

　水素の一次元結晶であれば, 図 5.7 (a) の 1 本の曲線は H 原子の一つの 1s 軌道に対応し, 2 個の電子を収容できる。ここに 1 個の 2s 電子をエネルギーの小さい側から入れていくと, 電子はエネルギーバンドの $E_0 - 2A \leq E \leq E_0$ の部分を満たし, $E_0 < E \leq E_0 + 2A$ の部分は空になる。すなわち, バンドの半分が電子により占有されているので, 金属のエネルギーバンドの特徴を表す。

　A 原子, B 原子の 2 種類の原子から成る一次元の AB 結晶の場合 (図 5.6 (a) の H 原子の位置を交互に原子 A, B が占有する), 式 (5.10) と同様に

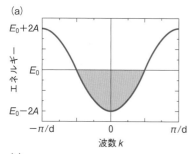

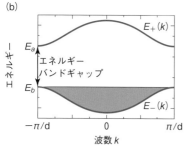

図5.7　一次元結晶のエネルギーバン
　　　ドと電子が占有する状態

（a）一次元水素結晶，（b）一次元 LiH 結晶。

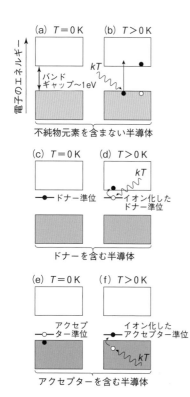

図5.8　真性半導体 (a), (b) と不純物
　　　半導体 (c)〜(f) の電子構造

$$a_j E_a - b_j A - b_{j-1} A = a_j E \\ b_j E_b - a_j A - a_{j+1} A = b_j E \rbrace \quad (5.15)$$

が得られる。これを原子が1種類の場合と同様に解くと，

$$E_\pm(k) = \frac{1}{2}[E_a + E_b \pm \sqrt{(E_a - E_b)^2 + 8A^2(1 + \cos kd)}] \quad (5.16)$$

となる。これを $-\pi/d \leq k < \pi/d$ の範囲でプロットすると，図5.7 (b) になる。原子が1種類の場合との大きな違いは，二つのバンドが現れることである。たとえば LiH の一次元結晶であれば，原子 A が Li，原子 B が H に対応し，2個の価電子（1個の Li 2s 軌道および H 1s 軌道の電子）をこのバンドに詰めていくと，エネルギーの小さい側の曲線で表されるバンドに2個の電子が収容され，エネルギーの大きい側のバンドは空になる。二つのバンドは最もエネルギーの近い $k = -\pi/d$，π/d でも $(E_a - E_b)$ だけエネルギーが離れていて交差しないので，電子で満たされた価電子帯と空の伝導帯は $(E_a - E_b)$ のバンドギャップで隔てられた半導体，あるいは，絶縁体の特徴を表す。

5.3　真性半導体と不純物半導体

　5.2.3項で述べたように，半導体の電子構造は絶縁体のそれと同じであるため，電子伝導性が発現する理由は見当たらない〔図5.8 (a)〕。しかし，通常半導体に分類される物質のエネルギーバンドギャップは1 eV 程度と小さく，価電子帯中の電子の一部は熱エネルギー（kT：k は Boltzmann（ボルツマン）定数，T は絶対温度，室温では 30 meV 程度）の助けによって伝導帯に励起される〔図5.8 (b)〕。その結果，伝導帯にはいくらかの電子が，価電子帯には励起された電子と同じ数だけの電子の抜け穴が生成して，図5.2の箱 B の状態に近づく。価電子帯に生成した電子の抜け穴は，負の電荷をもつ電子があると電気的に中性となるので，実質的に正の電荷をもっていると見なせる。このような電子の抜け穴は正孔またはホール（positive hole）と呼ばれ，正の電荷をもった粒子として振る舞う。このため，図5.8 (b) の状態では，伝導帯を占有する電子だけでなく，価電子帯の正孔もキャリアとなる。このような半導体を真性半導体と呼び，後で述べる不純物半導体と区別される。

　半導体中の原子の一部が他の原子で置換されると，真性半導体とはまったく違った状況が生じる。Si 結晶中の一部の Si 原子が，周期律表で Si の右隣に位置するリン（P）に置換された場合を考えてみる。Si 原子

の電子配置は $1s^2 2s^2 2p^6 3s^2 3p^2$ なので，1 個あたり 4 個の価電子（$3s^2 3p^2$）がある。Si 結晶はダイヤモンド型構造で，すべての Si 原子は 4 個ずつの Si 原子に囲まれており，それぞれ 4 個ずつの価電子を周囲の 4 個の Si 原子と共有して共有結合している〔図 5.9 (a)〕。一方，電子配置が $1s^2 2s^2 2p^6 3s^2 3p^3$ の P 原子が Si を置換して Si 結晶中に溶ける（固溶する）と，P 原子の 5 個の価電子（$3s^2 3p^3$）のうち 4 個は周囲の Si との共有結合に使われるが，1 個は結合には関与できずに余ってしまう。P 原子を P^+ と電子 1 個と見れば，価電子が 4 個の P^+ が Si と置換し，電子は P^+ の周りに束縛され電気的中性を満足する，と考えるとわかりやすい〔図 5.9 (b)〕。P^+ とそれに束縛された電子は，一つの正電荷に束縛された電子であるから，水素原子と類似のものと理解すればよい。正電荷による束縛で安定化するエネルギーは，Bohr の原子モデルに基づくと，

$$E_n = -\frac{me^4}{8\varepsilon^2 h^2 n^2} = -13.6 \frac{1}{\varepsilon^2 n^2} \text{ (eV)} \tag{5.17}$$

となる。水素原子の場合，ε は真空の誘電率で 1 なので，安定化のエネルギーは $-13.6\,\text{eV}$（H 1s 軌道の電子のエネルギー）となるが，Si 結晶中の P^+ に束縛された電子の場合 ε は Si の比誘電率 12 となり，電子のエネルギーは $-0.094\,\text{eV}$ となり束縛は小さい。この電子のエネルギー準位をドナー準位（donor level）という。ドナー準位の電子は束縛を逃れれば自由な電子と同じように振る舞えるので，ドナー準位は伝導帯のすぐ下に位置する〔図 5.8 (c)〕。したがって，ドナー準位の電子は室温の熱エネルギーにより，価電子帯の電子よりもずっと容易に伝導帯に励起され，キャリアとなる電子を生成する〔図 5.8 (d)〕。Si 結晶中の P のような不純物はドナー（donor）と呼ばれ，このように不純物によってキャリアが供給された半導体を不純物半導体という。

　電子配置が $1s^2 2s^2 2p^1$ のホウ素（B）が Si 結晶に溶けた場合には，P とは裏返しとなる現象が生じる。B の価電子は 3 個（$2s^2 2p^1$）であり，Si と共有結合を作るには 1 個不足するので，B^- に捉えられた正孔が価電子帯のすぐ上にアクセプター準位（acceptor level）を作る〔図 5.9 (c)，図 5.8 (e)〕。価電子帯の電子は熱エネルギーによりアクセプター準位に励起され，価電子帯にキャリアとなる正孔を生成する〔図 5.8 (f)〕。Si 結晶中の B のような不純物はアクセプター（acceptor）といわれる。

　P を添加した Si のように電子がキャリアとなる半導体は n 型半導体，B を添加した Si のように正孔がキャリアとなる半導体は p 型半導体と

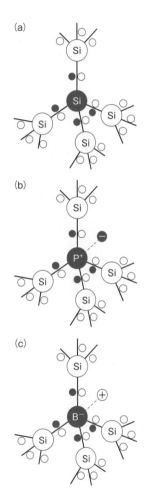

(a)

(b)

(c)

図 5.9　**不純物原子による Si 原子の置換によるキャリア生成の模式図**

(a) 純粋な Si，(b) P を不純物として含む場合，(c) B を不純物として含む場合。
図中の赤点および白点は，それぞれ赤丸，白丸で表された原子の価電子を表す。

呼ばれ，真性半導体は i 型（intrinsic）半導体と呼ばれる。

5.4　半導体を特徴づける物性値

5.4.1　エネルギーバンドギャップ

　真性半導体の場合，キャリアである電子と正孔は，価電子帯の電子が伝導帯へと熱励起されることにより生じる〔図 5.8（b）〕。したがって，バンドギャップ（E_g）は，キャリアの生成に必要なエネルギーを表す物性値となる。真性半導体中のキャリア密度 n_i は，電子と正孔の有効質量（effective mass；キャリアの実効的な質量；詳細は 5.4.2 項で述べる）をそれぞれ m_{e*}，m_{h*} とすると，

$$n_i = 2\left(\frac{2\pi kT}{h^2}\right)^{\frac{3}{2}}(m_{e*}\,m_{h*})^{\frac{3}{4}}\exp\left(-\frac{E_g}{2kT}\right) \tag{5.18}$$

で表される。式中の h は Planck 定数，k は Boltzmann 定数，T は絶対温度である。式（5.18）を用いて，よく知られた半導体 Ge（$E_g = 0.67\,\text{eV}$），Si（$E_g = 1.11\,\text{eV}$），GaAs（$E_g = 1.43\,\text{eV}$）の室温（300 K）におけるキャリア密度を計算すると，それぞれ約 $10^{13}\,\text{cm}^{-3}$，$10^{10}\,\text{cm}^{-3}$，$10^7\,\text{cm}^{-3}$ となる。Ge 結晶中の Ge 原子の密度は $4 \times 10^{22}\,\text{cm}^{-3}$ なので，10 億個に一つの Ge 原子がキャリアを出していることに相当する。金属の銅では Cu 原子 1 個が一つずつキャリア電子（4s 電子）を供給している（Cu 原子密度＝キャリア密度＝ $8.5 \times 10^{22}\,\text{cm}^{-3}$）ので，真性半導体中のキャリア密度は非常に小さいことがわかる。Ge，Si，GaAs を比べると明らかなように，真性半導体のキャリア密度はバンドギャップが大きくなると急劇に減少する。

5.4.2　キャリア密度（carrier density）と移動度（mobility）

　電気伝導度 σ はキャリアの種類によらず（電子，正孔がキャリアとなる電子伝導体はもちろん，イオン伝導体でも）以下の式で表される。

$$\sigma = nZe\mu \tag{5.19}$$

n はキャリア密度，Z はキャリアの価数（キャリアが電子，正孔の場合は 1），e は電気素量（$1.602 \times 10^{-19}\,\text{C}$）であり，$\mu$ は移動度と呼ばれるキャリアの動きやすさの指標である。真性半導体中のキャリア密度は，前述のように温度のみの関数となるが，不純物半導体では不純物濃度によって制御が可能な物性値となる。たとえば，Si 結晶中に質量 ppm で

100 ppm の P を不純物元素として添加したとしよう。Si と P の原子量はおおむね同じなので，P のモル濃度は 10^{-2} mol％となる。Si の原子密度は 5×10^{22} cm^{-3} であるから，Si 結晶中の P 原子の密度は 5×10^{18} cm^{-3} となり，ドナー準位の電子がすべてキャリアとなれば，キャリア電子の密度は 5×10^{18} cm^{-3} となる。これは真性半導体の 1 億倍ものキャリア密度である。

　移動度はキャリアの動きやすさの指標であるが，まずはその具体的なイメージを確立しよう。電気伝導度 σ の単位に S cm^{-1}（Ω^{-1}cm^{-1}）を採用する。キャリア密度の単位を cm^{-3}，電気素量 e の単位を C とすれば，式（5.19）から移動度 μ の単位は，cm^2 V^{-1} s^{-1} となる。動きやすさの指標として速さは感覚的に受け入れやすいが，移動度の単位は残念ながらそうなっていない。しかし，cm^2 V^{-1} s^{-1} を (cm s^{-1})(V cm^{-1})$^{-1}$ と書き直すと，この単位の意味するところは単位電圧勾配（V cm^{-1}）あたりの速さ（cm s^{-1}）となり，速さが表に現れてくる。すなわち，移動度は物質 1 cm あたりに 1 V の電圧を印加したときのキャリアの秒速（cm s^{-1}）に対応する。たとえば Si 中の電子の移動度は 1,500 cm^2 V^{-1} s^{-1} なので，1 Vcm^{-1} の電圧を印加すると，電子は時速 54 km で動く。GaAs 中の電子の移動度は Si の約 6 倍（8,500 cm^2 V^{-1} s^{-1}）なので，同じ電圧勾配であれば Si の 6 倍高速で電子が動く。高速コンピュータや高周波回路用の素子に GaAs が使用されるのはこのためである。このように移動度は，素子の動作速度を決定づける物性値でもある。

　移動度は何により決定されるのだろうか。移動度 μ（ドリフト移動度）は次の式によりキャリアの有効質量（m^*）と関係づけられる。

$$\mu = \frac{e\tau}{m^*} \tag{5.20}$$

τ は緩和時間であり，キャリアの運動量を減衰させる（散乱する）フォノン（格子振動の量子）や不純物とキャリアとの平均の衝突時間と考えればよい。有効質量 m^* は，電子あるいは正孔のエネルギー $E(k)$（k は波数，図 5.7 の横軸を参照）から次の式で与えられる。

$$\frac{1}{m^*} = \frac{4\pi^2}{h^2} \frac{\mathrm{d}^2 E(k)}{\mathrm{d}k^2} \tag{5.21}$$

式（5.20）および式（5.21）より，移動度はキャリアとなる電子や正孔の占有するエネルギーバンドにより決定されるので，物質に固有の値である。ただし，不純物の濃度や材料の質は必ずしも一定ではないので，

式（5.20）中のτは，物質が同じであっても一定の値とは限らない。このため，材料の質によって移動度は変わりうる。

キャリアとなる電子，正孔はそれぞれ伝導帯の底部と価電子帯の頂上を占有するので[*2]，図5.7（b）のようなエネルギーバンドの伝導帯底部と価電子帯の頂上付近を，式（5.22）の放物線で近似すると，有効質量m^*を求めることができる。

$$E(k) = \left(\frac{h^2}{8\pi^2 m^*} \right) k^2 \tag{5.22}$$

5.4.3　ホール効果（Hall 効果）

磁場中に置かれた導体中を電流が流れると力（ローレンツ力）が発生する現象は，フレミング左手の法則として知られている。図5.10のように厚さdの半導体のx軸方向に電流Iを流しz軸方向に磁場Bを印加すると，キャリアにはローレンツ力が働いてy軸方向に曲がり，面A側にキャリアが蓄積されるため，面A-面B間に電圧が生じる。キャリアが十分蓄積され，面A-面B間に生じた電界によってローレンツ力が相殺されると，x軸方向に定常電流が流れるようになる。このときy軸方向の面A-面B間に誘起されている電圧V_Hをホール電圧という。ローレンツ力の働く向きはキャリアの符号に依らず，電流と磁場の方向だけで決まるが，ホール電圧の符号は蓄積されたキャリアが電子か正孔かによって変わる。これを利用すると，n型，p型の判別ができる。

次いで磁場，電流とホール電圧の定量的な関係を考えてみる。x軸方向のキャリアの速度をvとすると，y軸の正の方向に働くローレンツ力Fは，

$$F = evB \tag{5.23}$$

定常状態では，ローレンツ力とそれと逆向きに働く電界から受ける力F_Hとがつり合っているので，

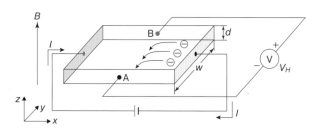

図5.10　ホール効果の模式図

$$eF_H = evB \tag{5.24}$$

となる。x軸方向の電流Iは、キャリア密度をn、試料の幅（面A-面B間の距離）をwとすると、

$$I = envwd \tag{5.25}$$

となる。電界F_Hはホール電圧V_Hと面A-面B間の距離wから

$$F_H = \frac{V_H}{w} \tag{5.26}$$

であるから、式（5.24）、式（5.25）、式（5.26）から

$$V_H = R_H \frac{IB}{d} \tag{5.27}$$

$$R_H = \frac{1}{en} \tag{5.28}$$

となる。R_Hはホール係数と呼ばれ、その符号は前述のようにキャリアの符号により決まり、大きさからキャリア密度nが求まる。同じ試料の電気伝導度σがわかっていれば、式（5.19）あるいは次式（5.29）から移動度を算出できる。このようにして求められた移動度をホール移動度μ_Hという。

$$R_H \sigma = \mu_H \tag{5.29}$$

ホール効果は材料のキャリア密度や移動度を求めるだけでなく、ホール素子として磁場の検出にも使用されている。

5.4.4 直接遷移型半導体と間接遷移型半導体

図5.11は半導体または絶縁体に光を照射したときの、光の透過スペクトルと電子励起の模式図を表している。半導体や絶縁体にバンドギャップ以上のエネルギーの光が照射されると、価電子帯の電子は伝導帯へと励起されるので、光の吸収が生じて透過率は低下する。このような過程の光の吸収を基礎吸収（fundamental absorption）またはバンド間遷移による吸収といい、吸収の生じる最も波長の長い（エネルギーの小さい）波長は吸収端（absorption edge）と呼ばれ、バンドギャップのエネルギーに対応する。半導体のバンドギャップはおおむね$10^{-1} \sim 10^{0}$ eVなので、吸収端は波長$0.1 \sim 10$ μm（紫外線〜赤外線）の領域に現れる。基礎吸収によって価電子帯の電子は伝導帯へと励起され、価電子帯には

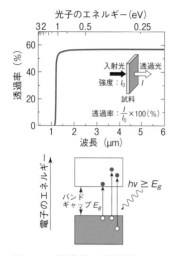

光子のエネルギー(eV)

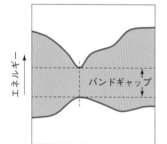

図5.11　**半導体の光透過スペクトルと光照射により生じる電子励起の模式図**

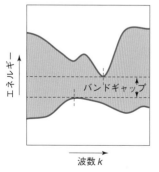

図5.12　**直接遷移型半導体と間接遷移型半導体のエネルギーバンド**

正孔が生成する。この過程について，エネルギーバンドを波数 k，すなわち，運動量 $p\left(p=\dfrac{hk}{2\pi}\right)$ に対してプロットしたエネルギーバンド図（E-k 図；たとえば図5.7，図5.12）は，次の知見を与えてくれる。価電子帯の波数 k にある電子が波数 q の光を吸収し，波数 k' の伝導帯に遷移する場合，エネルギー保存則だけでなく運動量保存則も満たさなければならないので，次式が成立する。

$$k' = k + q \tag{5.30}$$

紫外線〜赤外線の波長は原子間距離（$\sim 10^{-1}\,\mathrm{nm}$）に比べると十分に長く，$q$ は k や k' に比べて無視できるほど小さいので，半導体のバンド間遷移においては，

$$k' = k \tag{5.31}$$

が成立する。価電子帯の頂上と伝導帯の下端が同じ波数（k 点）であれば，価電子帯頂上にある電子はバンドギャップに相当するエネルギーの光を吸収して伝導帯の底部へ直接遷移できる〔図5.12 (a)〕。しかし，価電子帯の頂上と伝導帯の下端の k 点が異なる場合〔図5.12 (b)〕，電子はバンドギャップに相当するエネルギーの光を吸収して価電子帯の頂上から伝導帯の下端へ直接遷移できない。このような遷移では，価電子帯の頂上にある電子はいったん同じ k 点の伝導帯へと遷移し，k'-k に相当する波数のフォノンを吸収もしくは放出して伝導帯の下端へと移る。波数 k の伝導帯に電子が存在する時間はごく短いので，電子の遷移はバンドギャップに相当するエネルギーの光の吸収により生じる。図5.12 (a) のように，価電子帯の頂上と伝導帯の下端の k 点が一致するエネルギーバンドをもつ半導体を直接遷移型半導体，図5.12 (b) のように，それらが異なるものを間接遷移型半導体という。Si，Ge などは間接遷移型半導体で，GaAs，CdTe などは直接遷移型半導体である。このような違いは，材料の応用範囲を決定づける。このことについては，次の5.5節で述べる。

5.5　光や熱によるキャリアの生成

5.5.1　光によるキャリアの生成

　バンドギャップ以上のエネルギーをもつ光を吸収して生成した電子と正孔は，ある時間経過すると，電子が価電子帯に戻りもとの状態を回復する。これは見かけ上，伝導帯の電子と価電子帯の正孔が結合して消滅

する状況であり，**電子と正孔の再結合**といわれる。光が連続的に照射され，励起による電子と正孔の生成と，再結合による消滅が定常状態に達すると，キャリア電子と正孔の密度は光を照射しないときより大きくなる。このとき電気伝導度 σ は，光照射によって増加したキャリアの分だけ暗時より大きくなり，光照射によって暗時より多くの電流が流れる。このような現象を光伝導といい，フォトレジスタやフォトダイオードなどの光センサや CCD などのイメージセンサに利用されている。また，光照射により生成した電子と正孔を，再結合する前に分離し，外部回路に電力として取り出す素子が太陽電池である。

　間接遷移型半導体の基礎吸収端近傍での光吸収は，光だけでなくフォノンとの相互作用により運動量を保存するので，その光吸収の強さは直接遷移型半導体のそれより通常小さい。このことは，一定量の光を吸収するのに必要な厚さが，間接半導体では直接遷移型半導体より厚いことを意味する。間接遷移型半導体の Si を光吸収層とした太陽電池では，太陽光を吸収するのに 100 μm 前後の厚さが必要であるが，CdTe や CuInSe$_2$ などの直接遷移型半導体を用いた太陽電池では，数 μm 程度の薄膜で太陽光を吸収できるので，薄くて軽量の太陽電池を作ることができる。

　電子と正孔の再結合でも，間接遷移型半導体と直接遷移型半導体では大きな違いが生じる。再結合にはおおむね E_g に相当する余剰エネルギーを光として放出する**輻射再結合**（radiative recombination）と，光ではなくフォノンを放出する**非輻射再結合**（non-radiative recombination）がある。直接遷移型半導体の場合，再結合の過程で運動量が保存されるので輻射再結合の確率は大きい。一方，間接遷移型半導体ではフォノンとの相互作用によって運動量を保存するので，輻射再結合の確率は小さい。発光ダイオードや半導体レーザーは，外部から注入した電子と正孔の再結合を利用した発光素子である。このような素子には GaAs，InP，GaN などの直接遷移型半導体が使用される。

5.5.2　熱によるキャリアの生成

　真性半導体では価電子帯から伝導帯への，不純物半導体ではドナー準位から伝導帯，もしくは，価電子帯からアクセプター準位への電子の熱励起により，キャリアが生成する。温度の上昇とともに増大するキャリア密度の変化を，定量的に考えてみる。

　半導体中の電子は，それぞれを区別することができず，かつ，パウリの排他原理に従って，一つの量子状態は 1 個の電子しか占有できないの

で，フェルミ・ディラック（Fermi-Dirac）分布則に従い，温度 T にお
けるあるエネルギー E の状態の占有率 $f(E, T)$ は，次の式で与えられる。

$$f(E, T) = \frac{1}{1 + \exp\left(\dfrac{E - E_F}{kT}\right)} \tag{5.32}$$

E_F をフェルミエネルギー（Fermi energy）という。絶対零度では，$E <$
E_F のとき $f(E) = 1$，$E > E_F$ のとき $f(E) = 0$ となり，E_F 以下のエネル
ギーの状態は完全に満たされており，E_F よりも大きなエネルギーの状
態は完全に空となる。この分布関数 $f(E)$ と，あるエネルギーをとる状
態に電子がどれだけ収容できるかを表す状態密度（単位体積あたりの単
位エネルギー領域に対する電子を収容できる状態数）$g(E)$ をかけて積
分すると，伝導帯中の電子密度を求められる（図 5.13）。順を追って説
明すると以下のようになる。

　伝導帯の下端付近と価電子帯の頂上付近の状態密度は，それぞれ次の
$g_c(E)$，$g_v(E)$ で与えられる〔図 5.13（b）〕。

$$g_c(E) = 4\pi \left(\frac{2m_e{}^*}{h^2}\right)^{\frac{3}{2}} (E - E_c)^{\frac{1}{2}} \tag{5.33}$$

$$g_v(E) = 4\pi \left(\frac{2m_h{}^*}{h^2}\right)^{\frac{3}{2}} (E_v - E)^{\frac{1}{2}} \tag{5.34}$$

E_c，E_v はそれぞれ伝導帯の下端および価電子帯の頂上のエネルギー，
m_{e^*}，m_{h^*} は伝導帯の電子および価電子帯の正孔の有効質量である。図
5.13（c）中の $f_e(E)$ および $f_h(E)$ は電子および正孔の分布関数であり，
真性半導体では，これらは次式のように裏返しの関係となる。

$$f_h(E) = 1 - f_e(E) \tag{5.35}$$

$f_e(E)$ および $f_h(E)$ を図中に記すには，E_F がわからなければならない。
絶対零度での E_F の特徴から，真性半導体の E_F は E_v より上で E_c より下
になければならないので，バンドギャップの中間にあると仮定したもの
が図 5.13（c）である。伝導帯中の電子密度 n_e は $g_c(E)$ と $f_e(E)$ の積を
E_c から∞まで積分すればよいので，

$$n_e = \int_{E_c}^{\infty} f_e(E) g_c(E) \, \mathrm{d}E = N_c \exp\left[-\left(\frac{E_c - E_F}{kT}\right)\right] \tag{5.36}$$

N_c は伝導帯の有効状態密度，$N_c = 2\left(\dfrac{2\pi m_e{}^* kT}{h^2}\right)^{\frac{3}{2}}$ である。
同様に価電子帯中の正孔密度 n_h は

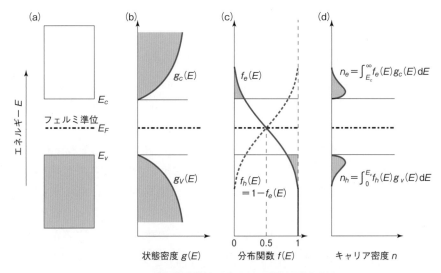

図 5.13 真性半導体中のキャリア密度の算出方法

$$n_h = \int_0^{E_v} f_h(E)\, g_v(E)\, \mathrm{d}E = N_v \exp\left[-\left(\frac{E_F - E_v}{kT}\right)\right] \tag{5.37}$$

となる。n_e と n_h の積は，

$$n_e n_h = N_c N_v \exp\left[-\left(\frac{E_c - E_v}{kT}\right)\right] = N_c N_v \exp\left(-\frac{E_g}{kT}\right) \equiv n_i^2 \tag{5.38}$$

真性半導体では $n_e = n_h = n_i$ なので，これは式（5.18）を与える。
また $n_e = n_h$ なので，式（5.36）と式（5.37）も等しいとおき，E_F について解くと，

$$E_F = \frac{E_c + E_v}{2} + \frac{3}{4}kT \ln\left(\frac{m_{h^*}}{m_{e^*}}\right) \tag{5.39}$$

m_{e^*}, m_{h^*} がそれほど変わらなければ，式（5.39）中の第 2 項は第 1 項に比べて十分小さいので，

$$E_F = \frac{E_c + E_v}{2} \tag{5.40}$$

と近似でき，前の仮定どおり，真性半導体の E_F はバンドギャップの中間に位置する。

不純物半導体についても式（5.36），式（5.37）は成立するが，不純物準位があるために，E_F はバンドギャップの中間とはならない。図 5.14

に示した p 型半導体を例に，E_F が温度に対してどのように動くかを考える。(a) 絶対零度では電子はまったく励起されないので，伝導帯やアクセプター準位には電子は存在せず，価電子帯は電子で完全に満たされている。したがって，E_F は価電子帯とアクセプター準位の中間にあるはずである〔図 5.14 (a)〕。(b) 0 K より温度がわずかに高くなると，価電子帯の電子の一部はアクセプター準位に励起される。アクセプター準位を占有する電子の数と，価電子帯を占有する正孔の数は等しいので，E_F は E_v とアクセプター準位（イオン化エネルギー E_a）のちょうど中間にならなければならない〔図 5.14 (b)〕。(c) さらに温度が高くなると，アクセプター準位は価電子帯から励起された電子でほぼ埋まってしまい，価電子帯から伝導帯への励起も一部生じるが，伝導帯の電子の数は価電子帯の正孔の数に比べてまだ小さい。このときの E_F は E_a より大きくなるだろう〔図 5.14 (c)〕。(d) さらに高温では，価電子帯から伝導帯への励起が支配的になり，アクセプター準位の電子の数は伝導帯の電子の数に比べて無視できるほど小さくなる，すなわち，真性半導体と同様に，価電子帯の正孔の数と伝導帯の電子の数がほぼ等しくなり，E_F はバンドギャップの中間に位置することになる。アクセプターの濃度を N_a とすると，上の (b)〜(d) に対応する領域の n_h と E_F はそれぞれ次のようになる。

(b) $E_a \gg kT$ の温度域 （不純物領域）

$$n_h = N_v \exp\left(-\frac{E_a}{2kT}\right), \quad E_F = \frac{E_a}{2} \tag{5.41}$$

(c) $E_a \ll kT \ll E_g$ の温度域 （出払い領域）

$$n_h = N_a, \quad E_F = kT \ln\left(\frac{N_v}{N_a}\right) \tag{5.42}$$

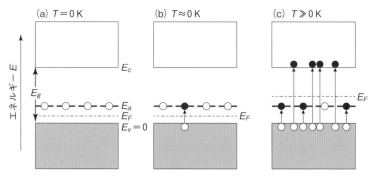

図 5.14　p 型半導体のフェルミ準位と温度の関係

(d) $n_h \approx n_e$, すなわち, $n_h \gg N_a$ の温度域 （真性領域）

$$n_h = N_v \exp\left(-\frac{E_g}{2kT}\right), \quad E_F = \frac{E_g}{2} \tag{5.43}$$

E_F, n_h の温度に対する変化の概略は, 図 5.15 のようになる。

　このように, 半導体のキャリア密度は高温ほど大きいので, 半導体試料内に温度差をつけると次の現象が生じる。半導体の高温側では低温側に比べてキャリア密度が大きいため, その濃度勾配に沿って高温側から低温側へとキャリアが拡散する。キャリアが拡散したあとにはキャリアと符号が反対の電荷が残り, それにより生じた電場により, 拡散とは逆向きにキャリアが移動する。これらの流れがつり合った定常状態では, n 型半導体では高温側で正に, p 型半導体では負になる起電力が生じる（図 5.16）。このような現象はゼーベック効果（Seebeck effect）といわれ, 生じた起電力を**熱起電力**という。熱起電力 ΔV の大きさは温度差 ΔT に比例し, これらの比 $S = \Delta V / \Delta T$ をゼーベック係数（Seebeck coefficient）という。

　図 5.16 からわかるように, キャリアの種類によって起電力の符号が反転するため, ホール効果と同様に, キャリア（p 型, n 型）の判別に用いられる。また, 温度差を利用して熱エネルギーを電力へと変換する熱電発電素子への応用が研究されている。ゼーベック効果の裏返しにあたるペルチェ効果（Peltier effect）を利用すると, 通電により温度差を生じさせる（熱を輸送する）ことができ, 高精度の温度制御素子や小型冷蔵庫の冷却装置に利用されている。熱電発電やペルチェ素子に利用される材料には, ゼーベック係数が大きいだけでなく, 熱伝導度が小さいこと, 電気伝導度が大きいことが求められ, Bi_2Te_3, $PbTe$ などが用いられている。

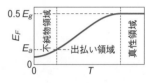

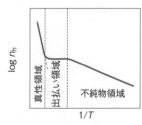

図 5.15 **p 型半導体のフェルミ準位と正孔密度の温度依存性**

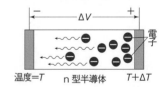

図 5.16 **n 型半導体の熱起電力の説明図**

5.6　p-n 接合とダイオード・トランジスタ

　n 型半導体と p 型半導体を原子レベルで接触して接合（junction）を形成すると, 金属では作ることのできないさまざまな素子が作られる。同一の半導体材料で形成された接合をホモ接合（homo junction）, 異なる半導体材料による接合をヘテロ接合（hetero junction）という。ここでは基本的な接合の構造とそれが実現する機能について, ホモ接合を例に述べる。

5.6.1　p-n 接合

　図 5.17 に，同一物質から成る n 型半導体と p 型半導体を接合したときの概念図を示す。n 型半導体中の伝導帯の電子の濃度は p 型半導体中のそれより大きいので，n 型半導体と p 型半導体を接合すると，濃度差を駆動力にして電子は n 型から p 型に向かって拡散する。この結果，n 型の領域では電子濃度は減少するが，電子の供給源であり正の電荷をもつイオン化したドナー（たとえば Si 中の P^+）は動けないので，接合の近傍では n 型の領域は正に帯電する。同様に正孔は p 型から n 型に向かって拡散し，負の電荷をもつイオン化したアクセプターは動けないので，接合近傍で p 型の領域は負に帯電する。このように n 型と p 型を接合すると，生じる接合界面近傍の電荷を帯びた層（空間電荷層）は，n 型から p 型への電子の拡散とその逆向きの正孔の拡散を妨げるので，あるところで電子，正孔の拡散が止まり平衡状態となる。空間電荷層によって界面には拡散電位（diffusion potential）といわれる電位差 V_D が生じ，多数キャリアの少なくなった空乏層（depletion layer）が現れる〔図 5.17（b）上段〕。E_F は電子の化学ポテンシャルに相当し，熱力学的な平衡状態では，ある成分の化学ポテンシャルは系の中で一定であるので，接合した後では図 5.17（b）下段のように E_F は一致しなければならない。したがって，n 型および p 型の E_F をそれぞれ $E_{F,n}$，$E_{F,p}$ とする

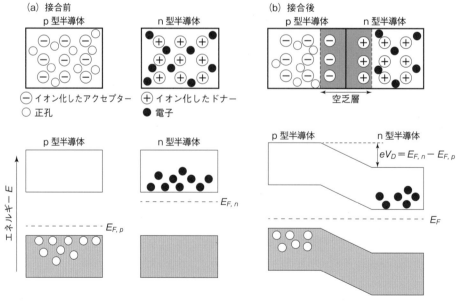

図 5.17　p-n 接合の概念図とエネルギーバンド
（a）接合前，（b）接合後。

と，拡散電位 V_D は次式のように与えられる。

$$V_D = \frac{E_{F,n} - F_{F,p}}{e} \tag{5.44}$$

このように接合界面に V_D が生じると，p-n 接合された半導体の電圧-電流特性は次のように印加する電圧の向きに依存する。図 5.18 (a) は，p-n 接合の p 型側が正，n 型側が負となるように電圧 V を印加した状態を表している。n 型側に負の電圧がかかっているので，n 型側のエネルギーは熱平衡状態〔図 5.17 (b)〕よりも eV だけもち上がった状態となる。熱平衡状態では，eV_D のエネルギー差に対して適切となるように n 型中の電子と p 型中の正孔に拡散が生じたので，電圧 V の印加により，接合界面でのエネルギー差は $e(V_D - V)$ へと減少し，電子は n 型から p 型に，正孔は p 型から n 型に向かって流れだす。流れる電流は $e(V_D - V)$ が小さくなるほど，すなわち，V が大きくなるほど急激に増加し，図 5.18 (c) の $V > 0$ のようになる。これが p-n 接合に順方向のバイアスを印加した時の電圧-電流特性である。

これとは逆に p 型側が負，n 型側が正となるように電圧 V を印加すると，接合界面でのエネルギー差は $e(V_D + V)$ へと増加する〔図 5.18 (b)〕。この電圧の印加方向で流れうるキャリアは，p 型中の電子と n 型中の正孔なので，その濃度は非常に小さく流れる電流はごくわずかとなる。それらの少数キャリアの濃度は印加する電圧の大きさでは変わらないので，図 5.18 (c) の $V < 0$ のように電圧を変えても電流は一定となる。これが p-n 接合に逆方向のバイアスを印加したときの電圧-電流特性であり，このとき流れる一定の電流を逆方向飽和電流という。

このように，p-n 接合には順方向バイアスが印加されたときのみ電流が流れるという整流作用がある。この特性を利用した素子がダイオード（diode）である。また，p-n 接合界面近傍には，電子は n 型領域へ，正孔は p 型領域へと流れるような電界がかかっているので，これを利用すると，光励起によって生成した電子と正孔を，n 型および p 型領域にそれぞれ分離することができる。太陽電池ではこのような p-n 接合の特徴を使って電荷を分離し，外部回路へと取り出している。

5.6.2 接合型トランジスタ

p-n 接合にさらに一つの接合を加えた p-n-p もしくは n-p-n 接合構造からなる 3 端子の素子はトランジスタといわれ，増幅やスイッチングの機能を有する半導体の基本素子である。ここでは，接合型トランジス

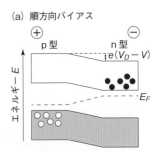

(a) 順方向バイアス

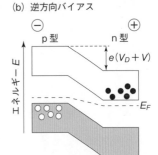

(b) 逆方向バイアス

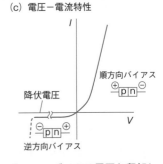

(c) 電圧-電流特性

図 5.18 バイアス電圧を印加したときの p-n 接合のエネルギーバンドと電圧-電流特性

タの増幅動作の原理を図5.19（a）に示すp-n-p接合のトランジスタを例に述べる。トランジスタでは図のような二つの接合の一つが順方向に，他は逆方向にバイアスされ，それぞれの接合をエミッタ（emitter）接合，コレクタ（collector）接合といい，構成するp型，n型，p型の各層をそれぞれエミッタ，ベース（base），コレクタと呼ぶ。エミッタ接合とコレクタ接合の電流-電圧特性は，図5.18（c）の順方向部分および逆方向部分のようになるので，それらを切り分けて並べたものが図5.19（b），（c）である。エミッタ電圧 V_E が ΔV_E だけ変化したときのエミッタ電流 I_E の変化を ΔI_E とすると〔図5.19（c）〕，コレクタ電流 I_C が ΔI_E と同程度に変化（$\Delta I_C = \alpha \Delta I_E \approx \Delta I_E$, $1>\alpha \approx 1$）したとする〔図5.19（b）〕。このときコレクタ接合は逆バイアスが印加されているので，ΔI_C だけのコレクタ電流の変化を生じさせるコレクタ電圧 V_C の変化 ΔV_C は，エミッタ電圧の変化 ΔV_E より圧倒的に大きくなる。結果としてエミッタ側の入力電力 $\Delta P_E = \Delta V_E \Delta I_E$ とコレクタ側での出力電力 $\Delta P_C = \Delta V_C \Delta I_C$ の比は $\Delta V_C \gg \Delta V_E$ なので

$$\frac{\Delta P_C}{\Delta P_E} = \frac{\Delta V_C}{\Delta V_E}\frac{\Delta I_C}{\Delta I_E} = \alpha \frac{\Delta V_C}{\Delta V_E} \gg 1 \tag{5.45}$$

となり，電力が大きく増幅されたことになる。増幅が生じるためにはエミッタ電流の大部分が正孔により運ばれ，それがそのままコレクタ電流とならなければならない（$\Delta I_C = \alpha \Delta I_E \approx \Delta I_E$, $1>\alpha \approx 1$）。この条件は，次のように各層の特徴を制御することで実際に成立する。条件の内容は大きく二つに分けられる。一つはエミッタからベースに流れる正孔がキャリアである電流が，ベースからエミッタに流れる電子がキャリアである電流に比べて圧倒的に多いことである。これは，p型であるエミッタ中のキャリア密度を，n型であるベース中のキャリア密度に比べて，十

(a) トランジスタの接合　　　　(b) コレクタ接合の *I-V* 特性　　　　(c) エミッタ接合の *I-V* 特性

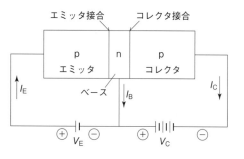
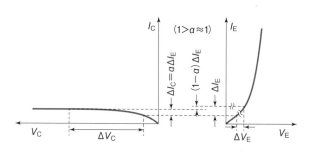

図5.19　p-n-p接合トランジスタの概念図と接合の電圧-電流特性

分に大きくすれば実現できる。残りは，エミッタからベースに注入された正孔の大部分がコレクタ接合部まで到達することである。ベース領域には電界がかかっていないので，コレクタ接合部までの正孔の移動は濃度拡散による。このときベース中の多数キャリアである電子と再結合が生じると，正孔はコレクタ接合まで到達できない。ベースの幅を小さくする，拡散定数を大きくすることで，この条件は実現される。

5.7 半導体の材料科学

　バンドギャップ，キャリア密度，移動度，直接遷移型，間接遷移型などの半導体を特徴づける物性のうち，キャリア密度だけが制御可能で，その他は物質に固有と考えてよい。それらの物性値がどのように決まるのかを，化学的な視点から理解を深めてみよう。

5.7.1 半導体のバンドギャップ

　5.2 節では，2 原子分子の分子軌道の拡張によりエネルギーバンド構造を説明した。これによれば，価電子帯は結合性軌道に，伝導帯は反結合性軌道に，バンドギャップは最高エネルギーの結合性軌道（highest occupied molecular orbital；HOMO）と最低エネルギーの反結合性軌道（lowest unoccupied molecular orbital；LUMO）のエネルギー差に対応する。10^{23} 個の原子からなる結晶のエネルギーバンドを直感的に理解するのは容易でないので，再び仮想的 2 原子分子の分子軌道に基づいて考えよう。

　HOMO と LUMO のエネルギー差は，H_2 のような完全な共有結合の場合，共鳴積分 A により決定されるので，A の大きさが推定できれば，Si や Ge のような完全な共有結合から成る半導体のバンドギャップは推定できそうだ。原子状態での価電子のエネルギーは原子核からの束縛の大きさにより決定され，周期律表での元素の位置に対応して周期的に変化する。たとえば，C，Si，Ge，Sn の 14 族元素の価電子は，主量子数 n は異なるもののすべて ns^2np^2 である。原子状態での価電子のエネルギーは C$(2s = -17.5\,eV，2p = -9.0\,eV)$，Si$(3s = -13.6\,eV，3p = -6.5\,eV)$，Ge$(4s = -14.1\,eV，4p = -6.4\,eV)$，Sn$(5s = -12.5\,eV，5p = -5.9\,eV)$ であり，周期律表の下の元素ほど大きくなる。これは，主量子数の大きい電子は外側に広がった原子軌道を占有するため，原子核からの束縛が小さいことによる。共鳴積分は電子が隣り合う原子に飛び移るエネルギー積分であるから，自身の原子核による束縛は小さい方

が飛び移りやすく，A は小さい値となろう。このように考えると A の大きさは C≫Si＞Ge＞Sn の順と推察される。バンドギャップも同じ順になりそうだ。実際，ダイヤモンド型構造の結晶では，C のバンドギャップが 5.47 eV，Si では 1.11 eV，Ge では 0.67 eV，α-Sn では 0 eV であり，A の大きさと同じ順となっている。

　LiH の HOMO と LUMO のエネルギー差は，H 1s，Li 2s の電子のエネルギーをそれぞれ E_H，E_{Li} とすると，

$$E_{Li} - E_H + \frac{2A^2}{E_{Li} - E_H} \tag{5.46}$$

と表され，共鳴積分 A と構成元素の価電子のエネルギー差により決定される（5.2.1 項を参照のこと）。価電子のエネルギー差が大きい，すなわち，電気陰性度の差が大きい場合，式（5.46）の第 3 項は無視できるので，HOMO と LUMO のエネルギー差はおおむね価電子のエネルギー差だけで決まる。逆に，価電子のエネルギー差が小さい場合（電気陰性度の差が小さい場合），HOMO と LUMO のエネルギー差への式（5.46）の第 3 項，すなわち，A の寄与が大きくなる。LiH のように $E_{Li} - E_H \sim 8$ eV もあると $E_{Li} - E_H \gg 2A^2$ なので，式（5.46）の第 3 項は無視できるほど小さく，HOMO と LUMO のエネルギー差は $E_{Li} - E_H$ で決まる。表 5.1 は，アルカリハロゲン化物の価電子のエネルギーとバンドギャップをまとめたものである。アルカリハロゲン化物のように電気陰性度の差が大きい元素からなる化合物の場合，価電子のエネルギー差〔$\Delta(E_M - E_X)$〕とバンドギャップはおおむね一致し，共鳴積分 A の寄与を無視できることがわかる。

　11 族から 17 族の典型元素（p ブロック元素）になると，アルカリハロゲン化物ほど事情は単純ではない。p ブロック元素の電気陰性度はアルカリ金属ほど小さくないので，共有結合性を無視できない。11〜14

表 5.1　アルカリハロゲン化物の価電子エネルギーとバンドギャップ

| 物質（MX） | アルカリ金属（M） | | ハロゲン（X） | | $\Delta(E_M - E_X)$ (eV) | エネルギーバンドギャップ，E_g (eV) |
	価電子	エネルギー，E_M (eV)	価電子	エネルギー，E_X (eV)		
NaF			F 2p	−17.0	11.9	11.5
NaCl	Na 3s	−5.1	Cl 3p	−12.3	7.2	8.8
NaBr			Br 4p	−11.2	6.1	7.1
NaI					4.9	5.9
KI	K 4s	−4.2	I 5p	−10.0	5.8	6.2
RbI	Rb 5s	−4.0			6.0	6.1
CsI	Cs 6s	−3.6			6.4	6.2

族の元素の電気陰性度は周期律表の下に行くほど大きく，酸化物あるいは塩化物というように組み合わせる元素の種類を変えなければ，重い元素の化合物ほど共有結合性は強くなる。このような化合物では式（5.46）の第3項を無視できなくなり，簡単にはバンドギャップを推算できない。バンドギャップと電気陰性度を関連付けるモデルがいくつか提案されているが，バンドギャップの変化を周期律表での位置と関連付けて知っている方が役立つ。同族元素であれば周期表の下に行くほど，同じ周期であれば左に行くほどバンドギャップは小さくなる傾向にある（表5.2）。

表5.2　p ブロック元素の酸化物のエネルギーバンドギャップ
上段は物質の組成式，下段はエネルギーバンドギャップ。

周期 ＼ 族	11	12	13	14
3	----	----	Al_2O_3 8.8 eV	SiO_2 9.2 eV
4	Cu_2O 2.2 eV	ZnO 3.4 eV	Ga_2O_3 5.4 eV	GeO_2 5.2 eV
5	Ag_2O 1.3 eV	CdO 2.5 eV	In_2O_3 3.6 eV	SnO_2 3.8 eV
6	Au_2O ----	HgO 2.2 eV	Tl_2O_3 1.4 eV	PbO_2 1.4 eV

5.7.2　原子軌道によるエネルギーバンドの特徴づけ

H_2 や LiH などの2原子分子での経験を活かして，Ⅱ-Ⅵ化合物半導体[*3] の ZnO と CdTe のエネルギーバンドがどのような特徴をもつかを考えよう。図 5.20 は仮想的な ZnO，CdTe 分子の分子軌道のエネルギーダイヤグラムの模式図で，図中の数値は電子のエネルギーを表している。ZnO 分子では Zn 4s，O 2p，O 2s の各電子が価電子であるが，O 2s 電子のエネルギーは結合の相手となる Zn 4s 電子のエネルギーと 20 eV 以上も離れているので，LiH の HOMO と同様に Ψ_1 は O 2s の寄与が非常に大きくなる。O 2p と Zn 4s の原子軌道のエネルギー差は 5 eV 以上あり，これもかなり大きな差であるため，Ψ_2 は O 2p の寄与が相当大きいとみてよい。一方，Ψ_3 は Ψ_2 の裏返しで，Zn 4s の寄与が相当大きい。この分子軌道に電子を詰めていくと Ψ_2 まで電子で満たされ，Ψ_3 は空となる。すなわち，Zn 原子がもっていた2個の電子は O 2p の寄与の大きい軌道 Ψ_2 に移動したことになり，ZnO 分子は Zn^{2+} と O^{2-} のイオン結合によりできるだろうという推察と合致する。CdTe 分子の場合，Te 4s 電子と Cd 5s 電子のエネルギー差は約 10 eV と大きいので，Ψ_1 は ZnO

[*3] Ⅰ，Ⅱ，Ⅵなどのローマ数字は，IUPAC (International Union of Pure and Applied Chemistry；国際純正・応用化学連合) の旧表記の周期律表で族の表記として使用され，元素の価電子数に対応する。Ⅱ(ⅡB) 族は現在の 12 族に，Ⅳ(ⅣB) 族は現在の 14 族に対応する。Ⅱ-Ⅵ化合物半導体は 12 族と 14 族からなる化合物半導体を表す。他に Ⅲ-Ⅴ，Ⅰ-Ⅶ，Ⅰ-Ⅲ-Ⅵ₂ 半導体なども常用される呼称である。

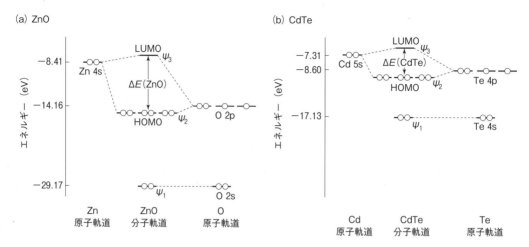

図5.20　仮想的な2原子分子の分子軌道のエネルギー図
（a）仮想 ZnO 分子，（b）仮想 CdTe 分子。

の場合と同様に Te 4s の寄与が非常に大きい。一方，Cd 5s 電子と Te 4p 電子のエネルギー差は 0.9 eV と小さいので，Ψ_2，Ψ_3 はそれぞれ Te 4p，Cd 5s の寄与が大きいものの，Cd-Te 結合のイオン性は Zn-O 結合のそれより小さく，CdTe 分子は共有結合性の大きな分子として理解すればよさそうだ。結晶の価電子帯は分子の HOMO に，伝導帯は LUMO に対応するので，ZnO 結晶の価電子帯には O 2p の，伝導帯には Zn 4s の寄与が大きいはずである。一方，CdTe 結晶の価電子帯では Te 4p の，伝導帯では Cd 5s の寄与が大きいが，いずれにおいても Te 4p と Cd 5s が比較的よく混ざっていると推察できる。結晶の価電子帯や伝導帯に寄与の大きい原子軌道はいずれか，結晶中の結合がイオン結合的であるか共有結合的であるかは，ここで述べたように仮想的な2原子分子の HOMO や LUMO の特徴を考えると類推できる。

5.7.3　共有結合，イオン結合と電子の非局在性

　ここで，改めてイオン結合と共有結合の違いについて考えてみる。2原子分子 MX がイオン結合により形成されている場合，価電子は陰イオンとなる原子 X に偏り原子 M 上にはほとんど存在しない。すなわち，価電子は原子 X 上に局在する。一方，MX の結合の共有結合性が大きい場合，価電子は原子 M 上にも X 上にも存在し，M-X 結合の周りで非局在化する。価電子の非局在性は金属結合まで含めると，金属結合≫共有結合＞イオン結合の順となることは容易に理解できる。電子の局在性や非局在性は，感覚的には電子が動きにくいか動きやすいかとして理解できる。5.4.2項で述べた電子の動きやすさの指標となる有効質量を使え

ば，共有結合性が大きい化合物では有効質量は小さく，イオン結合性の大きい化合物では有効質量は大きいはずである。ZnO の電子，正孔の有効質量（m_e*/m_0, m_h*/m_0；電子の質量 m_0 に対する比）はそれぞれ 0.38，1.8 であるのに対し，CdTe のそれらは 0.10，0.40 であり，実際そのような関係になっている。有効質量は移動度と式（5.20）の関係にあるので，伝導度を考えるときこの感覚は役に立つ。

5.8 II-VI および III-V 化合物半導体

Si に代表されるダイヤモンド型構造の 14 族半導体（IV 半導体）中の化学結合は，14 族元素のもつ 4 つの価電子を周囲の 4 つの原子と共有してできている。14 族元素の半分を 13 族元素に，残り半分を 15 族元素に置き換えると，原子 1 個あたりの価電子数の平均は 4 となり，14 族半導体と類似の化学結合が作られる。14 族元素の半分を 12 族元素と 16 族元素に置き換えた場合も同様である。このような半導体を，それぞれ III-V，II-VI 化合物半導体という。III-V および II-VI 化合物半導体の結晶構造は，閃亜鉛鉱型構造あるいはウルツ鉱型構造であり，基本的な骨格はダイヤモンド型構造とほぼ同じである。III-V および II-VI 化合物半導体にはさまざまな元素の組み合わせがあり，それらの結晶構造は同じもしくはほぼ同じであるので，元素の特徴を知るのに適した物質系である。

表 5.3 にさまざまな化合物半導体のバンドギャップ，電子および正孔の有効質量を示す。13 族元素を Ga に固定し 15 族元素を変えた場合，バンドギャップは GaN の 3.39 eV から GaSb の 0.7 eV まで，原子番号の大きな 15 族元素になると徐々に小さくなる。これらの化合物では価電子帯への寄与の大きな原子軌道が N 2p，P 3p，As 4p，Sb 5p であり，そのエネルギーは重い元素ほど大きくなるためであり，表 5.1 に示したアルカリハロゲン化物のバンドギャップ変化と同様である。15 族元素

表 5.3 各種の III-V および II-VI 化合物半導体のバンドギャップと有効質量

III-V	E_g (eV)	m_e*/m_0	m_h*/m_0	II-VI	E_g (eV)	m_e*/m_0	m_h*/m_0
GaN	3.39	0.2	0.8	ZnO	3.37	0.38	1.8
GaP	2.27	0.13	0.67	ZnSe	2.72	0.16	0.75
GaAs	1.43	0.07	0.48	ZnTe	2.25	0.09	0.60
GaSb	0.70	0.04	0.32	CdSe	1.74	0.13	0.45
InAs	0.35	0.02	0.42	CdTe	1.53	0.10	0.40
InSb	0.18	0.01	0.18	HgSe	0	0.03	0.31
				HgTe	0	0.03	0.37

を As に固定した GaAs と InAs の違いは表 5.2 に示した酸化物のバンドギャップ変化と同様である。これらの化合物では総じてバンドギャップの小さな化合物ほど共有結合性が大きいので，電子と正孔の有効質量はバンドギャップが小さいほど小さくなる。同様な傾向はⅡ-Ⅵ化合物半導体でも見てとれる。同じ第4周期の元素から成る GaAs と ZnSe を比べると，バンドギャップは ZnSe の方が大きい。これは 12 族と 16 族の組み合わせより，13 族と 15 族の組み合わせの方が周期律表上で近くにあり，電気陰性度の差が小さく，共有結合性が大きいためである。結果として GaAs の有効質量は ZnSe より小さく，電子と正孔はより非局在的となる。同様の違いが InAs と CdTe でも見てとれ，Ⅲ-Ⅴ半導体はⅡ-Ⅵ半導体よりも電子や正孔の有効質量は小さい。

5.9　酸化物半導体——太陽電池，ディスプレイへの応用

　酸化物には，空気中で安定である，スパッタリング法などにより大面積の薄膜の作製が比較的容易であるなど，Ⅱ-ⅥおよびⅢ-Ⅴ化合物にはない利点がある。一方で，正孔の移動度が極端に小さく（表 5.3 中の ZnO を参照），p 型のドーピングそのものも難しいという欠点もある。このため現在実用化されている酸化物半導体は，n 型半導体のみといってよい。ZnO，In_2O_3，SnO_2 のバンドギャップはいずれも 3 eV 以上（光の波長では 400 nm 以下）で紫外光領域にあるため，窓ガラス同様に可視光線をほぼ完全に透過する。可視光線に対する透明性と高い伝導性を両立した，透明伝導性が酸化物半導体の大きな特徴である。代表的な実用例として太陽電池と液晶ディスプレイを紹介する。

　太陽電池は太陽光による励起で生成した電子と正孔を分離し，外部に電力として取り出す素子である（5.5.1 項を参照）。図 5.21 にアモルファス $Si(a\text{-}Si:H)$，$CdTe$，$Cu(In, Ga)Se_2$ を光吸収層とした薄膜太陽電池の代表的断面構造を示す。太陽光の照射されない側（裏面）の電極には電気伝導度の高い金属材料を用いればよいが，入射した太陽光は光吸収層あるいは接合部まで届かねばならないので，おもて面の集電には光を遮断する金属材料を使えない。こうした箇所には，バンドギャップが 3 eV 以上の n 型酸化物半導体（透明伝導性酸化物，TCO; transparent conductive oxide）が電極（透明電極）として使用されており，図 5.21 中の $ZnO:Al$，$SnO_2:F$ がそれにあたる。Al や F はキャリア電子の注入に用いられる不純物元素を表している。酸化物半導体は溶液からの析出，スパッタリング法，CVD 法などにより大面積の薄膜が作製できる

図 5.21　**アモルファス Si，CdTe，Cu(In,Ga)Se$_2$ を光吸収層とした薄膜太陽電池の代表的断面構造**

ので，太陽電池のような素子には適した電極材料である。

　液晶ディスプレイ（LCD; liquid crystal display）はテレビやパソコンなどのディスプレイの代表であり，図 5.22 はその構造と動作を模式図に示している。素子の基本構造は 2 枚のガラス上に形成された透明電極（図中の TCO）と偏光方向の直交した偏光板で液晶をサンドイッチしたものとなっている。図中の上から照射されるバックライトの光の偏光方向は，透明電極間の電圧がゼロのとき液晶により回転し，出射側の偏光板を通過する。透明電極間に電圧がかかると，液晶分子は配向し，偏光方向を回転する作用がなくなり，出射側の偏光板を通過できない。このように LCD では，電圧のオン，オフにより偏光を変え，光の透過を制御して画像を表示しているので，液晶の配向を制御する透明電極は，可視光に対する高い透明性をもたねばならない。大型 LCD の透明電極による配線は，非常に長いものとなるので，消費電力を低減するため金属に匹敵する電気伝導度が要求される。このような性質を併せもつ酸化物半導体として ITO と呼ばれる SnO$_2$ をドープした In$_2$O$_3$ が，通常の LCD で使用されている。

　LCD を構成する一つ一つの画素のオン，オフには非常に小さい薄膜トランジスタ（TFT; thin film transistor）が用いられている。TFT は p-n 接合なしで動作する電界効果トランジスタ（FET; field effect transistor）の一種である。LCD 用の TFT では比較的速いレスポンスが必要とされるので，キャリアの移動度が高い半導体が適している。また，LCD の消費電力は小さいほど望ましいので，トランジスタがオフの時の漏れ電流（リーク電流）は小さければ小さいほどよい。表 5.4 に液晶駆動用の TFT として用いられる多結晶 Si，アモルファス Si（a-Si），アモルファス In$_2$O$_3$-Ga$_2$O$_3$-ZnO（a-IGZO）の特性をまとめている。移動度の点では多結晶 Si が最も優れるが，リーク電流が大きい。a-Si は，移動度は小さいがリーク電流が比較的小さいので，LCD の駆

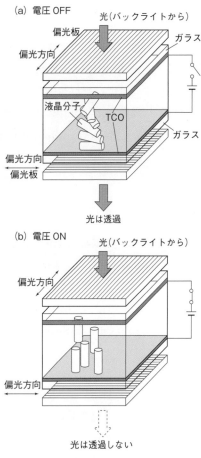

図 5.22　**液晶ディスプレイの構造と動作の模式図**

表 5.4　TFT のチャンネル材料の性能比較

TFT チャンネル材料	低温多結晶 Si	アモルファス Si	アモルファス IGZO
電子移動度 $(cm^2V^{-1}s^{-1})$	100	0.5	>10
リーク電流 $(A\ \mu m^{-1})$	$<10^{-12}$	$<10^{-13}$	$<10^{-16}$

動に通常使われる。酸化物半導体の一つである a-IGZO は，移動度は a-Si の 20 倍以上，リーク電流も 1/100 以下であり，高速レスポンス，低消費電力を達成できる TFT の材料であることから，近年実装が進みつつある。

　ここで述べた透明電極や TFT は，LCD に限らず，有機 EL（OLED；organic LED）ディスプレイの駆動にも使われ，ディスプレイは n 型酸化物半導体が活躍する大きなフィールドとなっている。

参 考 文 献

藤川高志，『化学のための初めてのシュレディンガー方程式』（化学サポートシリーズ），裳華房（2003）。

W. A. ハリソン，小島忠宣，小島和子，山田栄三郎　訳，『固体の電子構造と物性—化学結合の物理—』，現代工学社（1987）。

高橋　清，山田陽一，『半導体工学 第 3 版—半導体物性の基礎—』，森北出版（2013）。

J. I. Pankove，"Optical Processes in Semiconductors 2nd Ed."，Dover Publications（2010）。

章 末 問 題

5.1　5.2.1 で述べられている方法に従って，LCAO 近似で表した H_2 分子と LiH 分子の分子軌道とそのエネルギーを計算せよ。

5.2　電気伝導度が 2 S cm^{-1} のある n 型半導体を厚さ 0.5 mm の板状に加工し，ホール測定を行った。0.5 T（テスラ）の磁場下で 10 mA の定常電流を通じたところ，25 μV のホール電圧が発生した。この半導体のキャリア密度とホール移動度を計算せよ。

5.3　TiO_2 と TeO_2 の価電子帯と伝導帯への寄与の大きな原子軌道をそれぞれ答えよ。

5.4　SnO_2 と SnO の価電子帯と伝導帯への寄与の大きな原子軌道をそれぞれ答えよ。また，エネルギーバンドギャップはどちらが大きいと推察されるか，理由とともに答えよ。ただし，構成元素の価電子のエネルギーはそれぞれ O 2s ＝ −29.17 eV，O 2p ＝ −14.16 eV，Sn 5s ＝ −12.5 eV，Sn 5p ＝ −5.9 eV とする。

5.5　半導体中のキャリアの移動度は，おおむね正孔より電子の方が大きい。このことは，表 5.3 の有効質量を見れば明らかである。電子の有効質量が正孔より小さい，すなわち，電子の移動度が正孔の移動度より大きいのはなぜか。化学結合の視点から議論せよ。

第6章 誘電体とコンデンサ

■ この章の目標 ■

電気を貯める性質である誘電性はキャパシタとして広範囲な電子回路に使われている。ここでは，まず，電界，電束密度，分極，誘電率，電気感受率など誘電性を記述するための基本的な物理量について学ぶ。とくに分極については，電子工学と材料工学を結ぶ重要な物理量であるため，発現メカニズムも含めて詳細に解説する。さらに，特定の分極メカニズムが追従できる周波数には限界があり，その周波数近傍でデバイ型または共鳴型誘電緩和が観測されることを学ぶ。誘電体には，常誘電体，圧電体，焦電体，強誘電体がある。それらの定義，性質，応用分野を解説する。現在，使用量が急増しているキャパシタは，積層セラミックスキャパシタである。その構造，性能，現状での問題点などについて学ぶ。

6.1　はじめに

　物質は電気伝導度の違いから，導体，半導体，絶縁体に分けられる。絶縁体はバンドギャップの幅が広く電子は伝導帯に励起されないため，電子による伝導は無視できる。絶縁体は古くから絶縁碍子，電気配線やケーブルの被覆などに利用されてきた。絶縁体は電気を流さないが電気を蓄える性質がある。このような性質を利用するとき，絶縁体を誘電体と呼ぶ。電気を蓄える性能の指標は比誘電率と呼ばれる物性値である。代表的な物質の誘電率を表6.1に示す。

　チタン酸バリウム（$BaTiO_3$）のセラミックスが他の物質に比べて桁違いに大きな誘電率を示すことがわかる。チタン酸バリウムは，1943年から1945年にかけてアメリカ，日本，ロシア（旧ソビエト連邦）で独立に発見された。非常に高い誘電率の起源は，後でも述べるが変位型

表6.1 いくつかの物質の比誘電率

物　質	比誘電率
空気	1.00059
水	80
紙	2.0～2.6
パラフィン	2.1～2.5
石英	3.8
ガラス	5.4～9.9
アルミナセラミックス	9～10
チタニアセラミックス	～100
チタン酸バリウム セラミックス	2500～10,000

と呼ばれる強誘電性によるものである。

　BaTiO$_3$ の示す高い誘電率は発見直後から，電気を蓄えるための電子部品であるコンデンサとして利用されてきた。1980年以降，セラミックスと金属電極を積層して同時焼成する積層セラミックスキャパシタ（multi-layered ceramics capacitor；MLCC）が開発され，体積当たりの容量は飛躍的に向上した。現在，MLCCはセラミックス関連製品としては最も市場の大きな製品となり，高機能な電子機器を構成するうえで不可欠な電子部品となっている。

　本章では，誘電体に関わる基礎的な物理量，分極メカニズム，誘電分散，誘電体の分類を解説した後，BaTiO$_3$ を用いたMLCCについて解説する。

6.2　誘電性を記述する基本的な物理量

6.2.1　誘電率

　図6.1（a）のように真空中に置かれた平行平板コンデンサについて考える。電極に電圧 V（V，ボルト）をかけると，電極には $Q = CV$ で表される電荷 Q（C，クーロン）がたまる。ここで C（F，ファラッド）は静電容量（electrostatic capacity, capacitance）と呼ばれる。静電容量は電極面積 $S(\mathrm{m}^2)$ および電極間隔 $d(\mathrm{m})$ を用いて次のように表すことができる。

$$C = \frac{\varepsilon_0 S}{d} \tag{6.1}$$

ここで，ε_0 は真空の誘電率（$\varepsilon_0 = 8.854 \times 10^{-12}\ \mathrm{F/m}$）である。この平行平板コンデンサの電極間に，電圧 V をかけたまま誘電体を挿入する

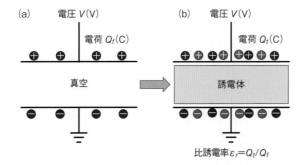

図6.1 **平行平板コンデンサに蓄えられる電荷**
（a）真空中，（b）誘電体が電極間にある場合。

と，電極にたまる電荷が増加する〔図6.1（b）〕。電極間に何もないとき
の電荷を Q_f とし，誘電体を挿入することで電荷が Q_t に増加したとする
と，誘電体の比誘電率 ε_r（無次元量）（relative permittivity）は次のよ
うに定義される。

$$\varepsilon_r = \frac{Q_t}{Q_f} \tag{6.2}$$

一方，電磁気学では誘電率は次の式で定義される。

$$D = \varepsilon E = \varepsilon_0 \varepsilon_r E \tag{6.3}$$

ここで，D は電束密度（C/m^2）（electric displacement, electric flux
density），ε は誘電率（F/m）（dielectric constant），E は電場（V/m）
（electric field）である。

電束密度はわかりくい概念である。正電荷からは電束（electric flux）
が湧き出ていて，電束は正電荷から負電荷へ向かうとする。問題は電束
の数であるが，SI単位系では1Cの正電荷から1本の電束が発生する
としている。図6.2のように $+Q$ C の電荷からは Q 本の電束が湧き出

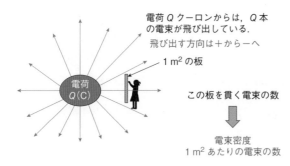

図6.2 **電束密度の概念**

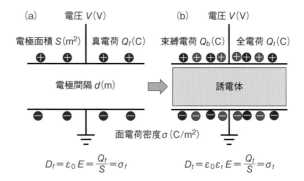

図6.3　電束密度と電場を用いて表した平行平板コンデンサ
に蓄えられる電荷

していて，そこに $1\,\mathrm{m}^2$ の板を電荷に正対して置くとき，この板を貫く
電束の数を電束密度 D と定義する。電束密度は方向をもつためベクト
ル量となる。ここで電荷を囲んである閉曲面 S を考えよう。閉曲面の大
きさや形は任意である。閉曲面上の面積素辺 $\mathrm{d}S$ の電束密度を D とする
と，D を閉曲面全体で積分すれば次式のように電荷 Q が得られる。

$$Q = \oint D \cdot n\, \mathrm{d}S \tag{6.4}$$

ここで n は $\mathrm{d}S$ の単位法線ベクトルであり，面積素辺 $\mathrm{d}S$ が電荷に正対
していない場合の補正に必要となる。式（6.4）はガウスの法則（Gauss'
law）と呼ばれ，任意の閉曲面について電束密度を積分すれば，その閉
曲面の内部にある電荷と等しくなることを示している。

　平行平板コンデンサの電極間の電束密度を求めよう。図6.3（a）のよ
うに電極にある電荷を $Q_f\,\mathrm{C}$ とすると，正電極から負電極へ Q_f 本の電束
が流れることになる。電極の面積を S（m^2）とすれば電束密度 D_f は D_f
$= Q_f/S$（$\mathrm{C/m}^2$）となる。ここで Q_f を真電荷（true charge）と呼ぶ。
電極上の電荷の面電荷密度を σ_f（$\mathrm{C/m}^2$）とすれば，電束密度は面電荷
密度に等しく $D_f = \sigma_f$ が成立する。電圧 V をかけたままで電極間に誘電
体を挿入すると，図6.3（b）に示すように電極に蓄えられる電荷は Q_f
から Q_t へと増加する。これにともない電極間の電束密度は $D_t = Q_t/S$
$= \sigma_t$ となる。電束密度と誘電率には次の関係がある。

$$\frac{D_t}{D_f} = \frac{Q_t}{Q_f} = \frac{\sigma_t}{\sigma_f} = \frac{\varepsilon}{\varepsilon_0} = \varepsilon_r \tag{6.5}$$

6.2.2 分 極

電極間に誘電体を挿入すると，電極に蓄えられる電荷が増加する。この理由について考えよう。誘電体は原子核，電子，陽イオン，陰イオンなどの電荷をもった粒子で構成されている。誘電体が電場の中に置かれると，正の電荷を帯びた粒子は電場の方向に，負の電荷を帯びた粒子は電場とは逆の方向に移動する。つまり，正電荷と負電荷が相対的に変位するわけで，その結果，次の式で定義される**双極子モーメント** m （dipole momentum）が誘起されるわけである。

$$\vec{m} = q\vec{r} \tag{6.6}$$

ここで q は正電荷（$+q$）と負電荷（$-q$）の電荷，$\vec{r}$ は両者を結ぶベクトルである。双極子モーメントはベクトル量で，その方向は負電荷から正電荷の向きである。電場の中に置かれた誘電体中には図6.4 (a) のように小さな双極子が多数発生し，誘電体内部では正電荷と負電荷が打ち消し合っている。しかし，誘電体表面では電荷は打ち消されずに残る〔図6.4 (b)〕。この電荷を**分極電荷**（polarization charge）と呼ぶ。電極間に誘電体を挿入すると，分極電荷を打ち消すため電極上の電荷が増加する〔図6.3 (b)〕。この電荷は**束縛電荷** Q_b（bound charge）と呼ばれる。**分極** P（polarization）は電場の中に置かれた誘電体の表面に電荷が発生する現象で，その大きさは分極電荷の面密度，すなわち，$P = Q_b/S = \sigma_b$ で与えられる。ここで σ_b は**分極電荷密度**（polarization charge density）である。分極はベクトル量で，その方向は双極子モーメントと同様に負電荷から正電荷の向きである。電場ベクトルと電束密度ベクトルの方向が正電荷から負電荷の向きであるので，方向が逆になることは注意が必要である。

誘電体が分極して表面に電荷 Q_b が現れたときの誘電体全体での双極子モーメント M は

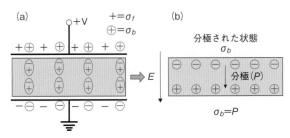

図6.4　**分極の概念**

$$M = Q_b d = \sigma_b S d = \sigma_b V' \tag{6.7}$$

となる。ここで，d は電極間距離，V' は誘電体の体積である。式（6.7）と $P = \sigma_b$ より $P = M/V'$ が得られ，分極 P は単位体積中の双極子モーメントと等しいことがわかる。すなわち，分極には二つの定義がある。第一の定義は電場により誘電体表面に現れる分極電荷の面密度で，第二の定義は電場により誘電体内部に誘起される単位体積当たりの双極子モーメントである。

分極という概念を用いて図 6.3（b）の平行平板コンデンサに誘電体を挿入した場合について，もう一度考えよう。電極上の全体の電荷 Q_t により電束密度 D は決まり，$D = Q_t/S = \sigma_t$ となる。ここで σ_t は面電荷密度である。全電荷密度 σ_t は真電荷密度 σ_f と束縛電荷密度 σ_b の和であり，

$$\sigma_t = \sigma_f + \sigma_b, \ \ \sigma_t = D, \ \ \sigma_f = \varepsilon_0 E, \ \ \sigma_t = P \tag{6.8}$$

となるので，次の式（6.9）が導かれる。

$$D = \varepsilon_0 E + P \tag{6.9}$$

この式（6.9）は誘電体物性を記述するうえで最も重要な式の一つであり，いかなる系でも成立する。

電場が強くなると誘起される分極も大きくなる。電場が小さいときには電場と分極は比例すると見なすことができる。両者の比例定数が電気感受率（electric susceptibility）であり，次のように定義される。

$$P = \chi E \tag{6.10}$$

式（6.3）（6.8）より，電気感受率と誘電率には，$\varepsilon = \varepsilon_0 + \chi$ の関係があることがわかる。

6.3　分極のメカニズム

電場により誘電体内部に双極子モーメントが発生すれば，分極はゼロではなくなり，誘電率は ε_0 よりも高くなる。誘電体中で発生する分極のメカニズムとして，電子分極（electronic polarization），イオン分極（ionic polarization），配向分極（orientation polarization），界面分極（interfacial polarization）がある。

電子分極は，電子雲が原子核に相対的に動くことで生じる分極であ

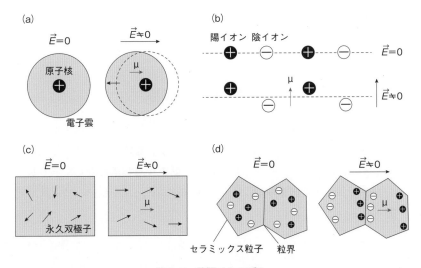

図6.5 分極メカニズム
(a) 電子分極, (b) イオン分極, (c) 配向分極, (d) 界面分極。

る。電場により，原子核は電界ベクトルの方向に移動し，電子雲は電場
ベクトルとは逆の方向に移動する。その結果，双極子モーメント μ が発
生する〔図6.5 (a)〕。

　多くの無機結晶は正負の電荷をもつイオンが交互に並んだ構造をして
おり，一般に陽イオン全体と陰イオン全体の重心は一致している。電場
により陽イオンが電場の方向に，陰イオンがそれとは反対の方向に変位
すれば，双極子モーメントが発生し分極を生じる。これがイオン分極で
ある。すなわち，イオン分極とはイオンの相対的位置の変化により生じ
る分極である〔図6.5 (b)〕。

　配向分極は，永久双極子をもつ極性分子の配向により生じる分極であ
る。個々の分子が永久双極子をもっていても電場がゼロのときは，各分
子の双極子は熱ゆらぎによって空間的にランダムな方向を向いており，
全体としては分極がゼロの状態にある。この状態に電場を印加すると，
電場に平行な双極子がエネルギー的に安定になるので，分子は配向し電
場に平行な双極子の数が増加する。これにより，配向した永久双極子の
分だけ分極は増加することになる。配向分極は分子の配向だけでなく，
自発的な双極子が向きを変えることで生じるため，**双極子分極**（dipole
polarization）とも呼ばれる〔図6.5 (c)〕。

　界面分極は，Maxwell-Wagner 分極とも呼ばれ，電気的性質の異なる
二つの物質が接する界面に電荷がたまることにより発生する分極であ
る。自由電子および正孔を含むセラミックス粒子に電場を印加したとき
に，それらが粒界にトラップされて界面分極を生じる。重要な点は，双

極子モーメントは界面にではなく，矢印のように二つの界面間の粒子中に誘起されることである〔図6.5 (d)〕。

6.4　複素誘電率

誘電率は $D = \varepsilon E$ で表されるように，電束密度と電場の比例定数である。電場が時間とともに変動し（交流電場），電場の変化に対し電束密度の変化に位相遅れが生じる場合には，誘電率を複素数として取り扱う必要がある。複素誘電率 ε^*（complex dielectric constant）は次式で定義される。

$$\varepsilon^* = \varepsilon' - i\varepsilon'' \tag{6.11}$$

虚数項の ε'' は誘電損失（dielectric loss）を表す。物性量はしばしば複素数で定義されるが，これは虚数の物性値が存在するわけではなく，信号と応答の位相差を数学的に表現するときに便利なために複素数が用いられる。

正弦波で表される交流電場が誘電体に印加されたときの，変位電流および電束密度の時間変化を図6.6に示す。変位電流と電束密度が赤線で表される場合には位相遅れはなく，電束密度と電場は同位相で振動するため誘電率は実数となる。このときの誘電損失はゼロである。しかしながら，黒線のように位相の遅れ δ がある場合には，電束密度の電場の関係は次式のようになる。

$$D_0 \exp[i(\omega t - \delta)] = \varepsilon^* E_0 \exp[i(\omega t)] \tag{6.12}$$

ここで，D_0，E_0 は電束密度，電場の振幅である。この式を整理すると，

$$D_0 \exp(-i\delta) = D_0(\cos\delta - \sin\delta) = (\varepsilon' - i\varepsilon'')E_0 \tag{6.13}$$

$$\varepsilon' = \frac{D_0}{E_0}\cos\delta, \quad \varepsilon'' = \frac{D_0}{E_0}\sin\delta, \quad \frac{\varepsilon''}{\varepsilon'} = \frac{\sin\delta}{\cos\delta} = \tan\delta \tag{6.14}$$

が得られる。$\tan\delta$ は誘電正接（dissipation factor, loss tangent）と呼ばれ，誘電体の誘電損失の大きさを示す重要な性能指標である。

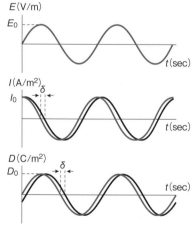

図6.6　正弦波の電場を印加したときの電流および電束密度の位相遅れ

6.5　誘電分散

誘電率は一般に電界の周波数に依存する。これを誘電分散（dielectric dispersion）と呼ぶ。3節で述べた四つの分極を速度の速い順（高い周

波数の信号まで追従できる順）に並べると，電子→イオン→配向→界面
の順になる。これは電界の周波数により分極の寄与が異なり，誘電率は
周波数依存性をもつことを意味している。

　固体の誘電分散の概念図を図 6.7 に示す。分極の応答が電場の変化に
追従できなくなると，周波数とともに誘電率が減少する。このような誘
電率の変化を誘電緩和（dielectric relaxation），その周波数を緩和周波
数（relaxation frequency）という。粒子内を電子が移動する界面分極
の緩和周波数は kHz〜MHz，配向分極の緩和周波数は GHz の領域で，
イオン分極は赤外線領域，電子分極は紫外線領域となる。電子分極の緩
和周波数以上では，分極は生じず誘電率は真空の誘電率と等しくなる。
可視光領域では誘電率に寄与する分極は電子分極のみである。この周波
数領域では誘電率と屈折率（refractive index）には次の関係がある。

$$n = \sqrt{\frac{\varepsilon}{\varepsilon_0}} \tag{6.15}$$

　図 6.7 の誘電分散の形は界面分極と配向分極，イオン分極と電子分極
の 2 種類がある。前者をデバイ型誘電緩和，後者を共鳴型誘電緩和と呼
ぶ。

　デバイ型誘電緩和は，電場の変動に対して分極の発生が遅れる場合に
観察される誘電緩和である。図 6.8（a）のように，ステップ状の電場が
印加されたときに誘起される分極は非常に速いものと遅れを生じるもの
がある。この遅れを生じている部分がデバイ型誘電緩和の原因となる。
ある時刻 t における分極 $P_D(t)$ の変化する速度は最終的な飽和値 $P_D{}^s$ と
$P_D(t)$ の差に比例すると仮定すると，次の式が成立する。

$$\tau \frac{\mathrm{d}P_D(t)}{\mathrm{d}t} = P_D{}^s - P_D(t) \tag{6.16}$$

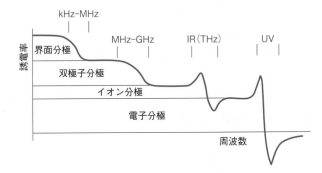

図 6.7　**分極メカニズムと誘電分散**

ここで比例定数の τ は緩和時間（relaxation time）である。この微分方程式を解くと $P_D(t)$ は,

$$P_D(t) = (\varepsilon_s - \varepsilon_\infty)\, E\left(1 - e^{-\frac{t}{\tau}}\right) \tag{6.17}$$

となる。ここで, ε_s は分極 P_D^s を ε_∞ は P_∞〔図6.8 (b)〕を発生させる誘電率である。式（6.17）を用いて電場を正弦波としたときの誘電率の周波数依存性を計算すると, 次のようになる。

$$\varepsilon(\omega) - \varepsilon_\infty = \frac{P_D(\omega, t)}{E(\omega, t)} = \frac{\varepsilon_s - \varepsilon_\infty}{1 + i\omega\tau} \tag{6.18}$$

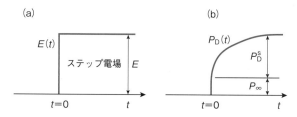

図6.8　ステップ電場を印加したときの分極の応答

デバイ型誘電緩和での誘電率の周波数依存性を図6.9に示す。誘電率の実数部分は低周波での一定値から高周波ではゼロになる。これはある分極種が低周波では電場の変化に追従するが, 高周波では追従できないことに対応している。誘電率の変化が最大となる周波数では電場に対する分極の遅れが最大となるため, 誘電率の虚数部は極大を示す。

　共鳴型誘電緩和は, 分極発生する電荷の移動が復元力をもつ場合に観測される誘電緩和である。図6.10(a) のように, 壁と荷電粒子がバネによって繋がれたモデルを考える。この系に外部から電場を印加したときの荷電粒子の運動方程式は次のようになる。

$$m\left(\frac{\mathrm{d}^2 x}{\mathrm{d}t^2} + \gamma\frac{\mathrm{d}x}{\mathrm{d}t} + \omega_0^2 x\right) = QE, \quad \omega_0 = \sqrt{\frac{k}{m}} \tag{6.19}$$

ここで, m は荷電粒子の質量, Q は荷電粒子の電荷, γ は減衰係数, ω_0 は共振周波数, k はバネ定数, E は電場であり, $\omega_0^2 x$ の項は復元力を表す。交流電場を $E = E_0 \exp(i\omega t)$ とおき, 荷電粒子の変位を $x = x_0 \exp(i\omega t)$ と仮定して上の微分方程式を解くと,

$$x = \frac{Q/m}{(\omega_0^2 - \omega^2) + i\gamma\omega} E \tag{6.20}$$

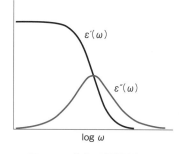

図6.9　デバイ型誘電緩和における誘電率の周波数依存性

が得られる。荷電粒子の変位による双極子モーメント μ は，$\mu = Qx$ となるので分極 P は単位体積中の粒子数を N とすると，

$$P = N\mu = \frac{NQ^2/m}{(\omega_0^2 - \omega^2) + i\gamma\omega}E = \chi E \tag{6.21}$$

で与えられる。電気感受率 χ を誘電率で書き直すと，式（6.22）となる。

$$\varepsilon(\omega) - \varepsilon_0 = \chi = \frac{NQ^2/m}{(\omega_0^2 - \omega^2) + i\gamma\omega} \tag{6.22}$$

共鳴型誘電分散での誘電率の周波数依存性を図 6.10（b）に示す。共振周波数 ω_0 付近で誘電率の実数部は極大と極小を示し，とくに極小値付近では誘電率の実数部が負の値を示す。一方，誘電率の虚数部が ω_0 で極大を示すことは，デバイ型誘電緩和と共通である。減衰係数がゼロのときは誘電率の実数部は正負の無限大に発散する。

6.6　分極の発生から見た誘電体の分類

　誘電体（dielectrics）は，常誘電体（paraelectrics），圧電体（piezoelectrics），焦電体（pyroelectrics），強誘電体（ferroelectrics）に分けることができる。常誘電体，圧電体，焦電体，強誘電体の関係を図 6.11 に示す。同図は誘電体の一部は圧電体であり，圧電体の一部は焦電体，さらに，焦電体の一部は強誘電体であることを示している。図から明らかなように，強誘電体は，常誘電体，圧電体，焦電体のすべての性質を示すことになる。常誘電体は，これまで述べてきたような電場により，分極を発生する物質として定義される。

　結晶は 32 の結晶点群に分類することができる。このうち 21 点群は対称心をもたないが，これらの中で立方晶系の点群 432 を除く 20 の点群（表 6.2）に属する結晶は圧電性（圧電効果）を示す。圧電効果とは，

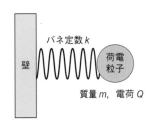

(a)

バネ定数 k

壁　　荷電粒子

質量 m，電荷 Q

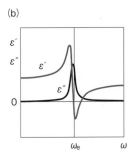

(b)

図 6.10　共鳴型誘電分散
（a）共鳴型誘電分散のモデル，
（b）共鳴型誘電分散における
誘電率の周波数依存性。

強誘電体

焦電体

圧電体

常誘電体

図 6.11　誘電体の分類

表 6.2　圧電性を示す結晶点群（四角で囲んだ点群は極性結晶）

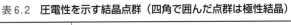

結晶系	結晶点群
三　斜	$\boxed{1}$
単　斜	$\boxed{2}$, $\boxed{m}$
斜　方	222, $\boxed{mm2}$
正　方	$\boxed{4}$, $\bar{4}$, 422, $\boxed{4mm}$, $\bar{4}2m$
立　方	$\bar{4}3m$, 23
三　方	$\boxed{3}$, 32, $\boxed{3m}$
六　方	$\boxed{6}$, 622, $\boxed{6mm}$, $\bar{6}$, $\bar{6}2m$

結晶に応力をかけるとそれに比例した分極が発生し，1対の結晶表面に正負の電荷が生じる現象である。すなわち，圧電体は電場だけでなく，応力によっても分極を発生する物質である。厳密には，これを**正圧電効果**という。逆に，圧電体に電場をかけると電場に比例した歪みが生じる。これを**逆圧電効果**という。歴史的には，圧電効果は 1880 年に J. Curie, P. Curie 兄弟により，電気石について発見された。圧電体は電気-機械信号の相互変換素子として，アクチュエータ，スピーカー，超音波トランスジューサ，圧電センサなどに利用されている。

　焦電体は，外部から電場を加えなくても分極している結晶である。このような分極を**自発分極**（spontaneous polarization）という。自発分極により結晶表面に現れる分極電荷は，ふつう表面に付着した空気中のイオンにより中和され観測することはできないが，温度を変化させると分極の大きさが変わるため，表面電荷の変化分が観測される。この性質から，微小な温度変化に対して分極が変化する現象を**焦電性**という。自発分極をもつ結晶では，単位格子中の正負電荷の重心が一致していない。自発分極が存在するためには，分極の方向として結晶のすべての対称操作に関して保存される方向が存在する必要があり，圧電性を示す 20 点群の中の 10 点群（表 6.2 の四角で囲んだ点群）にのみ限られる。自発分極をもつ結晶を**極性結晶**（polar crystal）という。焦電体は赤外線センサーとして利用されている。

　自発分極をもつ結晶すなわち極性結晶に，外部から電場を加えるとき，自発分極ベクトルの方向が反転するならば，この結晶を**強誘電体**といい，その性質を**強誘電性**という。強誘電体の分極-電場ヒステリシス曲線を図 6.12 に示す。図中 H 点は電場がゼロでも分極をもっていることから，自発分極があることを示している。＋方向に電場を印加しゼロに戻すと，分極は HBCB と変化し，D 点になる。H 点と D 点は分極の方向が反転していることから，外部からの電場により分極が反転していることがわかる。すなわち，図 6.12 のような分極-電場ヒステリシス曲線が観測されることは，強誘電体であるための条件である自発分極をもち，かつ，その方向が電場で反転することを満たしている。なお，ヒステリシス曲線において，Q 点は**飽和分極**（saturated polarization），D 点は**残留分極**（remanent polarization），E_c は**抗電界**（coercive electric field）と呼ばれる。

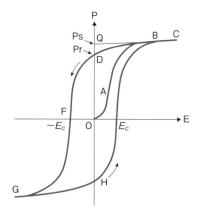

図 6.12　**強誘電体の分極-電場ヒステリシス曲線**

6.7 チタン酸バリウムの強誘電性と 高誘電率発生のメカニズム

　実用上最も重要な強誘電体はチタン酸バリウム（$BaTiO_3$）であろう。$BaTiO_3$ は，1942 年にアメリカ，1944 年に日本，1944 年にソビエト連邦（現ロシア）で独立に発見された。$BaTiO_3$ の結晶構造を図 6.13 に示す。ペロブスカイト型構造と呼ばれるこの構造では，Ti^{4+} を中心とし，各頂点に O を配した八面体の骨格の隙間に Ba が入り込んでいる。正方晶系の強誘電体相では体心の Ti^{4+} が c 軸方向にわずかに変位している。このため正負電荷の重心が一致せず結晶は自発分極をもつようになる。また，外部電場により Ti^{4+} の位置は $+z$ から $-z$ に変化し，それに伴い自発分極の向きも反転するので強誘電性が発現する。

　$BaTiO_3$ は，$T_c \cong 130\,℃$，$T_2 = 5\,℃$，$T_3 \cong -90\,℃$ に三つの相転移点をもち，高温から立方晶系，正方晶系，斜方晶系，三方晶系と結晶系が変化する。すなわち，高温の立方晶相（常誘電体）を冷却すると，T_c で $\langle 001 \rangle$ 方向に自発分極をもつ正方晶相（点群 4 mm），T_2 で $\langle 110 \rangle$ 方向に自発分極をもつ斜方晶相（点群 mm2），T_3 で $\langle 111 \rangle$ 方向に自発分極をもつ三方晶相（点群 R3m）に逐次相転移する。T_c 以下での相はすべて強誘電体である。逐次相転移により現れる相の単位格子，自発分極の方向の温度変化を図 6.14 に示す。$BaTiO_3$ の自発分極は，結晶を構成するイオンが自発分極の方向にわずかに変位することにより生じる。このようにイオンの変位により強誘電性を発現する物質を変位型強誘電体という。

　強誘電体である $BaTiO_3$ は，図 6.11 から明らかなように圧電性，焦電性も示すが，実用化されているのは高誘電率を活かしたコンデンサ応用である。$BaTiO_3$ の高い誘電率はイオン分極と配向分極の寄与による。

　イオン分極による誘電率への寄与は，結晶中でイオンの存在する位置のポテンシャルの形状で決まる。ポテンシャルの変化が緩やかな場合と急峻な場合を比較し図 6.15 に示す。イオンが緩やかなポテンシャルにある結晶では〔図 6.15 (a)〕，電場によりイオンは変位しやすくなり，大きな双極子モーメントを発生して結果的に誘電率は高くなる。また，これとは逆にイオンが急峻なポテンシャルにある結晶〔図 6.15 (b)〕の誘電率は低い。厳密には，誘電率はポテンシャルが極小となる位置でのポテンシャルの曲率の大小により決まっている。図 6.13 (b) のように正方晶系 $BaTiO_3$ の Ti^{4+} は体心の位置に存在せず c 軸方向（図中の上下方向）にわずかに変位して存在する。このチタンの位置は外部電場によ

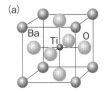

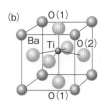

図 6.13　**$BaTiO_3$ の結晶構造**
(a) 立方晶系常誘電体相，
(b) 正方晶系強誘電体相。

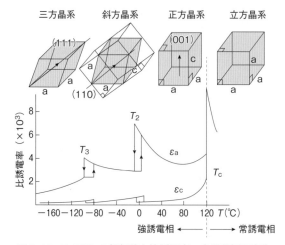

図 6.14　BaTiO$_3$ の相転移と比誘電率，自発分極の変化

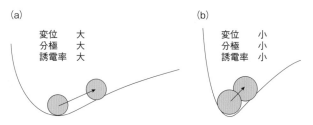

図 6.15　イオンの存在する位置でのポテンシャルと誘電率

り上下に移動することができる。すなわち，Ti^{4+} は 2 極小ポテンシャルの中に存在するわけである。このようなポテンシャル形状をもつ場合，二つの極小位置を結ぶ方向の垂直方向（a, b 軸方向）では，ポテンシャルは非常に平坦になり図 6.15(a) のように高い誘電率を発現することになる。これにより，図 6.14 に示すように正方晶系では自発分極方向の c 軸よりもそれに垂直な a 軸方向の誘電率が高くなる。

　一方，強誘電体である BaTiO$_3$ は自発分極をもっているが，自発分極の方向は結晶中の全領域で揃っているわけではなく，数 μm 程度の領域の中でのみ揃っている。この領域をドメインと呼ぶ。BaTiO$_3$ のドメイン構造の形成機構を図 6.16(a) に示す。高温で常誘電体であった BaTiO$_3$ はキュリー温度で正方晶系の強誘電体に相転移する。この時，自発分極は c 軸方向に発生するが，$+c$ 方向か $-c$ 方向かは等価であり，また，立方晶系で等価であった三つの a 軸でどれが c 軸になるかも確率的に等しい。$+c$ 方向か $-c$ 方向かが異なる領域を 180 度ドメイン，三つの等価な a 軸でどの方向が自発分極方向になるかで分かれる領域を 90 度ドメイン（一般的には非 180 度ドメイン）と呼ぶ。図 6.16(b) で細かい白黒の縞が 90 度ドメインで，それよりも大きな縞が 180 度ドメ

(a)

(b)

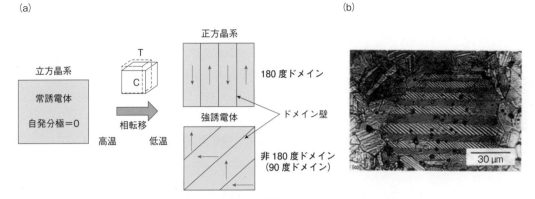

図 6.16　BaTiO₃のドメイン構造の形成機構（a）とドメイン構造の写真（b）

インである。このような状態に外部電場をかけると，自発分極の向きは
外部電場の方向に揃う方がエネルギー的に安定になる。この時に分極の
向きの変化はドメイン内全体で起こるのではなく，エネルギー的に安定
なドメインの体積を増やすようにドメインとドメインの境界（ドメイン
壁）が移動することで起こる。この現象は，永久双極子が電場方向に向
きを変える配向分極〔図 6.5(c)〕と同様であり，配向分極（双極子分
極）として誘電率に寄与することとなる。

　BaTiO₃について測定された広帯域誘電スペクトル（誘電分散）を図
6.17 に示す。低周波での緩和はドメインによる配向分極（双極子分極），
高周波での緩和はイオン分極によるものである。両者の誘電率への寄与
はほぼ同程度であることがわかる。このように BaTiO₃はイオンが平坦
なポテンシャルにあるためイオン分極が大きく，ドメイン構造が双極子
分極にも寄与する。このため，非常に高い誘電率を示すことなる。

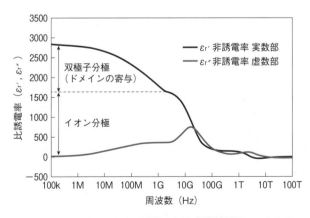

図 6.17　BaTiO₃について測定された広帯域誘電スペクトル

6.8　積層セラミックスコンデンサ（MLCC）

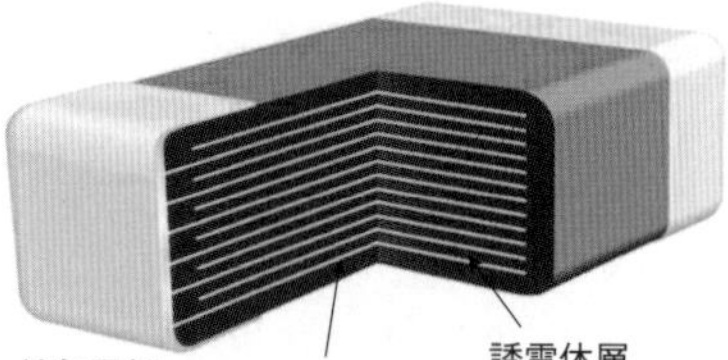

外部電極　Ni内部電極　誘電体層

図6.18　MLCC の構造

　BaTiO$_3$ を主原料とする MLCC は，2020 年の時点で売上 2.6 兆円に も達するセラミックス産業最大の製品である。MLCC の構造を図 6.18 に示す。誘電体層は BaTiO$_3$ を主成分とするセラミックスで金属製の内 部電極と交互に積層した構造になっている。

MLCC の静電容量 C は素子の高さ T を一定とした場合に次の式で与え られる。

$$C = \frac{N\varepsilon S}{t} = \frac{\varepsilon ST}{t^2} \qquad (6.23)$$

ここで，t は誘電体層の厚み，N は積層数，S は電極面積である。この 式から明らかなように，静電容量の増大には誘電体の薄層化（t の減少） と積層数 N の増加が有効であるため，技術開発は薄層化・多層化プロ セスの開発を中心に行われてきた。2021 年 1 月の時点で薄層化は実験 室レベルでは 0.4 μm にまで達しており，1 mm × 0.5 mm（1005）のチ ップサイズで 20 μF 以上の静電容量が実現している。最新の MLCC の 断面写真を図 6.19（村田製作所提供資料）に示す。誘電体層は粒径 100 ～200 nm のち密なセラミックスで形成されていることがわかる。

　高容量 MLCC は誘電体層の薄層化と積層数の増加により可能となる が，積層数の増加にともなう電極コストの増加が問題となる。1970 年 代の MLCC は内部電極に高価なパラジウムや銀が使われており，積層 数の増加による高容量化はコスト的にも困難であった。この問題を解決 するため，Ni などの卑金属を内部電極にした MLCC の開発が望まれて いた。ニッケルを内部電極にした MLCC は，アメリカで開発からスタ ートし，1978～1979 年には数社が市場に製品を出すに至った。しかし ながら，絶縁劣化という致命的な故障を市場で多発させたことが原因 で，アメリカのメーカーは Ni 電極 MLCC の研究開発から完全に撤退し た。その後，日本で技術開発が進み，ある発見が契機となって Ni 電極 MLCC の実用化は加速した。図 6.20 に示すように，$[(\mathrm{Ba}_{1-x}\mathrm{M}_x)\mathrm{O}]_m\mathrm{TiO}_2$ で Ba の一部を Ca，Mg で置換し，さらに A/B 比を 1.003～1.030 の範 囲に調整した組成物は，還元雰囲気中で焼成しても還元されず，従来品 に匹敵する高い絶縁性と高誘電率をもつことが見いだされた。一部の Ca^{2+} と Mg^{2+} がペロブスカイト型構造の Ti^{4+} サイトに入ると，2 倍濃 度の酸素欠陥を生成する。自由電子を生じない内的要因による酸素欠陥 濃度の増加は，酸素空孔生成の平衡式が示すように，自由電子が発生す

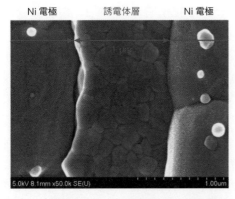

Ni 電極　　　誘電体層　　　Ni 電極

5.0kV 8.1mm x50.0k SE(U)　　　　　1.00um

図 6.19　高容量 MLCC の断面走査電子顕微鏡写真
［資料提供：村田製作所］

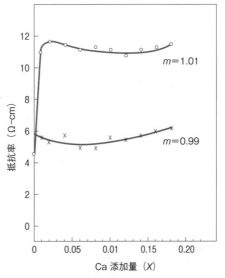

図 6.20　$[(Ba_{1-x}Ca_x)O]_mTiO_2$ の Ca 添加量と還元焼成後の抵抗率の関係

る外的要因（還元雰囲気焼成）での酸化物イオン離脱を抑制するため，$BaTiO_3$ は還元されず高い絶縁性を維持するのである。それまで誰も考えもしなかった Ca や Mg がわずかに Ba イオン過剰の下でアクセプターとして働くことを実証したことになる。この成果を基に，1979 年に村田製作所で，わが国で初となる Ni 電極積層コンデンサの量産が始まった。その後，基礎開発から商品化，市場での信用回復，量産拡大へと続き現在に至っている。

　MLCC の体積容量密度は，これまで年代とともに順調に増加してきたが，近年，飽和傾向が見られるようになってきた。この原因は，誘電率と信頼性を両立できないことによる。誘電体層の薄層化により原料の $BaTiO_3$ 粒子は微細化し，焼結体中の粒径も小さくなる。ここで問題となるのが，粒子径の減少にともない誘電率が低下する，サイズ効果と呼ばれる現象である。サイズ効果の原因は完全には解明されていないが，粒界応力による強誘電性の抑制効果に起因するという考えが最も確からしく，強誘電体である以上，避けることは難しいであろう。一方，MLCC の信頼性は，高温加速試験（HALT）における寿命により評価される。寿命の改善には，特定の希土類元素の添加が有効であることが知られている。

　現在の MLCC の誘電体部分は誘電率の温度安定性と HALT での長寿命を得るため，コア部とシェル部から構成されている〔図 6.21（a）太陽誘電（株）資料提供〕。コア部はほぼ純粋な $BaTiO_3$ であり，これをシ

(a)

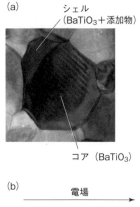

シェル
（BaTiO₃＋添加物）

コア（BaTiO₃）

(b)

電場

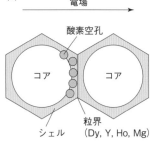

酸素空孔

コア　　コア

シェル　　粒界
（Dy, Y, Ho, Mg）

図 6.21　**MLCC 中 の BaTiO₃ に観察されるコア・シェル構造（a）と電場下での酸素空孔移動を抑制するシェルと粒界の働き（b）**

［（a）の資料提供：太陽誘電（株）］

ェル部が囲んだ構造をもつ。図 6.21（a）のコア部に観察される縞はドメイン壁で，MLCC 中の BaTiO₃ が強誘電性を維持していることを示している。BaTiO₃ への添加物はほぼすべてシェル部と粒界に偏析している。還元雰囲気で Ni 電極と共焼成しているため，誘電体層のとくにコア部には，多量の酸素空孔が生成している。MLCC に直流電場を印加し続けると，正に帯電した酸素空孔は負極側に移動し，電極界面に偏析して絶縁破壊を引き起こす。これが HALT における MLCC の寿命を決める。シェル部および粒界に Dy，Y，Ho などの希土類元素を偏析させることで，電界下での酸素空孔の移動を抑制することができ，寿命の改善が可能になる。このことは，十分な寿命を確保するには一定数以上の粒界が必要になることを意味している。しかしながら，粒界数の増加は必然的に粒子の微細化を招き，サイズ効果により誘電率は低下することとなる。したがって，いかに少ない粒界数で信頼性を確保するかが容量密度向上の課題となる。高容量 MLCC では，誘電率に劣るシェル部をなるべく薄くし，粒界のみで信頼性を確保する構造となっている。今後は粒界数の減少にともない信頼性確保が困難になるため，コア部の組成変成により酸素空孔の生成や移動を抑制するための検討が必要である。しかしながら，現在の技術の延長線上では，1005 チップサイズで 100 μF 程度が容量密度の限界と予想されており，BaTiO₃ の強誘電性ではなく，別の機構による高誘電率の発現が求められている。

------------- **章 末 問 題** -------------

6.1　電束密度（D），電場（E），分極（P）の関係を記し，分極とは何かを簡単に説明せよ。

6.2　大きさ 5 mm 角のアルミナセラミックス（比誘電率 10）の対抗する二つの面に電極を塗布し 100 V の電圧を印加した。このとき，電極間の 1）電界，2）電束密度，3）分極を求めよ。

6.3　デバイ型誘電緩和と共鳴型誘電緩和について，表計算ソフトを用いて複素誘電率の周波数依存性を計算せよ。なお，計算に必要なパラメータは任意に決めてよい。

6.4　圧電体，焦電体，強誘電体の類似点，相違点について説明せよ。

6.5　チタン酸バリウムの誘電率がキュリー温度で鋭く上昇する原因をイオンポテンシャルの観点で考察せよ。

6.6　MLCC の誘電体厚みを 0.4 μm，電極厚みを 0.4 μm とするとき，長さ 1 mm，幅 0.5 mm，高さ 0.5 mm のチップで静電容量 20 μF を得るために必要となる誘電体の比誘電率を求めよ。

第7章 イオン伝導体とエネルギー材料

■ この章の目標 ■

　電子の移動のしやすさから固体は金属，半導体，絶縁体の三つに分けられる。その中では絶縁体に分類されるが，電気的な伝導の観点ではイオンが移動することにより良導体の範疇に入るユニークな材料があり，イオン伝導性固体，または，固体電解質という。本章では，この特徴ある材料の基礎から応用まで幅広く学ぶ。

　私たちのまわりにはさまざまなイオン性化合物がある。最も良く知られているのは，電解質であり，水に溶けるとイオンとなる。たとえば，食塩は電気を通さないが，水に溶けると電気が流れる。これは，水に溶けることにより，陽イオン（カチオン）と陰イオン（アニオン）にイオン化し，水の中をそれぞれのイオンが流れるからである。一方，固体の場合はどうであろうか？　固体は電子の流れやすさから大きく図7.1に示すような金属，半導体，絶縁体の三つに分けられる。金属中では自由電子が動くことにより電気が流れる。半導体では，価電子帯の一部の電子が伝導帯に励起されることでできるホール（h^+）または電子（e^-）が

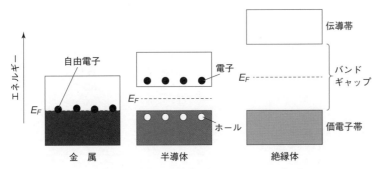

図7.1　金属，半導体，および絶縁体のエネルギーバンド図
（E_F：フェルミエネルギー）

流れることにより電気が流れる。一方，絶縁体では価電子帯と伝導帯の間（バンドギャップ）が大きすぎて電子が励起できないので，ほとんど電子やホールが動かない。

　ところで，電子の移動のしやすさによる三つの区分では絶縁体に分類されるが，電気が良く流れる特異な固体がある。これを，イオン伝導性固体（イオン伝導体），または固体電解質と呼ぶ。代表的なイオン伝導性固体を表7.1に示す。イオン伝導性固体では，イオンが動くことによって電気が流れ，電子はほとんど流れない。この特異な性質を使い，イ

表7.1　代表的なイオン伝導性固体

伝導イオン		イオン伝導性固体	イオン伝導度 $(S \cdot cm^{-1})$	
陽イオン	H^+	$H_3(PMo_{12}O_{40}) \cdot 29H_2O$	2×10^{-2}	$(25\,℃)$
		$BaCe_{0.8}Y_{0.2}O_{3-\delta}$	2×10^{-2}	$(600\,℃)$
		$CsHSO_4$	4×10^{-2}	$(200\,℃)$
	Li^+	Li_3N	1.2×10^{-3}	$(25\,℃)$
		$Li_{14}Zn(GeO_4)_4$（リシコン）	1.3×10^{-1}	$(300\,℃)$
		$Li_{3.6}Si_{0.6}P_{0.4}O_4$（非晶質）	5×10^{-5}	$(25\,℃)$
		$Li_3Al_{0.3}Ti_{1.7}(PO_4)_3$	6×10^{-2}	$(500\,℃)$
		$Li_{3x}La_{(2/3)-x}TiO_3$	1×10^{-3}	（室温）
		$Li_6La_2SrTa_2O_{12}$	8.8×10^{-6}	$(22\,℃)$
		$Li_7La_3Zr_2O_{12}$	3.0×10^{-4}	（室温）
		Li_3PS_4（非晶質）	2.0×10^{-4}	（室温）
		$Li_{10}GeP_2S_{11}$	1.2×10^{-2}	（室温）
	Na^+	$Na_2O \cdot 11Al_2O_3$（β-アルミナ）	1.3×10^{-1}	$(300\,℃)$
		$Na_2O \cdot 5.33Al_2O_3$（β"-アルミナ）	2.5×10^{-1}	$(300\,℃)$
		$Na_{1+x}Zr_2P_{3-x}Si_xO_{12}(0<x<3)$（ナシコン）	3×10^{-1}	$(300\,℃)$
		立方晶 Na_3PS_4	2×10^{-4}	（室温）
	K^+	$K_xMg_{x/2}Ti_{8-x/2}O_{16}(x=1.6)$（プリデライト）	1.8×10^{-2}	$(300\,℃)$
	Cu^+	$Rb_4Cu_{16}I_7Cl_{13}$	3.4×10^{-1}	$(25\,℃)$
		$Rb_3Cu_7Cl_{10}$	3×10^{-3}	$(25\,℃)$
	Ag^+	$\alpha-AgI$	2×10^0	$(200\,℃)$
		$RbAg_4I_5$	2.7×10^{-1}	$(25\,℃)$
		$AgI-Ag_2WO_4$（非晶質）	3.6×10^{-2}	$(25\,℃)$
	Mg^{2+}	$Mg_{0.7}(Zr_{0.85}Nb_{0.15})(PO_4)_6$	7.7×10^{-4}	$(600\,℃)$
	Al^{3+}	$(Al_{0.2}Zr_{0.8})_{4/3.8}Nb(PO_4)_3$	4.5×10^{-4}	$(600\,℃)$
	Zr^{4+}	$Zr_{3.9/4}TaP_{2.9}W_{0.1}O_{12}$	4.7×10^{-4}	$(600\,℃)$
	Ti^{4+}	$Ti(Nb_{0.8}W_{0.2})_{5/5.2}(PO_4)_3$	1.0×10^{-4}	$(600\,℃)$
陰イオン	F^-	CaF_2	3×10^{-6}	$(300\,℃)$
		LaF_3	3×10^{-6}	$(25\,℃)$
		$(CeF_3)_{0.95}(CaF_2)_{0.05}$	1×10^{-2}	$(200\,℃)$
	Cl^-	$SnCl_2$	2×10^{-2}	$(200\,℃)$
		$La_{0.8}Ca_{0.2}OCl_{0.8}$	1.9×10^{-2}	$(800\,℃)$
	O^{2-}	$La_{0.8}Sr_{0.2}Ga_{0.8}Mg_{0.15}Co_{0.05}O_3$	3×10^{-1}	$(800\,℃)$
		$(ZrO_2)_{0.85}(CaO)_{0.15}$（Ca-安定化ジルコニア）	2×10^{-3}	$(800\,℃)$
		$(ZrO_2)_{0.91}(Y_2O_3)_{0.09}$（Y-安定化ジルコニア）	2×10^{-2}	$(800\,℃)$
		$(CeO_2)_{0.80}(Gd_2O_3)_{0.20}$	1.5×10^{-1}	$(800\,℃)$
		$(Bi_2O_3)_{0.75}(Y_2O_3)_{0.25}$	3×10^{-1}	$(800\,℃)$

オン伝導性固体はこれまでに，心臓のペースメーカー用の電池（p. 117
参照），車の空燃比を制御するための酸素センサ（p.114，p. 118 参照）
などにも実用化されている。

　イオンとともに電子も伝導する固体を固体電解質の範疇に入れる例
（広義での固体電解質）も見られるが，ここでは純粋なイオンのみが伝
導するイオン伝導性固体〔固体電解質（純粋な狭義）〕を中心に紹介す
る。

7.1　イオンの動きやすさ

　一般式 $A^{n+}X^{n-}$ で表される固体があるとする。もし，イオン伝導性固
体であるならば，A^{n+} が動く場合と X^{n-} が動く場合が考えられる。A^{n+}
が動く場合は X^{n-} は動けない。なぜなら，X^{n-} も動けば，それは流動性
をもつ液体状態であることを意味し，もはや固体とはいえない。一方，
X^{n-} が動く場合も同様にその場合は A^{n+} は動けない。イオンの動きやす
さの点では常温でも動けるイオンもあれば，高温まで温度を上げないと
動かないイオンもある。

　いま，A^{n+} イオンが動き，X^{n-} イオンが動かないとする。A^{n+} イオン
は，隣の格子点が空であれば，図7.2 のようにエネルギーの壁を越えて
移動しようとする。この壁の高さが移動の活性化エネルギーであり，室
温でも動けるイオンの場合，図7.2（a）のようにこの壁は比較的低い。
そのため，室温付近の温度でも壁を越えて隣の位置に移動できる。一
方，この壁が高い場合〔図7.2（b）〕，温度を上げていくとイオンの振動
が盛んになり，ある温度を超えることで隣の空の格子点に移動できる。
すなわち，壁が高いと，越えるには高温が必要となる。

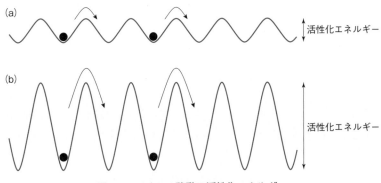

図7.2　イオンの移動の活性化エネルギー
（●：A^{n+} イオン）

7.1.1 イオン伝導性固体となる構造

固体内をイオンが伝導する構造としては以下の大きな特長がある。

(1) 多くの空格子点をもつもの

(2) トンネル（一次元），層状（二次元），あるいは網目（三次元）構造をとるもの

(3) いわゆる平均構造をとるもの

また，必ずではないが，イオンが伝導しやすくなる構造としては，(4) 非晶質（ガラス[*1]）となるものがあげられる。さらに，構成元素にないプロトン（H^+）を水素や水蒸気から取り込むことで伝導種とする(5) プロトン伝導体もある。

(1) 多くの空格子点をもつもの

代表的な例としては安定化ジルコニアがある。酸化ジルコニウム（ジルコニア[*2]）（ZrO_2）は室温では単斜晶系をとるが，1,170 ℃付近で正方晶系に相転移を起こし，さらに 2,400 ℃付近では立方晶系へ相転移する。最も高温の相の立方晶系は蛍石型構造をとり，酸化物イオン伝導性を示すが，ZrO_2 は室温では蛍石型構造を保てない。つまり，ここでいう「安定化」は，高温相を室温でも安定にとれるようにしていることを意味している。蛍石型構造の ZrO_2 において，酸化物イオン（O^{2-}）はジルコニウムイオン（Zr^{4+}）に対して正六面体の八配位をとるが，蛍石型構造における八配位の理想的な構成イオン半径比（陽イオンと陰イオンとの半径比[*3]）は 0.732 であるのに対し，ZrO_2 における同イオン半径比（0.586）は大きく異なるため，蛍石型構造を室温まで保つことができない。そこで，Zr^{4+} よりもイオンサイズの大きなイットリウムイオン（Y^{3+}）やカルシウムイオン（Ca^{2+}）を置換固溶させることにより，理想的なイオン半径比に近づくため，蛍石型構造を安定化することができる。置換するイオンの価数が Y^{3+} や Ca^{2+} のように Zr^{4+} と比べて低い場合，電気的中性条件を保つために次式のように酸化物イオン欠陥を生じる。

$$(1 - x)ZrO_2 + xCaO \rightarrow Zr_{1-x}Ca_xO_{2-x} + x\square_O^{2-}$$

ここで，$\square_O^{2-}$ は酸化物イオン欠陥を示す。この酸化物イオン欠陥は図7.3の空の格子点に相当し，この数が多くなれば酸化物イオンは移動しやすくなる。

したがって，高い酸化物イオン伝導性を示す安定化ジルコニアを得るには，置換するイオンサイズが Zr^{4+} イオンよりも大きいこと，さらに

*1 非晶質（amorphous）とは構造上原子配列が不規則であるものを指し，非晶質の中でもガラス転移を示す固体物質をガラスと呼ぶ。

*2 ジルコニア（Zirconia）とは酸化ジルコニウムのことであり，Zirconium の Zirco- に -nia をつけて Zr の酸化物を意味している。したがって，アルミナ，イットリア，カルシアはそれぞれ，酸化アルミニウム，酸化イットリウム，酸化カルシウムを意味する。

*3 特定の結晶構造が安定に保持できるかを評価するため，このような歪みファクターを用いる。すなわち，構造を安定に保持できるファクターの領域があり，この領域より大きすぎても小さすぎても，構造内に大きい歪みが発生するために，その結晶構造はもはや保持できない。

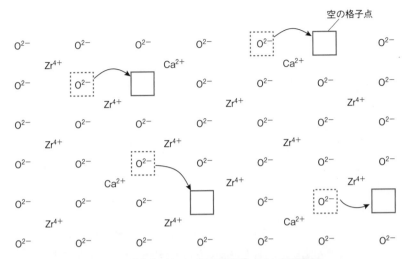

図7.3　安定化ジルコニアの酸化物イオン伝導機構

は，置換するイオンの価数が Zr^{4+} と比べ低いことが求められる。なお，ZrO_2 は正方晶から単斜晶への相転移の際に約4%の体積変化を生じ，焼結体にひび割れを生じるため，安定化しない限り実用に供することができない。

(2) トンネル（一次元），層状（二次元），あるいは網目（三次元）構造をとるもの

イオンは電子と比べて，けた違いにかさ高く，イオンが巨視的に移動するためにはそのサイズにあった移動経路（通路）をもっていることが必要となる。たとえば，移動経路が一次元的に繋がっている場合，イオンはその一次元のトンネル内を移動できる。一方，伝導経路が二次元的に広がっている場合は，その二次元平面を移動しやすくなる。さらに，この伝導経路が三次元的に広がっている場合は，その三次元空間を移動できる。もちろんさまざまな要因により例外はあるが，イオンが移動しやすい構造としては三次元＞二次元＞一次元の順となる。では，具体的にそれらの例をみてみよう。

●一次元構造をとるもの

一次元の伝導経路をもつものに，ホランダイト型構造（一般式：$A_x M_8 O_{16}$）をとるプリデライトがある。これは，図7.4のように，MO_6 八面体が一次元的に繋がったトンネルを形成するため，A イオンはトンネル内を容易に移動することができる。

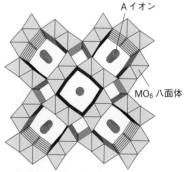

図7.4　プリデライトの結晶構造

＊4　アルミナはさまざま相を
とる。融点直下の高温相は α 相
（三方晶系）であり，室温では γ
相（立方晶系）をとる。もとも
と，β-アルミナはアルミナの別
の相と勘違いされていたため，
β-アルミナと表記しているが，
Na⁺ イオンが構成イオンとし
て存在しており，アルミナ（酸
化アルミニウム）ではない。

＊5　Na⁺ の最安定位置は，
Beevers と Ross によって報告さ
れたため，BR（Beevers-Ross）
位置と呼ばれる。これにより，
それ以前考えられていた位置は
aBR（anti-Beevers-Ross）位置
と呼ばれるようになった。

●二次元構造をとるもの

β-アルミナ[*4] と呼ばれるイオン伝導性固体がある〔図7.5 (a)〕。この組成式は $Na_2O \cdot 11Al_2O_3$ で表され，スピネル層である $Al_{11}O_{16}$ ブロックが Na_2O 層を挟み込んだ構造をとる。Na_2O 層は2種類のイオンから構成されており，イオンサイズは Na^+ と比べて O^{2-} の方が大きい。したがって $Al_{11}O_{16}$ ブロックで挟まった空間では，O^{2-} イオンはこの空間の柱の役割となり，柱で支えられたスピネル2層間に自由に動ける Na^+ イオンが存在することになるため，Na^+ イオンはこの層間の平面を比較的自由に動くことができる。Na^+ イオンが占めるサイト（位置）は BR（Beevers-Ross）位置[*5]，aBR（anti-Beevers-Ross）位置，mO（mid-oxygen）位置がある〔図7.5 (b)〕。これらの中では BR 位置が最も安定であり，占有率が高いが，温度が高くなるとほとんど均一に存在するようになる。この状態では，3種の位置を平均して占有することとなり，平均構造にもなっている。

この β-アルミナは層状構造をもっているので，スピネルブロックの間に位置する陽イオンである Na^+ イオンはほかの陽イオンと容易に置換でき，置換されたイオンが伝導する新しい固体電解質をつくることができる。通常は置換させるイオンを含有する溶融塩に β-アルミナを浸漬させることにより，Na^+ イオンとイオン交換させる。このイオン交換により大部分の Na^+ イオンは交換（置換）されるが，微量の Na^+ イオンは残留している。したがって，イオン交換では 100% の交換はできない。Li^+ イオンを含むさまざまなアルカリ金属イオンでイオン交換した β-アルミナの導電率を比較すると，Na^+-β-アルミナの導電率が最も高い。これらのイオン移動の活性化エネルギーの変化を調べると図7.6のようになり，活性化エネルギーの大小が導電率の大小を決める大きな要因であることがわかる。K^+ イオンより大きなイオンの場合は層間に位置する可動イオンにとって窮屈な状態で存在するため，導電率が下がる。一方，Li^+ イオンの場合はイオンサイズが小さいため，層間中央に存在できず，いずれかのスピネル層に近づいているため，導電率が減少する。

また，β-アルミナと類似の固体電解質として，β''-アルミナがある。この一般式は $Na_2O \cdot 5.33 Al_2O_3$ であり，Na^+ イオンの含有量が多いために β-アルミナより導電率が高い。この β''-相は準安定相であるので，実際には Mg^{2+} イオンを加え，安定化している。

(a)

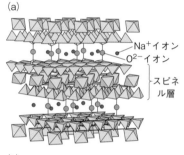

(b)

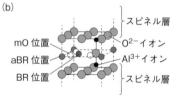

図7.5　**β-アルミナの結晶構造 (a)，β-アルミナのスピネル2層間における Na^+ イオンの位置モデル (b)**

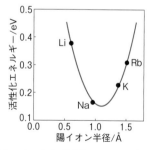

図7.6　**さまざまなアルカリ金属イオンでイオン交換した β-アルミナのイオン移動の活性化エネルギー変化**

●三次元構造をとるもの

NASICON[*6]は，ZrO$_6$八面体，PO$_4$四面体，SiO$_4$四面体の頂点酸化物イオンを共有して三次元的ネットワークを構成することにより，1価のNa$^+$イオンが移動しやすい隙間を構造中に多くもつ構造となっている（図7.7）。これは，J. B. Goodenoughらにより人工的に設計されたイオン伝導性固体であり，tailored固体電解質の代表でもある。意図どおり設計のうえ創られた三次元の網目構造中をNa$^+$イオンは自由に動き回ることができる。

(3) 平均構造をとるもの

平均構造をとることで有名な固体電解質に，ヨウ化銀（α-AgI）がある。AgIは，室温ではβ相（六方晶系）およびγ相（立方晶系）をとるが，約145℃で高温相であるα相（立方晶系）に相転移する。この立方晶のα相への転移を境にして，そのAg$^+$イオン伝導性が急激に3桁以上も上昇し，その伝導性は電解質溶液である塩酸（1 M HCl水溶液）をも上回る（図7.8）。α-AgIは図7.9に示すように立方晶であるので，正六面体（立方体）構造をとり，I$^-$イオンは正六面体中央部を占めるとともに，その頂点もこのイオンサイズの大きなI$^-$イオンが占め，体心立方格子をつくっている。一方，Ag$^+$イオンはこれら9個のI$^-$イオンの隙間に配置される。その位置は結晶学的には3種に分類され，それぞれ$6b$[*7]，$12d$[*7]，$24h$[*7]と呼ばれる。Ag$^+$イオンが占めることができるサイト（位置）は，単位格子中では合計42個存在する。AgIなので，Ag：I = 1：1，I$^-$イオンは合計2個であり，42サイトのうち，Ag$^+$イオンが占めるのは2サイトのみで，残りの40サイトは空のサイトとなる。この状態はきわめて多くの空サイトが存在する格子欠陥を意味しており，構造的欠陥と見ることができる。ここでは，I$^-$イオンは固定されているが，2個のAg$^+$イオンが42個のサイトを自由に動くことができる，つまり，半溶融状態的な状況下にあり，高いAg$^+$イオン伝導性をもつこととなる。

α-AgIのような平均構造を室温でも実現するため，AgIにRb$^+$をさらに加えたRbAg$_4$I$_5$がつくられた。その導電率（図7.8）は同じ温度域の塩酸に匹敵するほどの高いAg$^+$イオン導電率を示す。

ほかに平均構造をとる材料としては，酸化ビスマス（Bi$_2$O$_3$）があげられる。これは，730℃で低温相（単斜晶系）α相から，高温相（立方晶系）のσ相に相転移する。この高温相は蛍石型構造の陰イオンの1/4が空孔となっている特異な構造をとり，陰イオンである酸化物イオンが

* 6　Na$^+$ Super Ionic CONductor の略。同様にしてLISICON（Li$^+$ Super Ionic CONductor）も設計され，高いLi$^+$イオン伝導性も得られている。

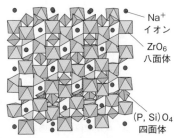

図7.7　NASICONの結晶構造

右上ラベル：Na$^+$イオン／ZrO$_6$八面体／(P, Si)O$_4$四面体

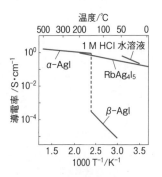

図7.8　α-およびβ-AgI，RbAg$_4$I$_5$のイオン導電率の温度依存性

（比較のために1 M HCl水溶液のデータも記載。）

* 7　単位格子中の同価位置の数とWyckoff位置を繋げ，このように表す。同価位置とは，単位格子中に存在できるサイトの数であり，Wyckoff位置とは空間群ごとに対称性が高い順に a, b, c, …と名付けられた座標を示す。詳細は結晶学の本〔中井泉，泉富士夫 編集，『粉末X線解析の実際 第2版』，朝倉書店（2009）〕を参照のこと。

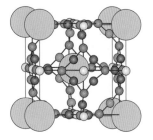

○ Ag⁺イオン(6b)
● Ag⁺イオン(12d)
● Ag⁺イオン(24h)

○ I⁻イオン

図7.9　α-AgI の結晶構造

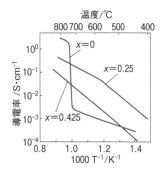

図7.10　(Bi₂O₃)₁₋ₓ(Y₂O₃)ₓ の導電率の温度依存性

容易に移動できるようになる。この高温相である相は Bi_2O_3 に酸化イットリウム（Y_2O_3）や酸化ガドリニウム（Gd_2O_3）などを固溶させることにより，室温まで安定化することができる（図7.10）。このように優れた酸化物イオン伝導性をもっているが，還元されやすいといった致命的な欠点がある。したがって，電池などの固体電解質には適用できない。

(4) 非晶質となるもの

ニオブ酸リチウム（$LiNbO_3$）の結晶質，たとえば，単結晶体はほとんど導電性を示さない。しかし，$LiNbO_3$ をガラス化すると，その Li^+ イオン伝導性が十数桁も飛躍的に向上する。ガラス化することにより原子配列が不規則となり，ほとんど Li^+ イオンが伝導できない結晶構造を壊すことで隙間の大きい部分も生じ，そこを介して伝導できるようになる。つまり，もともとイオン伝導に適さない結晶構造はガラス化する（壊す）ことによりイオンが伝導できる経路が強制的につくられ，選択的にそこを経由して移動できるため，イオン伝導性が向上する。

(5) プロトン伝導体

構成元素でないイオンが伝導する，変わりもののイオン伝導性固体（ある意味広義での固体電解質）として，プロトン（H^+）伝導体がある。たとえば，ペロブスカイト型構造のセリウム酸バリウム（$BaCeO_3$）に3価イオン（M^{3+}）を添加した $BaCe_{1-x}M_xO_{3-\delta}$ の化合物があげられる。この化合物の構成イオンに H^+ はないが，H^+ 源になる水素や水蒸気が存在すると，$BaCe_{1-x}M_xO_{3-\delta}$ の中に存在しているホール（h^+）と結合することにより，構造中に H^+ イオンが生じ，H^+ イオン伝導を示す固体電解質となる。具体的には，$BaCeO_3$ の4価のセリウムイオンサイトに3価などの低価数のイオンで置換することにより，酸化物イオン欠陥（$\square_O^{2-}$）ができるが，これはホールと平衡状態にある。

$$\frac{1}{2}O_2 + \square_O^{2-} \rightleftharpoons O^{2-} + 2h^+$$

このホールがプロトン生成の重要な役割を果たす。水素が存在する場合は式（7.1），水蒸気が存在する場合は式（7.2）の式に従いプロトンが生成する。

$$H_2(g) + 2h^+ \longrightarrow 2H^+ \tag{7.1}$$

$$H_2O(g) + 2h^+ \longrightarrow 2H^+ + \frac{1}{2}O_2 \tag{7.2}$$

7.1.2 イオン伝導性固体のイオン輸率の測定方法

イオン伝導性固体（固体電解質）の特性を知るうえで重要な因子がイオン輸率[*8]である。固体電解質を評価するうえで必ず必要となる。代表的なイオン輸率の測定方法としては，以下の三つの方法がある。

＊8　イオン輸率とは，全導電率中のイオン伝導が占める割合のこと。

①起電力（濃淡電池）法

固体電解質を隔壁にした濃淡電池を作製し，両端のガス濃度差から固体電解質のイオン輸率を求める方法である。プロトン伝導体の場合，水素ガス濃淡電池を作製すると，濃度の高い方では $H_2 \rightarrow 2H^+ + 2e^-$ が生じる駆動力が，濃度の低い方では $2H^+ + 2e^- \rightarrow H_2'$ を生じる駆動力が生じる。この際，ネルンスト式より濃淡電池の起電力 E は

$$E = \frac{RT}{2F} \ln \frac{P_{H_2}}{P_{H_2}'}$$

（R：気体定数，T：作動温度（絶対温度），F：ファラデー定数，P_{H_2}：高濃度側の水素分圧，P_{H_2}'：低濃度側の水素分圧）
と定義される。もし，プロトン伝導体のイオン輸率が1より低く，A の場合，生じる起電力は $A \times E$ となる。輸率を求めたいプロトン伝導体の上記濃淡電池の起電力を E' とすると

$$A = \frac{E'}{E}$$

となり，濃淡電池の起電力を測定するだけで求めたいイオン輸率（A）が得られる。

② Tubandt 法

この手法は Tubandt らによって輸率の測定に広く用いられた。Tubandt 法の模式図を図7.11に示す。AgI のペレットを3個重ねて陰極側に Pt 電極を，また，陽極側に可逆電極である Ag 電極を用いる。ここに通電することにより，陰極側の AgI（Ⅲ）と Pt 電極の間では，

$$Ag^+ + e^- \longrightarrow Ag \tag{7.3}$$

陽極側の Ag 電極の間では，

$$Ag \longrightarrow Ag^+ + e^- \tag{7.4}$$

が生じる。$0.01F$ クーロン（F：ファラデー定数）を通電し，そのすべ

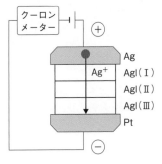

図7.11　Tubandt 法の模式図

てが上記式（7.3）および（7.4）の反応に使われるとすると，Ag$^+$ の移動先である AgI（Ⅲ）ペレットでは 1.08 g の増量，一方，Ag 電極では 1.08 g の減量となる。もし，イオン輸率が 1 以下の場合，実測の増量または減量分（g）と，1.08 g の割合から輸率を求めることができる。

③分極法

可逆電極として Ag を用いて AgI を固体電解質として挟んで電圧をかける。もし，AgI がイオン輸率 1 の純粋なイオン伝導体であるならば，初期状態から減少することなく一定の電流値を保持する。また，純粋なイオン伝導体でなく，Ag$^+$ イオンと電子がともに移動できる場合も同じとなる。一方，Ag に代えて不可逆電極（イオンブロッキング電極）となる Pt を用いた場合は，純粋な Ag$^+$ イオン伝導体であるならば，電圧印加により電流値は急激に大きく減少し，電流は流れなくなる。一方，Ag$^+$ イオンと電子がともに移動できる場合は，電圧印加により電流値は Ag$^+$ イオンの移動により，初めは流れるがすぐに減少し，あるところで一定の電流となる。この残留電流は電子伝導に起因している。つまり，可動イオンの金属を可逆電極として用いて分極しないことがわかり，不可逆電極を用いて *X* 減少した場合，イオン輸率は *X* となる。

7.2　イオン伝導性固体の応用

イオンが電荷担体となるイオン伝導性固体（固体電解質）は，電荷の移動と同時に物質（イオン）も移動するため，電荷（電子）のみが移動する電子伝導材料とは異なるさまざまな応用例がある。とくに，通常 1 種類のイオンのみが移動するという特異な性質を利用した二次電池，燃料電池，化学センサへの応用研究が活発に行われている。ここでは，これらの固体電解質の代表的な応用例を記述する。

(1) 酸素センサ

固体電解質を用いた化学センサの代表例として，ガスセンサがある。最も有名なガスセンサとしては，自動車等の排気ガス中の酸素濃度を計測し，エンジンの空燃比制御を助けるために利用されている，前述の安定化ジルコニアを用いた酸素センサがある。図 7.12 に排ガス中の酸素濃度を計測するジルコニア酸素センサの基本構成図を示す。このセンサの原理はガス濃淡電池であり，安定化ジルコニア（酸化物イオン伝導体）の両端の酸素分圧に差が生じると，それに応じた電位差が発生すること

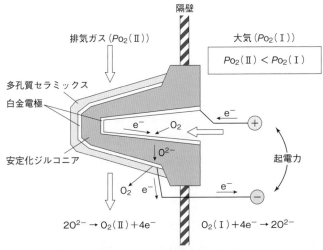

図 7.12　ジルコニア酸素センサの基本構成図

を用いている。高酸素分圧側（大気）では式（7.5）により酸化物イオンが生成し，安定化ジルコニア中を酸化物イオンが低酸素分圧側（排ガス）に移動した後，低酸素分圧側で式（7.6）により酸素となる駆動力が生じる。このとき，安定化ジルコニア中には両端の酸素分圧差に応じた酸化物イオン伝導を起こす駆動力が発生し，両端を電圧計に接続することで，この駆動力は電位差として計測できる。なお，この電位差は式（7.5）および（7.6）から導き出されるネルンスト式（7.7）で表すことができる。

$$\text{高酸素分圧（大気）側：}\quad O_2(\text{I}) + 4e^- \longrightarrow 2O^{2-} \tag{7.5}$$

$$\text{低酸素分圧（排ガス）側：} 2O^{2-} \longrightarrow O_2(\text{II}) + 4e^- \tag{7.6}$$

$$\text{ネルンスト式：}\qquad E = \frac{RT}{4F} \ln \frac{P_{O_2(\text{I})}}{P_{O_2(\text{II})}} \tag{7.7}$$

ここで，大気側の酸素分圧はほとんど変動がないため一定とすると，気体定数 R，センサの作動温度（絶対温度 T），ファラデー定数 F は定数であるため，センサ起電力値から排ガス中（低酸素分圧側）の酸素分圧 $P_{O_2}(\text{II})$ が見積もられる。

　安定化ジルコニアが現在，酸素センサとして広く用いられている理由は，第一にその正確性があげられる。これは，安定化ジルコニア中の酸化物イオン輸率がほぼ 1 であるため，上述のように両端の電位差が厳密にネルンスト式で表現できるためである。また，安定化ジルコニアは熱安定性にも優れ，機械強度も高いことから，温度変化の激しい環境または高温中でも安定であり，長期の信頼性が必要とされる環境で利用でき

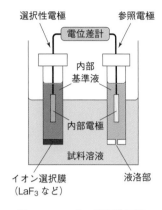

選択性電極　　　参照電極

電位差計

内部
基準液

内部電極

試料溶液

イオン選択膜　　　液洛部
（LaF$_3$ など）

**図7.13　イオン選択性電極
　　　装置の基本構成図**

ることもあげられる。そのため，同様の原理により，溶鉱炉中の酸素濃度を計測する際にも利用されている。

(2) イオン電極

　イオン電極（イオン選択性電極）（ion selective electrode；ISE）とは，溶液中の特定イオンに応答する電極のことであり，特定イオンの濃度に対応した電極電位を発生する。イオン電極と呼ばれてはいるが，実際にはイオン選択性電極，参照電極，内部基準液から構成される。その原理は，先の酸素センサと同様，イオン伝導体を用いた濃淡電池である。たとえば図7.13のように，フッ化物イオン伝導体であるLaF$_3$（またはこれにSrF$_2$やEuF$_2$を固溶させたもの）は水に難溶であるので，イオン選択性電極のイオン選択膜にLaF$_3$を用いてフッ化物イオンを含む水溶液中に浸漬させると，内部基準液中のフッ化物イオン濃度（活量：activity）と溶液中のフッ化物イオン濃度（活量）との差により，ネルンスト式に従う電位が内部電極に発生する。この電位には電極自身が標準状態でもつ電位とフッ化物イオンの濃度差によって変化する電位が含まれるため，イオン選択性電極の電位と参照電極（感能膜をもたない）電位との差をとることにより，フッ化物イオンの濃度差によって変化する電位のみを知ることができる。つまり，得られた電位差と内部基準液中のフッ化物イオン濃度から，溶液中のフッ化物イオン濃度を正確に計測できることになる。しかし，実際にはOH$^-$イオンが妨害イオンとなることがあるため，適用できる範囲には限界がある。

(3) ナトリウム―硫黄（NAS）電池

　最も重要な固体電解質の一つにナトリウムイオン（Na$^+$）が伝導するβ-アルミナがあるが，β-アルミナはナトリウム―硫黄電池の電解質として利用されている。この電池は，負極にナトリウム（Na），正極に硫黄（S），両電極の隔壁にβ-アルミナを用いた二次電池（図7.14）である。NaとSはともに300～350℃に加熱すると溶融状態となり，活性の高い活物質となる。このような構成では，放電時は，Naが電子を放出してNa$^+$イオンとなり（式7.8）固体電解質であるβ-アルミナを通過して正極に移動する。一方，正極側ではSが外部回路からの電子およびβ-アルミナを通過してきたNa$^+$イオンと反応し，Na$_2$S$_x$が生成する（式7.9）。充電時では，外部からの電力供給により放電と逆の反応が生じ，負極ではナトリウム金属の再生が，正極ではNa$_2$S$_x$の分解による硫黄の再生が起こるため，ナトリウム―硫黄（NAS）電池は充電可能な二次電

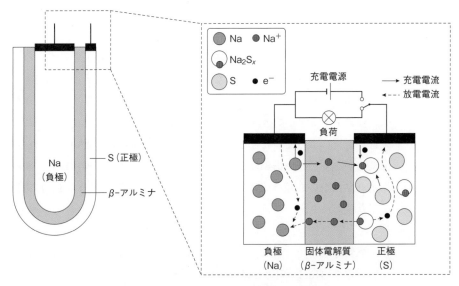

図7.14　**ナトリウム—硫黄電池の概略図**

池となる。なお，起電力は約 2 V であり，鉛蓄電池の 2 ～ 3 倍の高いエ
ネルギー密度をもつ。

$$（負極）\ Na \longrightarrow Na^+ + e^- \tag{7.8}$$

$$（正極）\ Na^+ + \frac{x}{2}S + e^- \longrightarrow \frac{1}{2}Na_2S_x \tag{7.9}$$

開発当初は，材料の耐久性や量産技術の確立に課題があったが，現在
ではこれらの課題が克服されつつあり，長時間（耐用年数 15 年）運転
が可能な蓄電池として普及しつつある。

β-アルミナを用いたナトリウム—硫黄電池の欠点は，正極および負極
の活性を上げるため，さらに β-アルミナ中を Na^+ イオンが伝導できる
ようにするために，高い温度が必要な点である。そのため，最近では低
温でも高いイオン伝導性を示す Na^+ イオン伝導性固体の開発を中心と
して，ナトリウム—硫黄電池の低温作動化も試みられている。

(4) 心臓ペースメーカー用電池

初期の心臓ペースメーカーに用いられていた電池は，水銀電池と呼ば
れるものであったが，自己放電が高く，2 ～ 3 年で使用できなくなる問
題があった。そのような中，1968 年，負極に Li 金属を，正極にヨウ素
(I_2) を用いた Li-I_2 電池がアメリカの Catalyst Research 社によって発
明された。この電池の特徴は，負極の活物質に Li を，正極にポリ-2-

ビニルピリジン・nI_2 錯体を用いており，ヨウ素がリチウムに触れると，その界面には自発的に LiI の固体電解質薄膜が生成することである。放電するにつれて LiI 層の厚みが増すことで内部抵抗が増大するという問題もあるが，大電流を必要としないペースメーカーのような用途であれば，実用上の問題にはならない。そのような欠点よりも，この電池では，仮に LiI に穴が開き，正極と負極がショートしたとしても，そこに流れる電流によって新たな LiI が生成し，穴が塞がれるといった自己修復機能があり，高い信頼性を実現している。このような理由から，誤動作が許されない心臓ペースメーカー用の電池は水銀電池から Li-I_2 電池に置き換わった。

(5) 燃料電池

　燃料電池（fuel cell）とは，電気化学反応によって燃料の化学エネルギーを電気エネルギーとして取り出す電池のことであり，燃料，電解質材料によってさまざまなタイプの燃料電池（表7.2）が考案・開発されている。

　燃料電池の原理はこのとおりである。燃料から発生したイオンが固体電解質中を移動し，反対側の極で気体（水素や酸素など）と反応する。その際に両極間に生じる電位差を電圧として取り出す。そのため，上述の安定化ジルコニアを用いた酸素センサと似た原理に基づく電池であるが，酸素センサではほとんど電流が流れないのに対し，燃料電池では電流が流れることになる。

　そもそも燃料電池の起源は，その原理が 1801 年にイギリスの Sir Humphry Davy により提唱され，1839 年にイギリスの William Robert Grove が行った，希硫酸に二つの白金電極を浸し，両電極を電気的に接続した実験に遡る。この条件では，一つの電極に水素が，もう一つの電極に酸素ガスが発生し，約 1 V の電位が観測された。その後，約 100 年

表7.2　代表的な燃料電池のタイプと特徴

種類	リン酸型 （PAFC）	溶融炭酸塩型 （MCFC）	固体酸化物型 （SOFC）	固体高分子型 （PEFC）
電解質材料	プロトン伝導性リン酸塩（H^+）	溶融炭酸塩（CO_3^{2-}）	酸化物イオン伝導体（O^{2-}）	イオン交換膜（H^+）
燃料極での反応	$H_2 \rightarrow 2H^+ + 2e^-$	$H_2 + CO_3^{2-} \rightarrow$ 　$H_2O + CO_2 + 2e^-$	$H_2 + O^{2-} \rightarrow H_2O + 2e^-$	$H_2 \rightarrow 2H^+ + 2e^-$
空気極での反応	$\frac{1}{2}O_2 + 2H^+ + 2e^- \rightarrow H_2O$	$\frac{1}{2}O_2 + CO_2 + 2e^-$ 　$\rightarrow CO_3^{2-}$	$\frac{1}{2}O_2 + 2e^- \rightarrow O^{2-}$	$\frac{1}{2}O_2 + 2H^+ + 2e^-$ 　$\rightarrow H_2O$
触媒の有無	Pt 系	不要	不要	Pt 系
使用温度	200 ℃付近	600〜700 ℃	600〜1,000 ℃	100 ℃付近

間は忘れ去られていたが，アメリカのゼネラル・エレクトリック社が改良を加えた燃料電池を開発し，ジェミニ宇宙計画に採用されたのが，最初の実用である。その後は，高分子型を中心に研究開発が進んだが，さまざまなイオン伝導体が発見されるにつれ，リン酸型や固体酸化物型，さらには溶融炭酸塩型燃料電池の開発も進んだ。

電解質材料で分類すると，大きく分けてプロトン伝導体（リン酸型と固体高分子型），アルカリ金属炭酸塩（溶融炭酸塩型），そして酸化物イオン伝導体（固体酸化物型）に分けられる。これら以外に，水酸化物イオン伝導体を用いたアルカリ電解質型燃料電池もある。プロトン伝導体を用いた燃料電池では伝導性の高さから低温で電池駆動が実現できるが，白金を触媒に用いる必要があるため，燃料中に一酸化炭素が存在すると白金が被毒することが問題となる。一方，溶融炭酸塩型および固体酸化物型では高温での電池駆動となるため，触媒を用いる必要がなく被毒の心配はないが，駆動温度が高いために，利用箇所が限定される，さらには大型化するといった問題もある。

──────── 章 末 問 題 ────────

7.1 イオンが固体中を伝導するのに適しているとされる構造的特徴にはどのようなものがあるか答えよ。

7.2 大過剰の酸化ジルコニウムに 2 mol％ の酸化カルシウムまたは 3 mol％ の酸化イットリウムを固溶させた場合の安定化ジルコニア中に生成する酸化物イオン欠陥はそれぞれいくらか。

7.3 ネルンスト式を利用した安定化ジルコニア酸素センサは 1 モジュールでセンサとして機能するのに対し，同様の方式を用いるイオン電極では参照電極が必要となる。これらの理由を，それぞれの特徴とともに答えよ。

7.4 安定化ジルコニアセンサを用いて排ガス中の酸素濃度計測を行ったところ，センサ起電力値として 64.5 mV が得られた。このとき，排ガス中の酸素濃度は何％であるか。なお，大気中の酸素濃度は 21％ とし，センサは 1000 K で作動させているものとする。

7.5 燃料電池とは何か，またどのようなタイプがあり，それぞれの特徴は何かについて答えよ。

第8章 発光材料とディスプレイ

■ この章の目標 ■

　発光は現代の生活には欠かせないきわめて身近な物理現象のひとつである。物質における発光現象は光と物質の相互作用である光物理過程を知ることといえる。その基本学理を学ぶことは，光そのものの研究から最新フォトニクスの製品開発まで理解することに繋がる。本章では系統的に発光現象を理解するため，現在の固体照明光源の代表例といえる LED（light emitting diode）やそれを用いたディスプレイなど，さまざまな光デバイスを紹介する。これらの基本原理を知ることは，現代のエレクトロニクスを支える技術の理解に繋がるため，きわめて重要となる。本書ではまず"光と物質"の相互作用について学び，発光現象の理解に必要となる基礎的な考え方について学ぶ。本章の中盤では実用的に用いられる無機材料を題材にあげ，その材料設計に関する内容の理解を深めていく。固体レーザーや EL（electroluminescence），白色 LED などの中核をなすきわめて重要な材料である。後半には現在の照明を支えるディスプレイに利用される発光材料に関連した光現象を取り上げる。本章で紹介した発光材料は，その多様化の一部でしかない。しかし，その本質的な内容に関してはすべての化合物で共通していることが多く本章で取り上げた。

8.1　光と物質の相互作用

　われわれの身の回りを見渡せば，太陽の光をはじめさまざまな光源からの光に満ち溢れていることに気付く。光は電磁波の一種であり，空間を電場と磁場の振動が周囲に広がりながら進んで行く物理現象である。その光（電場振動）の1周期長分は波長λといい，とくに人間が視覚情報として感じることのできる光の波長を可視光（380〜780 nm）とい

う。この光がもつエネルギー E は，$E = h\nu$（h はプランク定数，ν は振動数）で表され，振動数 ν と波長 λ の間には $\lambda = c/\nu$（c は光速，299792458 m/s）という関係が常に成り立っている。この可視光の中では，青色側の短い波長ほど大きなエネルギーをもつことになり，逆に赤色側の長い波長ほど小さなエネルギーの光となる。それではどのように人は光を感じるのか。人間の網膜には色を識別する3種の光受容（錐体）細胞が存在しており，それぞれが青帯，緑帯，赤帯の光を感知することで光色を認識している。実際には，個々の光受容体の光感度波長にはある程度の重なりがあり，人間は比視感度が最大の555 nmを中心に可視光帯を見ている。人は目の光受容細胞に含まれる視物質分子に特定波長の光が作用することで，光の刺激を感じている。これは光により一時的に細胞分子の構造が変化することに起因する。この光反応によるわずかな分子構造変化で細胞内に電荷の偏りが生じ，それを電気信号として脳へと送り出すことで生物は色光を感じる[1]。生物ごとに光の受け方はさまざまであるが，人間の目の場合は三つの錐体で感じる光エネルギー範囲がそれぞれ異なり，その組み合わせにより幅広い可視帯域を見ることを可能にしている。次項では光と物質の相互作用の結果として生じる光吸収と発光現象について解説する。

8.2　発光の原理

　物質における光吸収と発光は，入射する光（電磁波）と物質を構成する原子との相互作用で生じる。ここでは光産業で利用されるデバイスにおいて，とくに重要となる電子と光の相互作用を見ていく。われわれの身の周りには，さまざまな発光物質が存在している。発光（ルミネッセンス）とは，物質中の電子が電磁波や熱エネルギーを受け取って，基底状態（最安定な状態）から励起状態（基底状態よりエネルギーが高い状態）に遷移し，再び基底状態に戻るときに受け取ったエネルギーを光として放出する電子遷移により発生する。電子をより高いエネルギー状態に遷移させるという意味では，励起の方法は光励起だけでなく，さまざまな刺激によって可能である。図8.1に，物質への相互作用の後に光を発生させる代表的な方法をまとめた。その中には物質に電界を加えることにより発生する発光，すなわちエレクトロルミネッセンス（電界発光）があり，現在の光エレクトロニクスを支える最も重要な発光現象となっている。とくに電流（電子）注入により，半導体中の電子と正孔の輻射再結合過程を利用して高効率な発光を取り出すデバイスに，固体光

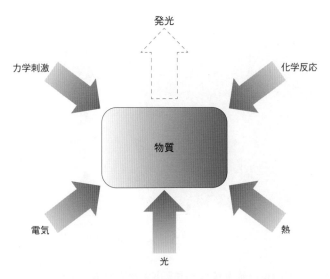

発光

力学刺激

化学反応

物質

電気

熱

光

図8.1 さまざまな要因で発生する物質の発光現象

源の代表例である LED やレーザーダイオード（laser diode；LD）があ
る。同様に，有機化合物半導体に対して電子と正孔を注入して発光を得
る有機エレクトロルミネッセンスがあり，薄くフレキシブルなディスプ
レイ材料として実用化が進んでおり，本書で主に扱う無機化合物だけで
なく，さまざまな材料系がある。これらの本質はすべて同じく光と物質
の相互作用である。

　多くの発光現象は電子の光学遷移に関する基本ルールである電子遷移
の選択則で説明される。一般的に励起状態にある物質は，何がしかの
（＋）と（−）の重心の不一致（電気双極子），または磁気（N）と（S）
の対（磁気双極子）が発生しており，それぞれを**電気的分極と磁気的分
極**と呼んでいる。前述のように，光とは電場と磁場が交互に進む電磁波
であり，物質から電磁波が放出されるためには電荷をもった電子や原
子，あるいは磁気双極子のうちどれかが振動することになる。詳細に関
しては式を用いた良書があるのでそちらを参照してもらいたい[2]。一例
として白熱電球をあげる。電球が電気を通すことで光を発するのは，フ
ィラメント中の（＋）であるタングステン陽イオンと（−）電荷である
電子が激しく振動することで光を放出するからである。その際に白熱電
球が高温となるのは，電場印加の電流抵抗によって金属結晶を構成する
タングステンの陽イオンを激しく振動させているからであり，質量の小
さな電子だけを振動させても発光することは可能である。実際，白熱電
球に投入された電力の大部分は，タングステンの陽イオンの振動に使わ
れ，光になる割合は 10％以下と小さいことが知られている。つまり，エ

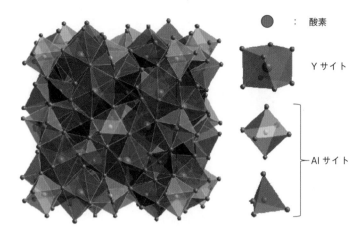

図 8.2　$Y_3Al_5O_{12}:Ce^{3+}$ の結晶構造

ネルギー効率の良い発光材料を生み出すための基本設計は，重い原子は動かさず，電子のみを効率よく振動させることといえる。その例はホタルなどの生物の作り出す生物発光であり，これらは化学発光を用いた冷光と呼ばれ，上記の発光現象を実現している。

　励起状態からの発光は電子選択則に基づき，狭義には発光寿命の長さによって，蛍光（fluorescence）とりん光（phosphorescence）の二つに分類されている。蛍光とは同じスピン多重度間の電子遷移（スピン選択則：許容）により発生する光であり，ピコ秒（10^{-12} s）からナノ秒（10^{-9} s）程度の非常に速い速度で起こる。一方，りん光は異なるスピン多重度間の電子遷移（スピン選択則：禁制）による発光で，マイクロ秒（10^{-6} s）からミリ秒（10^{-3} s）の遅い速度で発光する現象である。しかし近年においては特定の電子状態で起こる非常に長い寿命をもつ遅延蛍光などもあり，寿命だけでこれらの蛍光とりん光を区別することも難しくなっている[3]。蛍光とりん光は定義として明確に異なる光過程であるが，産業的には発光として同じ意味で用いられることが多く，本章では同じ発光として説明することにする。

8.3　蛍光体材料

8.3.1　局在発光中心の蛍光体

　蛍光体（phosphor）とは，広義の意味で発光を示す物質を表す用語である。実際にはセラミックスだけでなく応用を目的とした粉末や薄膜，場合によっては液体などすべての材料系でそのように呼ぶことが多い。本項では光産業で広く用いられる主流の蛍光体として，無機化合物材料

で構成された蛍光体を中心に説明する。

　現在，主要光源である白色 LED や蛍光灯で用いられる無機蛍光体は，母体となる結晶（ホスト）に発光イオン（賦活剤や発光中心と呼ぶ）を微量添加して作製されている。白色 LED に用いられる黄色蛍光体である $Y_3Al_5O_{12}$（イットリウム・アルミニウム・ガーネット；YAG）：Ce^{3+} を例にあげる。コロン（：）の左側に書かれた YAG が母体結晶を意味しており，右側の Ce^{3+} が発光イオンとしてわずかに添加された元素（数 mol % 以下となることが多い）であることを意味する。図 8.2 には $Y_3Al_5O_{12}$ 結晶構造を示す。微量添加された Ce^{3+} は，イオン半径が近く電荷が同じホスト結晶中の Y^{3+} サイトの一部を置換することで発光に寄与しており，青色光による励起ではブロードな黄色発光を示す。これらの発光では低濃度で局所的に分布した Ce^{3+} イオンの単体が発光するため局在発光型の発光体となる。一般的に局在型発光のメカニズムは配位座標モデルで説明される。図 8.3(a)，(b) には，発光する場合と発光しない場合の二つのモデルを示す。この配位座標モデルでは，発光イオンを中心に，これに直接配位している反対電荷とのイオン間距離を横軸の変数として，基底状態からの光吸収過程と発光過程のエネルギー変化を追跡していくモデルである。横軸の配位座標に関しては理解が難しいかもしれないが，簡易的に述べれば，励起状態の電子軌道と基底状態の

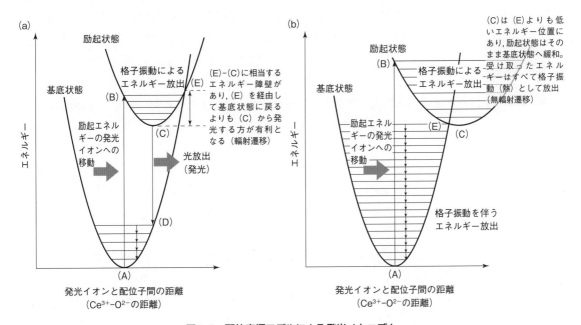

図 8.3　配位座標モデルによる発光メカニズム
(a) は発光する場合，(b) は発光しない場合。

電子軌道の中心座標と原子核位置との差と考えればよい。一般的には励起状態の電子軌道の方が膨張するため，重心位置が外側へ，座標では右側へずれることになる。発光イオンを用いる蛍光体では，発光はイオンを中心とした狭い過程で生じるため，発光中心を中心に考えた配位座標モデルが実際の蛍光体の発光メカニズムとよく一致する。実際の光励起による蛍光体 $Y_3Al_5O_{12}：Ce^{3+}$（4f-5d 遷移）のエネルギー移動経路を以下に説明する。

（1）　図8.3(a) では，発光イオン（ここでは Ce^{3+}）が，青色光を吸収して基底状態（A）から励起状態（B）に励起される（Ce^{3+}：4f-5d 電子遷移による光吸収）。

（2）　励起された発光イオンは，熱や格子振動でエネルギーの一部を失いながら，より安定な励起状態（C）に到達する（振動緩和）。

（3）　（C）から光（この場合，黄色光）を放出して低いエネルギー状態（D）に至り，基底状態（A）に戻る（発光の遷移過程）。

　実際に光励起によって遷移するのは電子である。実際の電子の質量に対して，原子核の質量は数千倍から数万倍重く大きいので，励起による電子遷移は原子の動きに対してずっと速く，電子から見ると原子核は止まって見えるはずである。つまり（A）から（B）への電子遷移の間，原子位置はほとんど動かないと見なせる。これをフランク・コンドンの原理（Frank-Condon principle）という。まとめると，光による電子遷移は $Ce^{3+} - O^{2-}$ 間の座標を変えることなく光エネルギー分のみ垂直に遷移し，その後，安定な平衡位置へと移動することで光放出が発生する。

　とくに基底状態と励起状態における最も安定な配位座標の差のことをオフセットと呼ぶ。（B）から（C）への格子振動による緩和速度は，発光の速度定数よりはるかに大きく，（B）地点から（A）へ直接的に発光することはなく，格子振動すなわち熱としてエネルギーを放出しつつ（C）への緩和が優先される。一方で励起状態と基底状態のポテンシャル曲線の交点（E）が低いエネルギー準位にある場合，熱エネルギーが大きな高い温度では，この交点を容易に超えることができ発光が起こらないことになる。これを熱による**非輻射緩和**という。また基底状態と励起状態の電子軌道の形が異なり横軸の座標位置が大きく異なる図8.3(b)の場合は，直接的に励起状態から基底状態に移り発光しないことを意味する。

　この配位座標モデルからは，さまざまな蛍光体の特性を説明できる。実際の発光は，エネルギーの一部を失ったのち発光が起こるために，励起光より発光は必ず低エネルギー側，すなわち長波長領域に現れること

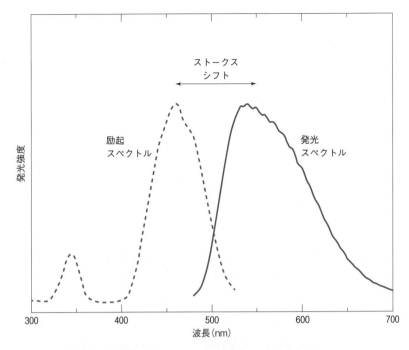

図 8.4　黄色蛍光体 $Y_3Al_5O_{12}$：Ce^{3+} の励起スペクトルと発光スペクトル
［出典：京都大学大学院人間・環境学研究科　上田純平博士提供データ］

になる。これをストークス（Stokes）の法則と呼び，とくに励起と発光
の間のエネルギー差のことをストークスシフトと呼ぶ。図 8.4 に白色
LED で用いられている黄色蛍光体 $Y_3Al_5O_{12}$：Ce^{3+} の励起スペクトルと
発光スペクトルを示す。破線で示された励起スペクトルは基底状態から
励起状態である Ce^{3+}：5d 励起状態の光吸収を示し，実線で示された発
光スペクトルは発光波長を示している。励起波長よりも長波長で発光が
起こっており，ストークスの法則が成り立っていることがわかる。この
発光では発光スペクトルがブロード化していることがわかる。これは発
光の電子遷移が図 8.3 の励起状態にある最安定エネルギー位置（C）か
らずれた位置から，基底状態の曲線に向かって垂直遷移して光ることを
意味する。一方で，液晶ディスプレイなどのバックライトに長く用いら
れてきた赤色発光 Y_2O_3：Eu^{3+} は，発光中心である Eu^{3+} が 4f 電子遷移
に基づく閉殻構造をとるため，オフセットがほとんどなく，後述するよ
うにその発光スペクトルの特徴は非常に先鋭化されたシャープな形状と
なる。

8.3.2　発光体におけるエネルギー移動

　蛍光物質を設計する場合，その発光体を構成する母体結晶には，発光中心イオンの発光を吸収しない結晶であることが望ましい。また発光中心となれるイオンは何でもいいわけでなく，イオンの電子配置でおおよそ決まっていて，その発色は母体結晶に依存して変化する。つまり，新しい蛍光体を開発するには，発光イオンと母体の組み合わせでどのような発光が得られるか，その特徴を知ることが重要となる。とりわけ遷移金属の Mn^{2+} や希土類の Ce^{3+}，Eu^{2+}，Eu^{3+} や Tb^{3+} の発光イオンは可視域で強い発光が見られ，またイオンの安定性が高いことから，利便性の高い発光イオンとされている。

　ここでは遷移金属の発光イオンの代表例として，3d 電子をもつ Mn^{2+} をあげる。その電子配置は [Ar] $3d^5$ で五つの 3d 電子をもつ。Mn^{2+} を発光中心にもつ蛍光体は，蛍光灯用途に用いられるが，発光ではイオンの最外殻に位置する 3d 軌道電子が深く関わる。Mn^{2+} は自由イオン（周りに配位子がいない場合）では，五つの 3d 軌道のエネルギーはすべて等しい縮退（または縮重）状態になっている。これが結晶中に置かれた状態では最外殻の 3d 軌道の縮退がとけ，配位環境に依存した結晶場分裂を示す。この結晶場分裂の様子は，錯体の配位子場理論において田辺・菅野ダイアグラム（Tanabe-Sugano diagram）によって表される[4]。たとえば，4 配位サイトをもつ $ZnSiO_4$：Mn^{2+} では緑色の発光（525 nm）を示すのに対し，6 配位サイトをもつ $MgSiO_3$：Mn^{2+} では赤色の発光（640 nm）が観測されるなど，その発光は結晶構造に基づく結晶場によって大きく異なることがわかる。

　一方で実用上もっとも重要な希土類イオンの発光では，遷移金属の発光と異なり，母体結晶による発光波長の変化がほとんど起こらない特徴がある。大気中で安定な 3 価の希土類イオンの発光は，4f-4f 軌道間の電子遷移により生じる。その 4f 電子軌道は $[Xe]4f^x5s^25p^6$ という電子配置にあり，発光の遷移軌道である 4f 軌道が外殻の $5s^25p^6$ の内側で遮蔽されることで　外部環境である結晶場の影響を受けにくい電子構造となっている。また先にあげた 3 価の Eu^{3+} や Tb^{3+} は，ミリ秒程度の長い発光寿命と線幅の狭い線スペクトルを示し，希土類ごとに決まった発光色を示す。4f-4f 電子遷移の発光は遮蔽効果のため，基底状態とエネルギー照射による励起状態の平衡位置はほとんど動かない（オフセットが小さい）。また配位座標における基底状態と励起状態の交点〔図 8.3(a) の(E)〕は高い位置になり，格子振動によるエネルギーロスは小さく，高

い発光効率を示すことができる。一方で，希土類イオンの中でも，先述した YAG 結晶中の Ce の3価や，多くの酸化物蛍光体で用いられる Eu の2価の発光イオンは，その励起状態では 4f 軌道ではなく 5d 軌道が発光に関わっている。そのため遷移金属のように母体結晶構造によって発光波長が変化すると共に発光のスペクトル幅も広くなる。

　実用発光材料の物質設計において，異種の金属イオンを同じ結晶母体に共添加し，その異なるイオン間のエネルギー移動を利用することがよく行われる。その多くは，片方の発光イオンにエネルギーを送る増感剤（ドナー）としての役割を与えることである。より発光強度を高める目的で，増感剤を共添加することを**発光増感**と呼ぶ。たとえば，$Sb^{3+} \rightarrow Mn^{2+}$ や $Ce^{3+} \rightarrow Tb^{3+}$ の効率的なエネルギー移動の組み合わせは現在もなお蛍光灯の無機蛍光体層に用いられている。このようなエネルギー移動の多くは，イオン間で実際に電子や正孔の移動が起こることは少なく，共鳴エネルギー移動（双極子–双極子機構）によって起こると考えられている。この共鳴エネルギー移動は Förster 機構と呼ばれ，たとえドナーと発光中心となるアクセプターの二つのイオン間距離が 10 nm 程度まで離れていても，お互いのエネルギー状態値が同じか近い準位間であれば，距離に依存したエネルギー伝達を行うことができる。一方で，お互いのイオン間距離が<1 nm と非常に近いような場合においては，そのイオン間で電子の交換等が生じる**交換エネルギー移動**（Dexter 機構）と呼ばれる別のメカニズムが支配的になるがその説明は専門書に任せたい[5]。

　エネルギー移動のすべてが，発光強度を改善するわけではない。たとえば，鉄やニッケルの金属イオンの混入は，発光しない不純物イオンへのエネルギー移動により単独の発光イオンと比べその発光強度が著しく低下する。これは不純物イオンが，発光過程における電子をトラップするキラートラップとして働くことによって起き，このことを**消光**（クエンチ）という。この消光は共添加ではなく単独の発光イオンの増大でも起こり，ある最適濃度以上では発光強度が著しく低下していくことが知られる。この現象を**濃度消光**（concentration quenching）という。これは励起エネルギーが同種の発光イオン間を伝搬する現象で，光らずに基底状態に戻る現象である。とりわけ同種のイオン濃度の増大は同じエネルギー状態が重なるため，エネルギー移動はイオン間距離に応じて起こりやすくなる。蛍光体の種類ごとに最適濃度は大きく異なるが，通常は発光種の濃度が全カチオンに対して数％以下である。

8.3.3　半導体量子ドットの発光

　上記の発光中心が局所的に個々で光るのに対し，LEDや半導体レーザーの発光は，直接遷移型の半導体化合物中の拡がった電子バンド間で，励起された電子と正孔との再結合により発光する。半導体化合物のデバイス駆動では，後述するように電界により電子と正孔を注入させることで光り，その発光波長はバンドギャップ（禁止帯，禁制帯）に対応した発光エネルギーを示すことになる。また異種元素と固溶体形成することで，そのエネルギーバンド構造は連続的に制御されるので，好ましい発光波長を造ることもできる。この半導体化合物を用いた発光体として，大きさが＜数nmの半導体である量子ドットが注目されている。一般に，エネルギーバンドの概念は量子的な周期的境界条件が成り立つような大きな結晶に対して適用することが望ましい。量子ドットのように結晶サイズがナノオーダーと小さければ，物理的な制約によって電子や正孔は動きが狭い空間に閉じ込められることになる。その電子状態は結晶サイズに比例して離散的かつ高いエネルギー準位を形成することができ，任意に広い範囲をカバーすることのできる発光材料となる。とくに，この量子ドットの発光寿命はピコ秒からナノ秒と短く，励起から発光までの高速応答が可能であるため，強い光励起に対しても発光輝度が

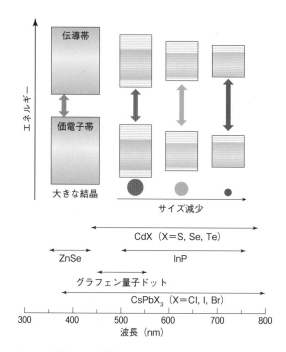

図8.5　**量子サイズ効果によるエネルギー変化と代表的な量子ドットの発光可能な波長帯**

飽和しない優れた発光物性機能をもつ。近年ではこの優れた光機能性を利用して，ディスプレイなど発光デバイス用途で広く利用されるようになったが，化合物の不安定性や元素の毒性などさまざまな課題を抱えており，現在も世界中で研究開発が行われている。図 8.5 には現在市販されている量子ドットの系列と代表的な発光波長の範囲を示す。このように量子ドットは可視光から近赤外まで広くカバーし，高効率・高輝度な発光材料として注目されている。近年は，重金属を含まない非毒性のカーボン系量子ドットなど，新しい材料も報告され発光体開発のトレンドになっており，これらは次世代型の無機 EL の発光層や蛍光体波長変換型 LED の波長変換材料としての用途が期待されている。

8.4　固体光源の進展

8.4.1　蛍光灯

　火の利用を除けば，われわれの生活を照らした最初の人工光源は，白熱電球である。しかし白熱電球は，投入された電気エネルギーのうち，実際に可視光に変わるエネルギーは 10 分の 1 程度であり，大部分は熱に変わっている。人類社会の発展に伴うエネルギー消費量は現在も増加し続けており，とくに照明用途の省エネルギー化を進めることは急務である。そのような背景のもとで，蛍光体材料が中核物質となる光デバイスとして，20 世紀を代表する固体光源，蛍光灯が登場する。本項では初めに蛍光灯の解説を行い，次に現代社会の主要光源となった白色 LED について解説を行う。

　一般に蛍光灯と呼ばれている固体光源は，低圧放電灯（蛍光ランプ）を指すことが多い。この気体放電プラズマを用いた光源には上記のほかに，メタルハライドランプに代表される**高輝度放電ランプ**（high intensity discharge lamps; HID ランプ）もあるが，蛍光体材料を用いておらず，その発色方式は明確に異なっている。図 8.6 に蛍光灯の一般的な構造を示す。蛍光灯を形成する軟質ガラス管の中には，10^{-2} mmHg 程度の水銀蒸気とネオン（Ne）やアルゴン（Ar）などの貴ガスが封入されており，放電させることで 254 nm の紫外光を発生する。蛍光灯のガラス内壁には蛍光体が塗布されており，この紫外光を励起源に利用した発光で，白色の光を作り出している。電極となるタングステンコイルはエミッターと呼ばれるバリウムなど，アルカリ土類酸化物の電子放射物質が塗布されており，熱陰極を形成することになる。電流がこの電極に流れると加熱され，フィラメントから熱電子が管内に放出される。その熱電

図8.6　一般的な蛍光灯の基本構造

子が電圧により加速され空間を高速移動することで，管内の水銀原子と衝突し光を発生する。この光の主成分は目に見えない紫外光が主であり，ガラス管に塗布された青や緑，赤で発光する蛍光体が同時に光ることで，白色光を形成することになる。

　実際にガラス管に塗布される蛍光体層の厚さは $10\sim30\,\mu\mathrm{m}$ 程度である。これまで紫外励起が可能なさまざまな発光体が開発されている。1970年以前はこの白色光を得るために，単一の蛍光体で白色発光を示すハロリン酸カルシウム $3\mathrm{Ca_3(PO_4)_2\cdot Ca(F,\,Cl)_2}:\mathrm{Sb}^{3+}$，$\mathrm{Mn}^{2+}$ が用いられていた。しかしその後は，発光効率も高く物体色の忠実性を示す演色評価指数を高くできる複数種の蛍光体材料を用いた3波長型蛍光灯が主流となった。たとえば，赤色では $\mathrm{Y_2O_3}:\mathrm{Eu}^{3+}$，緑色では $\mathrm{CeTbAl_{11}O_{19}}:\mathrm{Tb}^{3+}$ および，$\mathrm{LaPO_3}:\mathrm{Ce}^{3+}$，$\mathrm{Tb}^{3+}$，青色では $\mathrm{BaMg_2Al_{16}O_{27}}:\mathrm{Eu}^{2+}$ および $\mathrm{(Sr,\,Ca,\,Ba)_{10}(PO_4)_6Cl_2}:\mathrm{Eu}^{2+}$ などの希土類を発光中心に用いた無機蛍光体が開発され実用化されている。3波長型の蛍光灯では，これらRGBの蛍光体の混合比を調整することで光色調を変えることができ，太陽光を模した昼光色やオレンジ色の色調が強い電球色など，さまざまな白色スペクトルを容易に得ることができる。

　蛍光灯の問題点は有毒な水銀が封入されていることであり，水銀の代わりにキセノン（Xe）を用いた蛍光灯も注目された。ただし，エネルギーの高い紫外線を可視光に変化するということは，本質的に長波長の光に変換する際に大きなエネルギーの損出が生じることは自明である。蛍光灯では，電極で加速された電子の運動エネルギーの約60%以上を紫外線に変換することができるものの，可視光として利用できるエネルギーはそのうちの40%に限られている。実用の白色蛍光灯で最も発光効率の高いものは $110\,\mathrm{lm}$（ルーメン）$/\mathrm{W}$ 程度になるが，エネルギー効率としては，約30%である。

8.4.2 エレクトロルミネッセンス

エレクトロルミネッセンス（electroluminescence；EL）とは，半導体もしくは半導体中に添加された発光イオンに電界を直接印加することで得られる発光を意味する。これらは大きく分けると電界励起型 EL とキャリア注入型 EL の二つに大別されている。電界励起型は電界によって加速した電子が発光中心に衝突し，発光中心が励起されて発光させる方法である。後者のキャリア注入型は，電界によって電子と正孔を注入し，その再結合によって発光させるので，LED（light emitting diodes）と呼んでいる。投入電力が直接的に光エネルギーに変換されるので，トータルではエネルギー効率が高いことが特徴である。これらは，広義にLED というと無機半導体を用いた発光デバイス（次項）を指す場合と，近年ではとくに発光層および電子/正孔注入層の一部が有機化合物で構成された Organic LED：有機 LED（歴史的に有機 EL と呼ぶ）があり，注目が集まっている。

電界励起型の無機 EL ディスプレイの基本構造は，二つの電極とその間の硫化物を主とする薄膜蛍光体層で構成され，電圧をかけることでさまざまな発光色を得ている。その基本構造は図 8.7 に示すような積層構造をしている。たとえば，発光層として CaS に Eu^{2+} を添加した蛍光体を用いた場合は赤色のブロード光が得られ，ZnS に Tb^{3+} では比較的に線幅の狭い緑色光を形成することが知られている。また $CaGa_2S_4$ に Ce^{3+} を加えた場合は青色光が得られるなど，これまで硫化物や酸化物を中心にさまざまな無機蛍光体が開発されてきた[5]。とくに近年では，発光層に前項であげた量子ドット蛍光体を用いた無機 EL デバイスにも注目が集まっている[6]。この量子ドット発光体の代表例として，CdS 表面を ZnS で被覆した化合物半導体がある。量子ドットは結晶サイズが10 nm 程度の大きさをもつ半導体であり，それらは結晶サイズを変えることで発光色を変えられる特徴がある。これらの発光デバイスは構造が単純なうえ高輝度で高い視認性を示すため，操作盤のタッチパネルや車

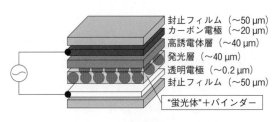

図 8.7　一般的な無機 EL の構造

のスピード表示盤などに応用されている。

2010年以降にさまざまな進展を遂げた有機ELディスプレイは，indium tin oxide；ITOなどの2枚の透明電極と有機薄膜層で構成された単純構造を取っている。これらは電圧印加により電子および正孔を発光分子に注入され，これらが有機薄膜層内の発光性分子上で再結合することで発光が得られる。有機ELディスプレイの発光は，後述する液晶ディスプレイと異なり，バックライトを必要としない高精細な画像技術として注目されている。代表的な有機発光層に用いられる分子材料には，緑色発光体として tris（8-hydrooxyquinoline）aluminium（Alq_3）が知られている。さらに長波長側の発光を得ることができる共役系高分子にはフェニレンビニレンなどもあり，さまざまなEL発光分子の開発が行われている[5]。有機発光体を用いた発光デバイスは，古くは耐久性や生産コストに課題があったが，現在は解消されつつある。近年では大型テレビやスマートフォンなど，さまざまな用途で利用され，白色光を含めたさまざまな発光色を作り出すことが可能になっている。

8.4.3 LED

LED（light emitting diode）は，半導体化合物のp-n接合界面に順方向電流を流すことにより電気エネルギーを光に変換する半導体素子の総称である。LEDの発光は長寿命・小型・高信頼・高速応答を示すなど，従来の光源にはない多くの特徴をもっている。図8.8に示すように，半導体の発光は伝導電子がキャリアとなるn型半導体と正孔（ホール）がキャリアとなるp型半導体の接合界面で起こり，それぞれの半導体上にp型電極とn型電極を形成したものである。また光取り出し効率を上げるために，LED内部からの光を外部に取り出しやすい構造が形成されている。LEDの発光色は半導体化合物のバンドギャップエネルギーで決定される。赤色のLEDは1960年にGaAs基板上に形成させた $GaAs_{1-x}P_x$ の三元系化合物半導体を用いて達成された。その10年後には，GaPを用いた半導体において緑色発光を示すLEDが得られているが，最もエネルギーの高い青色帯発光を示す半導体化合物は長い間存在しなかった。

青色を示すLEDを得るためには，バンドギャップエネルギーの大きな半導体とそのp型/n型特性を示す半導体が必要である。その候補としては，古くから直接遷移型の化合物半導体であるZnSeおよびGaNがあったが，両化合物とも結晶成長が困難であるなど，さまざまな問題点を抱えていた。中でもGaNは非常に硬く丈夫で高い熱伝導性をもっ

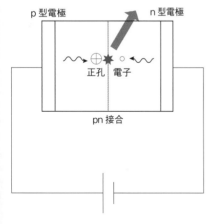

p型電極　　　　　n型電極

正孔　電子

pn接合

図8.8 LED（順電圧の印加）

ているため，青色 LED 候補材料として注目された。しかし 1990 年以前は，良質の単結晶薄膜を得るための格子の大きさが適合する基盤材料がなかったこと，p 型半導体を得るために Mg を添加すると抵抗が大きくなるという問題があり，長く実用化できないと考えられていた。これらの問題はさまざまな技術革新のもと解決されてきた。この結晶成長においてはサファイア基盤と GaN の格子ミスマッチを解消するため，AlN などのバッファと呼ばれる応力を緩和する層を導入することで，単結晶薄膜が得られた。一方で電気伝導度の高い p 型半導体が得られない理由は，ドープした Mg と窒化の際に使用するアンモニア中の水素が結合するためであることがわかり，水素を含まない窒素ガス中で熱処理を行うことで，電気伝導度の高い p 型半導体が得られた。このようにさまざまな改良に基づき，1993 年には日亜化学工業が開発に成功した GaN系（$In_xGa_{1-x}N$）の高輝度青色 LED が市販された。青色 LED が開発されたことで赤・緑・青の三原色が揃い，LED ですべての色が再現され，大型ディスプレイにはこの 3 色の LED が用いられ賑わいを見せた。1993 年には，この青色 LED と黄色蛍光体 YAG：Ce による白色 LEDが開発され，実用的には液晶パネルのバックライト光源として採用された。これらは現在では，固体照明として蛍光灯を凌駕する発光効率を達成している。また 1999 年には GaN/AlGaN 超格子構造をもつ青色半導体レーザーの室温 CW 発振に成功し，世界で初めて青色半導体レーザーが販売されている。この光は 2003 年に世界初の家庭用ブルーレイ・ディスクレコーダー（BD）が発売され，その普及が始まった。その後，日本では国内メーカーが続々と高出力レーザーを開発し，商品化を行っている。とくに照明用やディスプレイバックライトの光デバイスの需要は現在も拡大しており，開発競争により半導体の価格も年々下がる傾向にある。このように，InGaN の青色 LED は，青色発光デバイスとして光産業発展の基盤となっていった。

8.4.4　白色 LED

　近年のディスプレイおよび照明光源の開発を支えてきたのは青色 LEDと蛍光体を組み合わせた白色 LED である。初期の白色 LED は，InGaN 系青色 LED が開発された当時から LED チップと蛍光体を組み合わせた構造が思案されていた。実際に黄色蛍光体を用いた白色 LEDの実用化が行われたのは，1996 年の青色 LED に黄色発光 $Y_3Al_5O_{12}$：Ce^{3+} 蛍光体を組み合わせた補色による擬似白色光の LED が初である[7]。図 8.9 に当時の主流であった白色 LED 構造を示す。InGaN の発

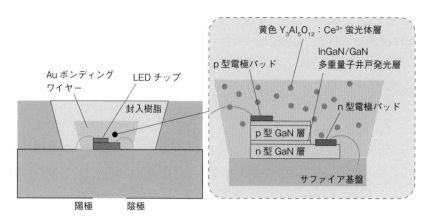

図8.9　**白色 LED の基本構造（左）と横型 InGaN-LED の構造模式図（右）**

光層からの青色光を励起源に，$Y_3Al_5O_{12}:Ce^{3+}$ が黄色くブロードに発色することで，透過の青と黄色光の擬似白色を呈している。この構造は2020年現在も主流ではあるが，生活照明では太陽光のような幅広の白色スペクトルを得るため，2〜3種類の無機蛍光体を組み合わせたマルチ蛍光体方式が用いられるなど，さまざまな白色 LED が販売された。またカラーフィルターにより光を表示するディスプレイ用の白色光では，色再現領域を広く設計できるように，青，緑，赤のスペクトル幅を細めた専用の白色 LED も開発されている。また無機材料だけでなく，共役有機分子や量子ドットなど，新しいさまざまな発光の特性を示す LED 蛍光体が開発されている。白色 LED の利用の歴史は，2000年代に発展途上にあった携帯電話やデジタルカメラの小型ディスプレイの光源などで大きな市場を形成してきた。自動車産業においては，低消費電力・長寿命の観点から内装への実装から始まり，その後強い光を得るため LED への投入電力の高出力化により，高輝度を必要とする車ヘッドライトなどへも実装が始まった。近年はさらなる高輝度化を目指し，蛍光体の励起源にレーザーダイオード（LD）を用いた白色光源の開発が盛んに行われており，その開発は今後さらに伸びていくことが予測されている。2014年には青色 LED 開発および LED を用いた社会貢献により，赤﨑勇，天野浩，中村修二らがノーベル物理学賞を受賞していることは記憶に新しい事項である。

8.5　液晶ディスプレイ

現代のディスプレイ技術を知るうえで有機液晶ディスプレイを無視す

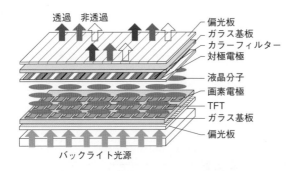

図8.10　**液晶ディスプレイの基本構造**

ることはできない。液晶ディスプレイでは，液晶自体は光のフィルター
としての役割を果たすのみである。そのため外部光源となるバックライ
トが必要であり前述の放電管や白色 LED などさまざまな白色光源が広
く用いられている。図 8.10 に液晶ディスプレイの基本構造を示す。液
晶ディスプレイはバックライトと呼ばれる白色光源と 2 枚の直線偏光
板，光強度を調整する有機液晶層，そして RGB カラーフィルターの 4
パーツで主に構成されている。バックライトの白色光は，画素ごとに配
置された TFT（thin film transistor）により電圧制御を行うことがで
き，透明な電極上の液晶層をバックライトの光が通過する仕組みであ
る。この液晶分子は電圧によって液晶配向性が変わり，入射した直線偏
光が回転することで偏光板から出力される透過の光強度を連続的に変え
ることができる。通過した白色光は出力後のカラーフィルターにより
RGB の発色を形成する。代表的な液晶分子として 5CB（4-pentyl-4′-
cyanobiphenyl）がある。これらは剛直な芳香族環と結晶化を抑制する
柔軟なアルキル骨格を有しており，液体でありながら電圧印加によって
分子の向きが揃うため屈折率，誘電率などが変化する性質をもつ。実際
の液晶ディスプレイは，2 枚の透明電極付きガラス基板で液晶層を挟ん
だ単純な構造である。透明電極間に電圧をかけないとき，液晶分子はガ
ラス面と平行に並んでいるが，印加時にはガラス面と垂直な方向へ液晶
分子の向きが変わる。この液晶分子の動きと 2 枚の偏光板の偏光方向の
組み合わせにより光の透過量をコントロールして制御を行う。

　近年ではカラーフィルターを用いない薄型の有機 EL ディスプレイも
注目を集めているが，液晶ディスプレイにおいては薄型・高精細化が進
み，今後のさらなる発展が期待されている。とくに液晶層の薄膜・高機
能化に加えバックライトに LED が利用されたことで，高効率・薄型化
が進んだ。また RGB を出力するカラーフィルターの改善もあり，携帯
電話のような小型ディスプレイから大型掲示板に用いられるような超大

型ディスプレイまで，さまざまなサイズの液晶ディスプレイが発展した。本章の主題である蛍光体が活躍するのはバックライト光源であるが，カラーフィルター特性に合わせたさまざまな発光体の検討が行われている。とりわけ量子ドットなど，発光色バリエーションが豊富な発光体が検討されるなど，蛍光体開発は今後も進展することが考えられる。

参 考 文 献

［1］長谷川靖哉・細川陽一郎・中嶋琢也，『光ナノ科学への招待』，ケイ・ディ・ネオブック，（2010），pp.27-45.

［2］小林洋志，『発光の物理（現代人の物理）』，朝倉書店，（2000），pp.9-37.

［3］井上晴夫・伊藤攻 監訳，『分子分光学の原理』，丸善出版，（2013）.

［4］田中勝久・平尾一之・北川進　共訳，『シュライバー・アトキンス無機化学（下）』，東京化学同人，（2008），pp.737-739.

［5］金光義彦・岡本信治，『発光材料の基礎と新しい展開』，オーム社，（2008），pp.65-69.

［6］日本セラミックス協会　編，『環境調和型新材料シリーズ　発光材料・照明材料』，日刊工業新聞社，（2010），pp.71-76.

［7］坂東完治・坂野顕正・野口秦延・清水義則，『白色 LED の開発と応用』，第 264 回蛍光体同学会予稿集，（1996），pp.5-14.

章 末 問 題

8.1　人間の目に見える光の波長帯域は 380〜780 nm だといわれている。これを波長（nm）ではなくエネルギー（eV）で記述せよ。

8.2　配位座標モデルでは光吸収によって励起状態に遷移した電子が基底状態に戻る時，光としてエネルギーを放出することを発光と定義している。一方，光らずに基底状態に戻る場合，余剰エネルギーはどう使われるのかを説明せよ。

8.3　$Y_2O_3 : Eu^{3+}$ の発光は遷移金属とは異なりシャープで高効率な赤色スペクトルとなる。この一般論について配位座標モデルを用いて説明せよ。

8.4　青色 LED の開発はさまざまな用途へ利用された。その良い例の一つが蛍光体波長変換型白色 LED である。蛍光体を用いた白色方式の利点について説明せよ。

第9章　透光性材料とガラス

■ この章の目標 ■

　セラミックスを構成する物質の多くは光に対して透明である。しかし，実際に目にするセラミックスは透明でないことも多い。この章では，透明であるということはどういうことか，どのようなセラミックスが透明になるのか，それらはどのように利用されているかなどについて学ぶ。

　物質の透光性は光との相互作用の大きさによって決まる。まず，光と物質の相互作用である吸収，屈折，反射，散乱などについて，具体例を挙げながら，それらの起源と，それらがセラミックスの透光性に与える影響について述べる。あわせて，透光性セラミックスの種類や特徴，光学的性質について述べる。また，代表的な無機透光性物質であるガラスについて，その構造と種類，光学的性質などについて説明する。さらに，透光性材料の代表例として，単結晶，透光性セラミックス，光学ガラス，光ファイバーなどを，それらの応用例とあわせて紹介する。

9.1　光と物質との相互作用

　図9.1に電磁波の種類と波長との関係を示す。光は電磁波の一種である。目で見ることのできる光は可視光線と呼ばれる。個人差はあるが，おおむね波長360〜400 nm から 760〜830 nm の間の光を指し，短波長端が紫色光，長波長端が赤色光である。可視光線よりも短波長の光が紫外線，長波長の光が赤外線である。赤外線と紫外線は目には見えないが，いずれも直進性が高い，物質との相互作用が大きい，波と粒子の二重性を顕著に示すなどの可視光線と共通した性質を示すため，同じ「光」の区分に属する。光より長波長の電磁波は電波，短波長の電磁波

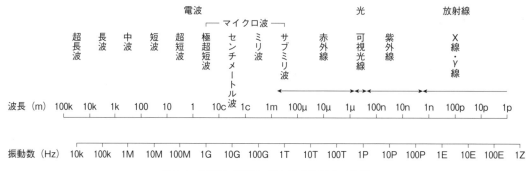

図9.1　電磁波の種類，波長と振動数との関係

はX線・γ線などの放射線となる。

　電磁波の波長 λ，振動数（周波数）ν とエネルギー E との間には，下記の関係式が成立する。

$$E = h\nu = \frac{hc}{\lambda} = eV = kT \tag{9.1}$$

c は光速，h は Planck 定数，e は電気素量，k はボルツマン定数，T は絶対温度を表す。また，V は電位差（電圧）を単位として表した電磁波のエネルギーで，電子ボルトと呼ばれる。このように，エネルギーは，波長，波数，振動数，電位差，温度など，いろいろな尺度で表せる。

　式（9.1）より，電磁波のエネルギーは波長が短くなるほど，また振動数が大きくなるほど大きくなることがわかる。すなわち，電磁波のエネルギーは，電波，赤外線，可視光線，紫外線，放射線の順に大きくなり，物質と相互作用した際の影響も大きくなる。

　光と物質との相互作用には，吸収，反射，屈折，散乱などがある。これらの相互作用が小さいほど，物質は透明になる。次節以降では，これらの相互作用について説明する。

9.2　光の吸収

　原子や分子における光の吸収は，光がそれらにエネルギーを与え，その結果，自身が消滅する現象である。その機構は，大きく電子遷移，振動遷移，回転遷移に分類できる。電子遷移は光が電子にエネルギーを与えて高いエネルギーの状態に変化させるもの，振動遷移は化学結合の振動にエネルギーを与えるもの，回転遷移は分子の回転にエネルギーを与えるものである。このうち，セラミックスのような固体に関係するのは

電子遷移と振動遷移である。固体は多数の原子からなる巨大分子である
ため，その回転の励起は事実上無視できる。

　セラミックスの多くは，陽イオンと陰イオンからなるイオン性の化合
物である。陽イオンは金属元素，陰イオンは多くの場合，p ブロック元
素と呼ばれる 13〜18 族の元素のうち，電気陰性度の大きいものであ
る。陽イオンから電子を受け取った p ブロック元素は閉殻構造の陰イオ
ンとなるが，その価電子 p 軌道を主体として完全充填された価電子帯が
形成される。一方，伝導帯は金属陽イオンの外殻空電子軌道を主体とし
た空の軌道である。価電子帯と伝導帯の間にはバンドギャップが存在し
ている。

　エネルギーの大きい紫外線・可視光線による価電子帯から伝導帯への
電子励起は，セラミックスにおける主要な電子遷移である。エネルギー
がセラミックスのバンドギャップより大きい光は，価電子帯から伝導帯
への電子遷移を起こして消滅する。一方，エネルギーがバンドギャップ
より小さい光はこのような電子遷移を起こすにはエネルギーが足りない
ため，吸収されず，そのまま透過する。このような光の吸収機構はバン
ドギャップ吸収とも呼ばれ，透光性セラミックスの短波長側の透明限界
（紫外吸収端）を決める主な要因となる。

　これに対し，エネルギーの小さい赤外線は振動遷移を起こして消滅す
る。セラミックスにおける化学結合の振動は，三次元的に結合した原子
の集団的な振動，すなわち格子振動である。この格子振動は量子化され
ておりフォノンと呼ばれる。フォノンの基本振動のエネルギーは波数
$5000 \, cm^{-1}$ 以下（波長 $2 \, \mu m$ 以上）と小さい。これよりエネルギーの大
きい赤外線を吸収するには，複数個のフォノンを同時に励起して多フォ
ノン吸収を起こす必要があるが，その強度はフォノンの基本振動による
吸収に比べてはるかに弱い。そのため，赤外線のエネルギーがフォノン
の基本振動数より大きくなるとフォノンをうまく励起できなくなり，吸
収が格段に弱くなる。多フォノン吸収は，セラミックスの長波長側の透
明限界（赤外吸収端）を決める主な要因である。

　図 9.2 にさまざまなセラミックスのおよその透明領域を示した。
MgO，Al_2O_3，SiO_2 など，セラミックスとして代表的な典型軽金属元素
の酸化物の多くは，可視光線のエネルギーより大きいバンドギャップを
もった透光性セラミックスである。これらの粉末は白色に見えるが，こ
れは後述するように，これらの粒子が可視光線を吸収しないことと，粒
子表面での散乱のため光が直進できず，向こう側が透けて見えないこと
による。

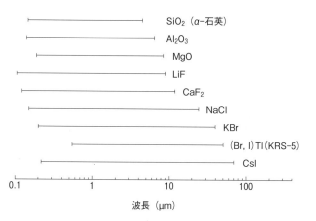

図9.2　さまざまなセラミックスのおよその透明領域

　バンドギャップの大きさは価電子帯と伝導帯のエネルギーに依存する。伝導帯下端および価電子帯上端のエネルギーは，いずれも，元素の周期や原子番号が増すほど低下する傾向がある。これは，核電荷が増大して電子にはたらくクーロン力が大きくなることが原因である。酸化物の価電子帯上端はふつう O の 2p 軌道支配であり，そのエネルギーは酸化物どうしであまり違わない。このため，軽金属元素の酸化物は，重金属元素の酸化物よりも伝導帯下端のエネルギーが高い分，バンドギャップが大きいことが多い。また，セラミックスの陰イオンとして重要な第2周期の元素の 2p 軌道のエネルギーは C，N，O，F の順に低下する。ゆえに，バンドギャップは一般に炭化物，窒化物，酸化物，フッ化物の順に大きくなる。LiF は最大のバンドギャップをもつ固体である。また，蛍石として知られる CaF_2 は，LiF よりバンドギャップがやや小さいものの，立方晶の結晶で等方的かつ LiF より化学的に安定なため，紫外透光性材料としての重要性が高い。

　振動吸収である赤外吸収は物質のフォノンエネルギーに依存する。フォノンエネルギーは，式（9.1）が示すように，関与する振動子の固有振動数 ν に比例する。質量 m_1，m_2 の原子からなる振動子の ν は，ばね振動の式

$$\nu = 2\pi\sqrt{k/\mu} \tag{9.2}$$

によって表されるが，結合力 k が小さくなるほど，また構成元素が重くなって換算質量 $\mu = m_1 m_2 / (m_1 + m_2)$ が大きくなるほど小さくなる。このため，結合力が小さく，かつ重元素からなるセラミックスは赤外透光性に優れている。この条件を満たす典型的材料が，構成成分である陽

イオンや陰イオンが1価のためイオン結合力の小さい KBr, CsI などの高周期アルカリハライドである。CsI は赤外吸収端が最も長波長であるセラミックスであり，赤外分光器の窓材に多用されている。

9.3 着 色

　可視光線を吸収する物質は着色する。着色の主な原因は電子遷移であり，バンドギャップが可視光線のエネルギーより小さい場合と，バンドギャップ中に吸収の原因となる準位がある場合とがある。振動遷移は赤外線を吸収するが，可視光線はほとんど吸収しないため，着色の原因とはならない。

　バンドギャップが可視光線のエネルギーより小さい物質の代表例は，Si, Ge, CdS, GaAs, InP などの高周期の元素を含む半導体である。バンドギャップが可視光線のエネルギーより小さい Si, Ge などは，可視光線をすべて吸収するので，黒く見える。このため太陽電池や可視光の検出器などへの応用に適している。バンドギャップが可視域にある化合物は，短波長の可視光線である青色系の光を吸収するため，黄色，橙色，赤色などに呈色し，バンドギャップが小さくなるほど赤味が強くなる。バンドギャップ吸収は，一般に波長に対して吸収係数が急峻に変化するため，それによる発色は鮮やかであることが多い。CdS はカドミウムイエローとも呼ばれる代表的な黄色顔料であり，ZnS や ZnSe の固溶によるバンドギャップ拡大，CdSe の固溶によるバンドギャップ縮小によって色調を調節できる。これらは主に黄色-赤色系顔料として重要な地位を占めてきたが，有害元素である Cd を含むため，代替材料の開発が行われている。GaAs や InP はそれぞれ赤外，可視発光ダイオード用の半導体などとして重要である。

　可視光線のエネルギーより大きいバンドギャップをもつが着色しているセラミックスの例として，遷移金属や希土類元素を含む化合物がある。これらの着色の原因は，d 電子や f 電子が各軌道中でより高いエネルギー準位に光励起される d-d 遷移や f-f 遷移である。たとえば Nd_2O_3 のバンドギャップ吸収は紫外域に存在するが，この化合物は薄紫色に着色している。これは，バンドギャップ内に存在する，Nd^{3+} イオンの多数の f-f 遷移が原因である。一方，Ti^{4+} イオン，Zn^{2+} イオン，La^{3+} イオンのように，遷移金属や希土類イオンであっても，d 殻や f 殻が空または閉殻であれば着色しない。図9.3に各種遷移金属の添加によるシリカガラスの着色を示す。このように，遷移金属や希土類元素はセラミック

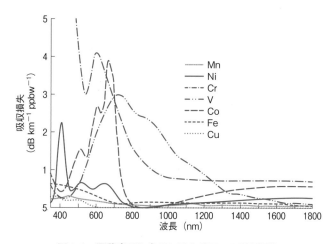

図9.3　遷移金属を含むシリカガラスの吸収損失

遷移金属の添加量は酸化物1 ppbwあたりに規格化されている。
文献［1］より引用して再作成。

スやガラスの着色剤としても広く利用されている。

　また，欠陥と呼ばれる，原子の空席（原子空孔）や本来原子のない場
所に存在する原子（格子間原子），切断された結合（ダングリングボン
ド）上の不対電子なども，着色の原因となる。陰イオン空孔に電子が捕
獲された欠陥はF中心と呼ばれるが，このFはドイツ語で「色」を意味
するFarbeに由来する。F中心による着色は放射線照射などによって生
じ，NaClでは橙色-黄色，KBrでは青色を呈する。欠陥はppmオーダ
ーとごく低濃度であっても透過率を著しく低下させることがあるため，
その除去はセラミックスの透光性を向上させるうえで重要である。

9.4　光の屈折

　透明な物質中での光速は真空中よりも遅い。この速度比は屈折率 n と
呼ばれ，真空中での光速 c，物質中での光速 v と $n = c/v$ の関係がある。
電磁波である光は，物質を透過する際，物質を構成する原子中の電子を
振動させる。原子核は光の振動数（図9.1参照）に追従するには重すぎ
て振動しない。この結果，電荷を帯びた**電子雲の変位（電子分極）**によ
る電気双極子が形成され，その振動によって新たに電磁波が生じる。光
はこのような微視的な光の吸収と再放出を伴いながら物質中を進むた
め，速度が遅くなることが，$n > 1$ となる原因である。n と微視的な電子
分極の大きさ α は，下記の Lorentz–Lorenz の式によって関係付けられ
る。

$$\frac{n^2-1}{n^2+2} = \frac{N\alpha}{3\varepsilon_0} \tag{9.3}$$

N は単位体積あたりの**電気双極子**の数，ε_0 は真空の**誘電率**を表す。式（9.3）の左辺は $n \geq 1$ で単調増大する関数であるため，屈折率 n は N と α が大きくなるほど大きくなる。重元素を含む物質の屈折率は一般に大きい。これは，原子に含まれる電子数が多いほど α が大きくなりやすいためである。

光は，屈折率の違う媒質の界面を横切ると進行速度が変わり，その際に屈折する。図 9.4 に示すように，媒質 1 と 2 の屈折率をそれぞれ n_1，n_2，屈折角をそれぞれ θ_1，θ_2 とするとき，下記に示した Snell の法則が成り立つ。

$$n_1 \sin \theta_1 = n_2 \sin \theta_2 \tag{9.4}$$

$n_2 > n_1$ のとき，$\sin \theta_1 > \sin \theta_2$ であるから，式（9.4）は，関係式 $n_1 = n_2 \sin \theta_{2c}$ を満たす臨界角 θ_{2c} より大きい θ_2 に対しては解をもてない。これが全反射である。屈折率の大きな媒質から小さな媒質へ進もうとする光は，入射角が θ_{2c} 以上の場合はすべて反射される。

蛍石（CaF_2）のような立方晶の結晶や後述するガラスのような等方的な材料では，屈折率は単一の値をとる。このような材料はレンズ材料として好まれる。一方，立方晶以外の結晶では，光の進む方向や偏光方向によって屈折率が異なる。屈折率の違いが顕著な場合，複数の屈折光が明瞭に現れることがあるが，この現象が複屈折である。方解石として知られる三方晶系の炭酸カルシウム（$CaCO_3$）は複屈折を示す代表的な化合物であり，その大きさは 3 回回転軸に垂直に光を入射したときに最大となる。複屈折は，偏光を得るための偏光子や，直交する偏光を分離する偏光プリズムに使用されている。また，屈折率には波長依存性があ

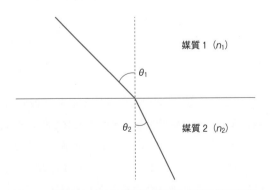

図 9.4 屈折率の異なる媒質の界面における光の屈折

るが，これに関しては 9.7 節で改めて説明する。

9.5 光の反射

透明媒質 1 から 2 に垂直入射する光の媒質界面での反射率 R は下記の式で与えられる。

$$R = \left(\frac{n_1 - n_2}{n_1 + n_2} \right)^2 \tag{9.5}$$

式（9.5）から，屈折率の等しい媒質間では光は反射しないが，屈折率差が大きくなるに従い反射率が大きくなることがわかる。大気の屈折率はほぼ 1 であるため，大気と屈折率 n の透明媒質との界面に対しては，式（9.5）より

$$R = \left(\frac{n - 1}{n + 1} \right)^2 \tag{9.6}$$

が成り立つ。式（9.6）は，屈折率の大きい物質は光を反射しやすいことを示している。ダイヤモンドは宝石として好まれるが，その理由のひとつに，屈折率が 2.4 と大きいため，光を当てると表面反射が顕著に起こり，美しく輝くことが挙げられる。

反射の機構には，これ以外に，伝導電子のプラズマ振動による反射がある。スズドープ酸化インジウム（ITO，$In_2O_3 : Sn$）やアンチモンドープ酸化スズ（$SnO_2 : Sb$）などの電子伝導性セラミックスは，可視光線に対して透明なため，ディスプレイの透明電極などとして重要である。電子伝導性の起源は伝導帯中に存在する**自由電子**であるが，これらは金属と同様に，光を反射する。自由電子の密度が n_e，質量が m_e であると仮定した場合，反射される光の短波長限界であるプラズマ波長 λ_p は下記の式で与えられる。

$$\lambda_p = 2\pi c \sqrt{\frac{\varepsilon_0 m_e}{n_e e^2}} \tag{9.7}$$

c は光速，ε_0 は真空の誘電率，e は電気素量を表す。金属では n_e が大きく λ_p が紫外域となるため，可視光線はすべて反射され，金属光沢が生じる。一方で，電子伝導性セラミックスの n_e は金属ほど大きくないため，λ_p が可視・赤外領域となる。λ_p より短波長の光は透過できることから，たとえば ITO では，λ_p が赤外域となるようドーパントである Sn の濃度

を制御して n_e を調節している。これらの透光性セラミックスは赤外線の反射率が高いため，窓ガラス上に成膜すると断熱効果が向上して空調効率が改善でき，建物などの省エネルギー化に貢献できる。

9.6 光の散乱

　光が直進できず，進行方向が乱される現象を散乱と呼ぶ。散乱が起こると物質は不透明になる。9.2 節で述べた吸収や，9.3 節で述べた着色とは違った概念であり，混同しないよう注意が必要である。透光性材料の粉末は不透明であるが，これは光が粉末と大気との界面で屈折と反射による散乱を多数回繰り返し，直進できないことによる。一方で，散乱された光は吸収されずにすべて粉末外に放射されるため，粉末は白色に見える。このように，白色は，通常の着色と同列に扱うことのできない，より正確には「無色不透明」と表すべき状態であるといえる。屈折率の大きい透光性セラミックスの粉末は，光を散乱しやすいため白色度が高く，白色顔料として利用される。これらの例には，チタン白とも呼ばれる酸化チタン（TiO_2，屈折率 2.5）や，亜鉛華や亜鉛白との名称もある酸化亜鉛（ZnO，屈折率 2.0）などがある。

　粒子径が光の波長と同程度以下になると，屈折と反射によらない光の散乱機構が顕著になる。Mie 散乱は，光の波長と同程度の大きさの粒子による散乱である。また，Rayleigh 散乱は光の波長より小さい粒子による散乱であり，その強度は波長の 4 乗に反比例する。これらの散乱は，ナノ粒子分散ガラスなどの，微粒子の分散した透明媒質の透光性に影響する。セラミックスやガラスの屈折率は，組成やドーパント，密度などの不均一性のためにしばしば nm スケールで揺らぐことがあるが，これらも Rayleigh 散乱の原因となる。

　セラミックスの粉末を焼結して得られる焼結体の透光性は一般に低い。これは，粒界と呼ばれる粒子どうしの界面や，残留した気泡などによって光が散乱されるためである。したがって，これらを十分に除くことができれば，透光性セラミックスが得られる。粒界や気泡の除去は容易ではないが，1960 年代に酸化アルミニウム（α-Al_2O_3，アルミナ）の焼結体で実現され，脚光を浴びた。トンネル照明などで知られている高圧ナトリウムランプの発光管には，当時シリカガラスが使用されていたが，透光性アルミナセラミックスは耐熱性と耐腐食性に優れているため新たに発光管に採用され，ランプの長寿命化に貢献した。最近では，図 9.5 に示すように，イットリウムアルミニウムガーネット（YAG;

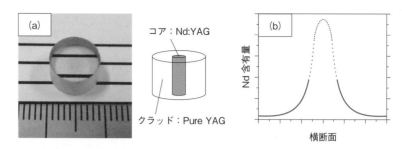

図9.5　円筒状コア-クラッド構造をもつ Nd：YAG セラミックレーザー媒質 (a)，Nd³⁺ イオンの濃度分布 (b)
文献［2］より引用して再作成。

Y₃Al₅O₁₂）などで，レーザー媒質に使用できるほどの高品質な透光性セラミックスが開発されている。きわめて高い透光性が求められるレーザー媒質には，従来は粒界や気泡が存在しない単結晶やガラスが用いられてきた。焼結体でレーザー媒質を作製することは困難であると考えられていたが，実際に得られたセラミックスの透明度は単結晶と比べても遜色がないことが示されている。また，発光中心である希土類イオンを単結晶に比べて高濃度ドープできたり，図9.5に示すように，希土類イオンの濃度分布を自由に制御できるなどの特徴を生かせば，単結晶の特性を凌駕しうることも明らかとなった。

9.7　結晶とガラス

液体（融液）を冷却すると固体になる。その際の体積変化を模式的に図9.6に示した。液体を冷却すると徐々に体積が減少する。融点に到達すると通常は結晶が析出し，この際に原子が規則配列するため，体積が

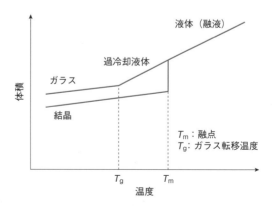

図9.6　ガラスおよび結晶の体積の温度依存性と，融点・ガラス転移温度との関係

不連続的に減少する。生成した結晶も冷却すると収縮するが，収縮率は液体状態に比べて小さい。これに対し，結晶化しにくい液体を冷却した場合や，結晶生成する時間を与えないほど急速に冷却を行った場合は，融点で結晶は析出せず，液体状の原子配置のまま固体となる。これがガラスである。融点以下に冷却された液体は過冷却液体と呼ばれる。過冷却液体の収縮率は融液とほぼ同じであるが，冷却を続けると粘度が次第に上昇した後，ある温度で収縮率が小さくなり，固化が完了する。過冷却液体がガラスに変化する温度はガラス転移温度と呼ばれる。ただし，物質定数である融点と違い，ガラス転移温度は冷却条件が変わると，ある程度変化する。

　結晶化は原子配置の変化を伴う。すなわち，融点で原子配置が変化しやすい化合物は結晶化が速く，ガラスとなりにくい。NaCl のような，孤立イオンどうしがクーロン力によって凝集したイオン結晶は，ガラス化しにくい化合物の典型例である。一方で，融点での原子配置の変化が遅い化合物はガラス化しやすい。その代表例は，SiO_2，B_2O_3，P_2O_5 など，金属 (M)-O 結合が共有結合性を帯びた化合物群である。これらの酸化物中の M-O 結合は切断や組み換えが起こりにくい。また，2 配位の O を介した M-O-M 結合からなる架橋構造によって高分子的な振る舞いを示すため，融点付近での粘度が高く，結晶化が著しく遅い。このように，それ自身がガラス化する酸化物を**ガラス形成酸化物**という。SiO_2 のみからなるガラスは，化学的耐久性や機械的強度が他のガラス形成酸化物に比べてとりわけ高く，透明性にも優れていることから，シリカガラスと呼ばれ，光学材料としての重要性が高い。他方，ガラス形成酸化物単独では融液の粘度が高く作業性が悪いため，多くの市販ガラスでは，粘度や熔融温度を下げてガラスを製造しやすくする目的で，M-O-M 架橋構造を切断する効果のあるアルカリやアルカリ土類元素が添加されている。また，化学的耐久性や機械的強度を向上させるため，Al や希土類など，高価数イオンとなる金属元素が加えられることも多い。SiO_2，Na_2O，CaO を主成分とするソーダ石灰ガラスは安価で，窓ガラスやガラス瓶などに多用されている。SiO_2，B_2O_3，Na_2O を主成分とするホウケイ酸ガラスは，耐熱性や化学的耐久性に優れるため調理器具や科学機器に好んで用いられる。ディスプレイなどでは，アルカリイオンの拡散によって画面を駆動する薄膜トランジスタ（**TFT**）の特性が低下することを防ぐため，アルカリ元素を含まない無アルカリガラスが使われる。

　ガラスのように，原子配置の規則性が失われた固体は**非晶質**（アモル

ファス）と呼ばれる。非晶質では，原子配置は液体と同様に乱雑である。ところが，たとえば酸化物ガラスは，必ず M-O-M 結合構造をもっている。また，M の配位数も結晶と同じであることが多い。このように，非晶質であっても，隣接する原子との結合距離や配位数などの短距離の秩序は結晶と類似していることが多い。これに対し，M-O-M 結合角や，M-O-M 結合による架橋構造のつながり方（トポロジー）については，結晶に見られるような規則性は失われている。このように，非晶質で失われている規則性は，中・長距離での規則性であり，短距離の秩序は維持されている。

　透明材料としてのガラスの大きな特徴は，液体と同様に等方的であり，光を散乱する粒界のような構造をもたず透明性に優れていることと，液体と同様に組成の自由度が大きいため，屈折率などの特性を制御しやすいことである。また，単結晶や透明焼結体などの結晶性透明固体に比べて大きいサイズのものが作製しやすく，ファイバーなどへの成形も容易である。これらの透明材料として適した利点を生かし，多くの種類の光学ガラスが開発されている。

　屈折率には波長依存性があり，一般に波長が短くなるほど大きくなる。これを屈折率の波長分散と呼ぶ。プリズムはこの原理を利用して光を波長ごとに分けている。また，同じ理由で凸レンズでは紫色光の焦点が赤色光の焦点よりもレンズに近い位置にある。このような色による焦点位置のずれを色収差と呼ぶ。色収差があると鮮明な画像が得られないため，カメラなどでは材質の違うレンズを何枚か重ねて色収差が小さくなるように工夫してある。レンズを設計するうえで重要になるのが，レンズ材料の屈折率と波長分散である。波長分散の大きさは，アッベ（Abbe）数と呼ばれる以下の式で表されることが多い。

$$\nu_d = \frac{n_d - 1}{n_F - n_C} \tag{9.8}$$

ここで，n_d, n_F, n_C は，それぞれ，フラウンホーファー（Fraunhofer）の d 線（587.56 nm, He），F 線（486.13 nm, H），C 線（656.27 nm, H）と呼ばれる特定の原子の輝線に対する屈折率である。アッベ数の定義には，ν_d 以外に $\nu_D = \frac{n_D - 1}{n_F - n_C}$，$\nu_e = \frac{n_e - 1}{n_{F'} - n_{C'}}$ などもある。なお，n_D, n_e, $n_{F'}$, $n_{C'}$ は，それぞれ，フラウンホーファーの D 線（589.3 nm, Na），e 線（546.07 nm, Hg），F′ 線（479.99 nm, Cd），C′ 線（643.85 nm, Cd）に対する屈折率である。式の分母は青色光（F，F′ 線）と赤色光（C，C′ 線）に対する屈折率の差を表すので，屈折率の波長分散が小さ

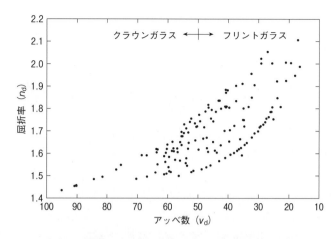

図9.7 市販光学ガラスの屈折率とアッベ数の関係（アッベ図）

いほど，アッベ数が大きくなる。

　組成によって屈折率とアッベ数を広い範囲で調節できること，等方的なため屈折率に異方性がないことは，レンズ材料としてのガラスの大きな利点である。図9.7に市販されている光学ガラスの屈折率とアッベ数の関係を一覧にした。この図はアッベ図と呼ばれる。アッベ数が50以上のガラスはクラウンガラス，50以下のガラスはフリントガラスと呼ばれることがある。クラウンガラスは一般にアルカリやアルカリ土類元素を多く含む低屈折率で波長分散の小さいガラスである。前述のホウケイ酸ガラスは代表的なクラウンガラスである。他方，フリントガラスは鉛や希土類などの重元素を多く含む高屈折率で波長分散の大きいガラスである。屈折率の高いフリントガラスを用いると，薄いレンズが作製できるが，波長分散による色収差が大きいため，単レンズとしては実用性が低い。これを解消するのが，レンズを組み合わせることで色収差を補正した色消しレンズである。クラウンガラスによる凸レンズとフリントガラスによる凹レンズを組み合わせることで，最も基本的な色消しレンズが得られる。

9.8　光ファイバー

　結晶に対するガラスの大きな特徴のひとつは，自由な形状に成形できることである。このため，ガラスは光ファイバーの素材として適している。光ファイバーは，図9.8に示すように，一般に中心部のコアと周辺部のクラッドの二重構造となっている。中心部のコアの屈折率 n_2 をクラッドの屈折率 n_1 よりも十分高くすると，コアを導波する光をクラッ

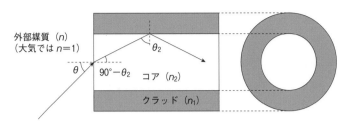

図9.8　光ファイバーの基本構造
側面図（左）と断面図（右）を示した。

ドとの界面で全反射させ，外に漏らさずに伝送させることができる。光
ファイバーに入射する光の入射角を θ とすると，$n \sin \theta \leq \sqrt{n_2^2 - n_1^2}$ で
ある光は全反射条件を満たすため，導波できる。$n \sin \theta$ は開口数
（numerical aperture; NA）と呼ばれる。コアとクラッドの屈折率差が大
きいほど NA が大きくなり，光を入射しやすいファイバーとなる。

　図9.9にさまざまなガラス光ファイバーの透明領域を示す。シリカガ
ラスは，組成が単純なため透明性が良いことに加え，化学的に安定で，
高純度化や紡糸も行いやすいことから，光ファイバー用ガラスとして最
も多く使用されている。他方，フッ化物ガラスや陰イオンが S^{2-}，Se^{2-}，
Te^{2-} であるカルコゲナイドガラスは，フォノンエネルギーが小さいた
め，シリカガラスに比べて赤外透明性が良い。このため，シリカガラス
では透過できない赤外レーザー光の伝送や赤外線のファイバーセンシン
グに用いられる。

　光ファイバーは光路長が長いため，透明性を向上させるには光吸収の
原因となる不純物や欠陥を徹底的に除くことが不可欠である。長距離の

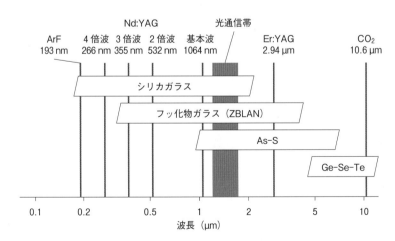

図9.9　各種ガラス光ファイバーの透明領域
主要なレーザーの発振波長もあわせて示した。

光通信に用いられる高純度シリカガラスの合成は**気相合成法**によって実現された。気相合成法では，$SiCl_4$ のような液体原料を気化させた後，酸水素炎などで酸化させることでシリカガラスを得る。これらの原料は蒸留によって精製できるため，遷移金属をはじめとする不純物の除去が容易である。また，熔融法と違い合成時にるつぼが不要なため，るつぼからの不純物の混入も避けることができる。気相合成法で得られたシリカガラスは，熔融法で得られた熔融シリカガラスとの対比で，合成シリカガラスと呼ばれることがある。

高純度合成シリカガラス光ファイバーの赤外透過率スペクトルの例を図 9.10 に示す。シリカガラスの赤外透明性は，長波長側は多フォノン吸収，短波長側は原子配置の不規則性に起因する Rayleigh 散乱によって制限される。その結果，シリカガラスの透明性は波長 1.5 µm 付近で最高となる。このため，長距離伝送が必要な光通信には波長 1.5 µm 付近の光が用いられる。しかし，ガラス中に SiOH 基が残留していると，SiO-H 伸縮振動の 2 倍音による光吸収のため，この波長域の透明性は著しく低下する。この問題は，いったん合成したスートと呼ばれる多孔質ガラスを，Cl_2，CCl_4，$SOCl_2$ のようなハロゲン系のガス中で処理して SiOH 基を除去することで解決された。現行の商用光ファイバーで透過率が最高のものの透過損失は約 $0.15\,dB\,km^{-1}$ である。この値は前述の多フォノン吸収と Rayleigh 散乱による透過率の理論限界に近い。ここで，dB はデシベルという単位であり，$10\,dB = 1B$ で強度が 1 桁変化することを示す。この光ファイバーで光強度が 1/10 まで減衰する伝送距離は約 67 km であり，この透明性は快晴時の大気よりも優れている。

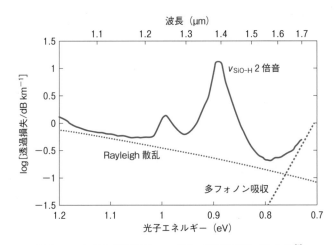

図 9.10 シリカガラス光ファイバーの透過率スペクトル[3]

------------------------------ 参 考 文 献 ------------------------------

［1］P. C. Schultz, *J. Am. Ceram. Soc.*, 57, 309（1974）.

［2］池末明生，レーザー研究，37，248（2009）.

［3］T. Miya, Y. Terunuma, T. Hosaka, T. Miyashita, *Electron. Lett.*, 15, 106（1979）.

------------------------------ 章 末 問 題 ------------------------------

9.1　緑色光（520 nm）のエネルギーを，波数（cm^{-1}），振動数（Hz），電子ボルト（eV）を単位としてそれぞれ表せ。

9.2　アルミニウム化合物 Al_4C_3，AlN，Al_2O_3，AlF_3 のバンドギャップの大きさの順番を推定せよ。

9.3　屈折率が 1.5 のガラスの表面反射率を求めよ。

9.4　プラズマ波長が 1000 nm である ITO（Sn ドープ In_2O_3）のキャリア密度を求めよ。ITO の伝導電子の質量は電子の静止質量の 0.3 倍であるとし，真空の誘電率に代わり ITO の誘電率 $\varepsilon = 3.5 \times 10^{-11}$ Fm^{-1} を用いよ。また，この ITO における Sn のドープ濃度を求めよ。なお，In_2O_3 は立方晶の結晶で，格子定数は 10.12 Å であり，この単位格子中に In_2O_3 単位を 16 個含む。In を Sn で置換すると伝導電子が 1 個生じるとし，Sn ドープによる格子定数の変化はないものとする。

9.5　屈折率とアッベ数の測定に原子の輝線が用いられる理由を挙げよ。

9.6　図 9.8 を参考に，光ファイバーの開口数と屈折率の関係式 $n \sin\theta = \sqrt{n_2^2 - n_1^2}$ を導け。

9.7　開口数が 0.22 の光ファイバーを作製したい。クラッドの屈折率はいくつにすればよいか。コアの屈折率は 1.432 であるとする。また，大気中でこの光ファイバーに光を入射するとき，光の入射角は何° 以下にすればよいか。

9.8　透過損失が 0.15 dB km^{-1} である光ファイバーで光強度が 5 ％まで減衰する距離を求めよ。

第10章　磁性材料

■ この章の目標 ■

　　これまでに実用化されてきた磁性材料は，主として金属あるいは
合金の磁性体ならびに酸化物磁性体に基づいて作製されている。身
近な例として最初に思い浮かぶ磁性材料は永久磁石であろう。ま
た，パソコンに内蔵されているハードディスクは記録媒体および記
録の読み出しに磁性材料が使われている。このほか，モーターの磁
心や，光通信において光信号を一方向にだけ伝送する機能をもつ素
子などにも磁性材料が利用される。実用的に有用な磁性体は強磁性
体やフェリ磁性体と呼ばれるものであり，これらの物質では巨視的
な磁性の微視的起源となる磁気モーメントの空間的な配列に特徴が
ある。磁気モーメントの起源は電子のスピンと軌道角運動量であ
り，物質中の原子やイオンにおける電子の配置や電子を介した原子
やイオン間の相互作用が磁気モーメントの巨視的な配列を決めてい
る。本章では，物質に磁性が現れる理由を電子配置やその相互作用
といった微視的な立場から説明するとともに，特徴的な性質を示す
磁性体や実用化されている磁性材料について述べる。磁性と他の物
性（電気伝導，誘電性，光物性）が共存する現象や物質，すなわち，
スピントロニクス，マルチフェロイクス，磁気光学についても触れ
る。

10.1　磁性の基礎

　磁性の最小の単位は磁気双極子（magnetic dipole）であり，図 10.1
のように，仮想的な正負の点磁荷が一定の距離だけ離れて対を成してい
るものとして定義される。大きさが点磁荷間の距離 d に等しく，負の点
磁荷 $-q_\mathrm{m}$（$q_\mathrm{m} > 0$）から正の点磁荷 $+q_\mathrm{m}$ に向かうベクトルを考えると，
磁気双極子モーメント（magnetic dipole moment）は，$\boldsymbol{\mu}_\mathrm{m} = q_\mathrm{m}\boldsymbol{d}$ と表

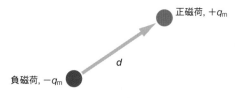

図 10.1　**磁気双極子**

現される。また，これを真空の透磁率 μ_0（$= 1.257 \times 10^{-6}\,\mathrm{Hm^{-1}}$）で割った物理量を磁気モーメント（magnetic moment）と呼ぶ。一方，単位体積当たりの磁気双極子モーメントならびに磁気モーメントの総和はそれぞれ磁気分極（magnetic polarization）および磁化（magnetization）と呼ばれ，磁化を $\boldsymbol{M}$ で表せば磁気分極は $\mu_0\boldsymbol{M}$ と書くことができる。物質に磁場（magnetic field）$\boldsymbol{H}$ が印加されたときに生じる磁化は磁場に比例し，

$$\boldsymbol{M} = \chi_\mathrm{m}\boldsymbol{H} \tag{10.1}$$

の関係がある。χ_m は磁化率（magnetic susceptibility）と呼ばれ，無次元の物理量である。また，磁束密度（magnetic flux density）$\boldsymbol{B}$ は

$$\boldsymbol{B} = \mu_0\boldsymbol{H} + \mu_0\boldsymbol{M} = \mu_0(1 + \chi_\mathrm{m})\boldsymbol{H} = \mu\boldsymbol{H} \tag{10.2}$$

と表される。μ は物質の透磁率（magnetic permeability）であり，μ/μ_0 は比透磁率と呼ばれる。磁化率と透磁率（比透磁率）は物質の磁性を特徴づける重要な物理量である。

　磁性体では電子の磁気モーメントが巨視的な磁性に寄与する。電子の磁気モーメントは電子の軌道角運動量とスピンから成り，後者は電子に固有の角運動量である（すなわち，電子そのものは微細な磁石である）。原子やイオンが複数の不対電子をもつ場合，そこに存在する電子のスピンと軌道角運動量の総和が原子やイオンの磁気モーメントを決める。すべての電子を考慮した軌道角運動量量子数とスピン角運動量量子数をそれぞれ $\boldsymbol{L}$, $\boldsymbol{S}$ とおくと，$\boldsymbol{J} = \boldsymbol{L} + \boldsymbol{S}$ は全角運動量量子数となり，一つの原子やイオンが担う磁気モーメントは

$$\boldsymbol{\mu}_J = -g\mu_\mathrm{B}\boldsymbol{J} \tag{10.3}$$

で与えられる。ここで，g はランデの g 因子（Landé g-factor）と呼ばれる量である。また，μ_B はボーア磁子（Bohr magneton）と呼ばれる定数で，

$$\mu_{\mathrm{B}} = \frac{e\hbar}{2m} = 9.27 \times 10^{-24}\,\mathrm{Wb \cdot m} \tag{10.4}$$

と表される。ここで，e は電気素量，m は電子の質量，また，$\hbar = h/2\pi$ で，h はプランク定数である。物質を構成する原子やイオンの磁気モーメントの空間的な配列や相互作用によって物質の巨視的な磁性が決まる。

10.2　固体の磁気的性質

10.2.1　反磁性と常磁性

　反磁性（diamagnetism）は固体，液体，気体を問わず，あらゆる物質に見られる磁性であり，とりわけ物質を構成する原子やイオンが不対電子をもたず，磁気双極子モーメントがゼロの場合に顕著に観察される。一般に物質に外部から磁場が加えられると，その磁場を減らす方向に磁化が生じるように誘導電流が流れる（ファラデーの電磁誘導の法則）。したがって，式（10.1）に従えば，磁場と磁化の向きは正反対になるため磁化率が負になる。超伝導体では完全反磁性と呼ばれるまったく異なる機構での反磁性が見られるが，ここではそれには触れない。

　一方，物質中に不対電子をもつ原子やイオンが存在すると，電子がつくる磁気双極子モーメントはゼロではない。磁気双極子モーメント間に相互作用がないか，十分に小さいとき，個々の磁気双極子モーメントは熱エネルギー（温度）の影響を受けて，その向きを無秩序に変えるような運動をする。したがって，図 10.2 に示すように磁気双極子モーメントの向きは空間的に無秩序となり，磁気構造は時間に依存して変化する。また，各時間における磁気分極はゼロとなる。このような状態で外部から磁場が加えられると個々の磁気モーメントは磁場の方向を向いて

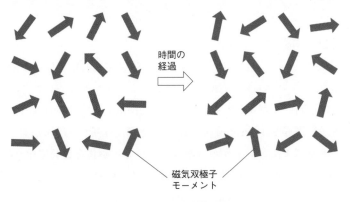

時間の経過

磁気双極子モーメント

図 10.2　常磁性の磁気構造
磁気双極子モーメントの配列の時間変化。

$$E_J = -\boldsymbol{\mu}_J \cdot \boldsymbol{H} = g\mu_\text{B}\boldsymbol{J}\cdot\boldsymbol{H} \tag{10.5}$$

のエネルギーを得て安定化し，磁場の向きと同じ方向に磁化が生じる。このため，式（10.1）に基づき，磁化率は正になる。このような磁性を**常磁性**（paramagnetism）という。磁場による磁気モーメントの配向の秩序化と熱エネルギーによる無秩序化とが拮抗する状態を考察することにより，常磁性体の磁化を磁場と温度の関数として表現することができ，低磁場と高温の極限における磁化率は

$$\chi_\text{m} = \frac{Ng^2J(J+1)\mu_\text{B}^2}{3\mu_0 k_\text{B}T} \tag{10.6}$$

と表されることがわかっている。ここで，N は単位体積当たりの磁気モーメントの数，k_B はボルツマン定数である。式（10.6）から常磁性体の磁化率は温度に反比例することがわかる。これを**キュリーの法則**（Curie's law）という。式（10.6）において

$$p_\text{eff} = g\sqrt{J(J+1)} \tag{10.7}$$

＊1　式（10.3）より，$\mu_J{}^2 = (g\mu_\text{B})^2\boldsymbol{J}^2$ であり，量子力学では角運動量についての演算子 $\boldsymbol{J}^2$ の固有値が $J(J+1)$ となることから，$p_\text{eff}\mu_\text{B} = g\sqrt{J(J+1)}\mu_\text{B}$ は磁気モーメントを表す。

は有効ボーア磁子数と呼ばれ，これはボーア磁子単位の磁気モーメントの大きさを表す[*1]。ランタノイドイオンでは 4f 軌道の不対電子が磁気モーメントを生じ，スピンと軌道角運動量の両方の寄与があるため式（10.7）が成り立つが，d ブロックの遷移金属イオンでは不対電子の存在する d 軌道において軌道角運動量の消失と呼ばれる現象が起こるため，磁気モーメントの値はスピンのみに依存し，

$$p_\text{eff} = 2\sqrt{S(S+1)} \tag{10.8}$$

＊2　ランデの g 因子は
$$g = \frac{3}{2} + \frac{S(S+1) - L(L+1)}{2J(J+1)}$$
で与えられるので，$S = 0$ のとき，$g = 2$ である。

となる[*2]。

10.2.2　強磁性

　図 10.3 に示すように，磁気双極子間に強い磁気的相互作用が働くことにより，すべての磁気双極子モーメントが熱エネルギーに打ち勝って同じ方向を向いて並ぶと，きわめて大きな磁気分極が観察される。この磁気構造を**強磁性**（ferromagnetism）と呼び，外部から磁場が加えられなくても磁気モーメントが自ら配列して生じる磁化を**自発磁化**（spontaneous magnetization）という。強磁性は実用的な磁性材料を考えるうえで重要な磁性の一つである。

　厳密に言えば，作製したばかりの強磁性体は単結晶であってもすべて

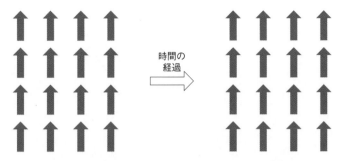

図 10.3　強磁性における磁気双極子モーメントの配列

　の磁気モーメントの向きが揃っているわけではなく，図 10.4 に示すように，一部の領域では磁気モーメントが同じ方向を向いて大きな磁化を生じているものの，局所的に存在する磁化は互いに打ち消しあい，磁性体全体では磁化はゼロである。磁気モーメントの向きが揃っている領域を磁区（magnetic domain）といい，異なる磁区を隔てる境界領域を磁壁（magnetic domain wall）と呼ぶ。このような状態に外部から磁場を加えたときの磁化の変化は模式的に図 10.5 のようになる。磁場がゼロのときの最初の状態では全体の磁化がゼロである（点 O）が，ここから磁場を大きくすると，磁性体全体の磁気モーメントが磁場の方向に揃うように向きを変えるため磁壁は移動または消滅して磁化が増加する。磁場が十分に強くなると，すべての磁気モーメントが同じ方向を向いて磁化 の 値 は 一 定 と な る（点 A）。この 磁化 を 飽和磁化（saturation magnetization）という。次に磁場を減少させゼロに戻しても，磁性体には磁化が残る（点 B）。これを残留磁化（residual magnetization）と

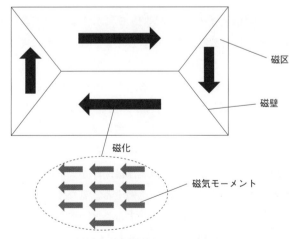

図 10.4　強磁性体における磁区
大きい矢印は磁化を，小さい矢印は磁気モーメントを表す。

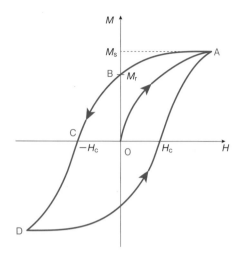

図 10.5　強磁性体における磁場（*H*）と磁化（*M*）の関係
M_s は飽和磁化，M_r は残留磁化，H_c は保磁力。

いう。さらに最初とは逆向きに磁場を加えていくと，磁化は徐々に減少
し，点 C においてゼロとなる。磁化をゼロにするために必要な逆向きの
磁場の大きさを**保磁力**（coercive force）という。逆向きの磁場をさらに
増やすと最初とは逆方向の飽和磁化が生じる（点 D）。この結果，磁場
と磁化の関係は図 10.5 に示されているように**ヒステリシスループ**
（hysteresis loop）を描く。この現象は強磁性体の特徴の一つである。

　絶対零度では強磁性体のすべての磁気モーメントは同じ方向を向いて
おり，磁化は

$$M_0 = Ng\mu_B J \tag{10.9}$$

で与えられる。強磁性体の磁化は図 10.6 に示すように，温度の上昇と
ともに単調に減少し，ある温度でゼロとなる。この温度は**キュリー温度**
（Curie temperature）と呼ばれ，ここでは強磁性秩序をつくる磁気的な
力と熱エネルギーとが釣り合っている。キュリー温度は相転移温度の一
種であり，これより低温では強磁性が，高温では常磁性が安定相とな
る。強磁性体において一つの磁気双極子モーメントのみに着目し，これ
が他の多数の磁気双極子モーメントと同じ方向を向くのは，他の磁気双
極子の集団からそのような力（その実体は問わない）を受けているから
であると考え，その力は磁気分極に比例すると見なすことにより，キュ
リー温度や常磁性状態の磁化率を考察することができる。強磁性に対す
るこのような扱いは**平均場近似**（mean field approximation）[*3] と呼ば
れる。強磁性体が常磁性体に相転移した状態での磁化率の温度依存性

＊3　Weiss が提唱したモデル
であることからワイスの分子場
近似とも呼ばれる。

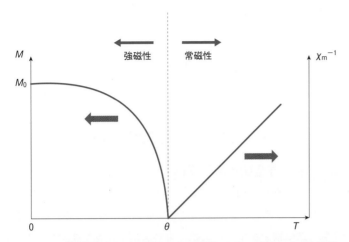

図 10.6　**強磁性体における磁化（M）と温度（T）の関係ならびに常磁**
性体に相転移した状態での磁化率（χ_m）の逆数と温度の関係
M_0 は絶対零度での磁化，θ はキュリー温度。

は，式（10.6）とよく似た表現となり，

$$\chi_m = \frac{Np_{\mathrm{eff}}^2 \mu_B^2}{3\mu_0 k_B(T - \theta)} \tag{10.10}$$

で与えられる。θ は一般にワイス温度（Weiss temperature）と呼ばれ
るが，強磁性体ではキュリー温度に相当し，$\theta > 0$ である。式（10.10）
をキュリー–ワイスの法則（Curie-Weiss law）という。

10.2.3　反強磁性とフェリ磁性

　図 10.7（a）のように，磁気的相互作用に基づいて磁気モーメントが
互いに逆方向を向いて並んだ状態を**反強磁性**（antiferromagnetism）と
いう。強磁性体と同様，反強磁性体は低温で安定であり，高温では常磁
性体に相転移する。転移温度はネール温度（Néel temperature）と呼ば
れる。図 10.7（b）に示すように，磁化率の温度依存性において磁場が
磁気モーメントに平行に加えられている場合には，磁化率はネール温度
で最大となり，温度の低下とともに減少して絶対零度ではゼロとなる。
常磁性状態の磁化率は式（10.10）で表されるが，反強磁性体ではワイ
ス温度が負（$\theta < 0$）である。

　反強磁性と同じように，隣り合った磁気モーメントが互いに逆方向を
向いた配列であっても，図 10.7（c）に模式的に示すように，互いに逆
方向を向いている磁気モーメントの大きさが異なれば，それらは完全に
打ち消し合うことはないため，2 種類の磁気モーメントの大きさの差の

(a)

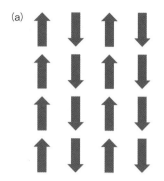

(b)

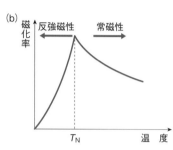

(c)

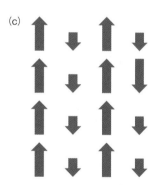

図 10.7　**反強磁性とフェリ磁性**

（a）反強磁性における磁気モーメントの配列，（b）反強磁性体に見られる磁化率の温度依存性，T_N はネール温度，（c）フェリ磁性。

総和が大きな磁化を導く。この磁性はフェリ磁性（ferrimagnetism）と呼ばれる。逆方向の磁気モーメントの数が互いに異なる場合にも同様の磁性が現れる。フェリ磁性は強磁性と並んで実用的に重要な磁性の一つである。

10.3　金属と合金の磁性と磁性材料

10.3.1　強磁性金属と電子構造

　金属の単体のうち，3d 元素の鉄，コバルト，ニッケル，希土類元素のガドリニウム，テルビウム，ジスプロシウム，ホルミウム，エルビウム，ツリウムが強磁性を示す。特に鉄，コバルト，ニッケルはキュリー温度が室温以上であるため，これらの元素に基づく合金は磁性材料として広く実用化されている。図 10.8 は，ニッケルの強磁性状態に対して計算されたバンド構造である。図の横軸は電子のエネルギー，縦軸は状態密度であって，図の上部と下部はそれぞれスピンが下向きと上向きの電子

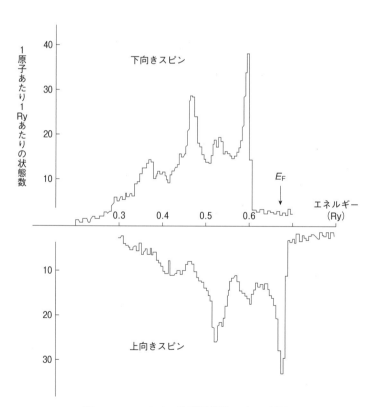

図 10.8　**ニッケルの強磁性状態のバンド構造**
これは計算の結果であり，下向きスピンと上向きスピンのバンド構造が描かれている。E_F はフェルミエネルギー，エネルギーの単位は Ry（$1\,\mathrm{Ry} = 13.6\,\mathrm{eV}$）。

のバンド構造を表している。下向きスピンのバンドは相対的に低エネルギー側に移動しており，3d 軌道のつくるバンドにおいて下向きスピンの電子の数が上向きスピンの電子の数を上回るため**自発磁化**が生じる。

10.3.2　硬磁性体と永久磁石

　強磁性体の磁場と磁束密度の関係を表す曲線（これを *B-H* 曲線という）にも図 10.5 と同じようなヒステリシスループが見られ，その形状により強磁性体を図 10.9（a），（b）のような二つの種類に分けることができる。図 10.9（a）のように，保磁力の大きなヒステリシスループを描く強磁性体は**硬磁性体**（hard magnet）と呼ばれ，図 10.9（b）のように保磁力が小さく磁束密度が原点付近から鋭く立ち上がるような曲線を描く強磁性体は**軟磁性体**（soft magnet）と呼ばれる。硬磁性体は**永久磁石**（permanent magnet）として有用である。永久磁石の性能は *B-H* 曲線のヒステリシスループの面積に反映される。図 10.10 のように，*B-H* 曲線の第 2 象限に含まれる部分（これを減磁曲線という）に注目したとき，曲線上の任意の点の磁場と磁束密度の値の積は**エネルギー積**あるいは *BH* 積と呼ばれ，減磁曲線と磁場および磁束密度の軸との交点（それぞれ図中の **X** と **Y**）と原点 **O** からつくられる長方形の一つの対角線 **OZ** と *B-H* 曲線との交点 **Q** が最大のエネルギー積を与える。これは**最大エネルギー積**と呼ばれ，$(BH)_{max}$ と表現されて，永久磁石の性能を評価する指標となる。

　実用的な永久磁石として開発されてきた合金には，KS 鋼（Fe-Co-W 系合金），MK 鋼（Fe-Ni-Al 系合金），Fe-Co-Ni-Al-Cu 系合金のアルニコ（Alnico），$SmCo_5$，$Nd_2Fe_{14}B$ などがある。特に 1960 年代後半から 1970 年代に開発が進んだ $SmCo_5$ と 1980 年代に発見された $Nd_2Fe_{14}B$ は優れた特性の磁石として広く利用されている。$(BH)_{max}$ は添加物や組織にも依存するが，おおよそ，KS 鋼が $8\,kJ\,m^{-3}$，アルニコが $80\,kJ\,m^{-3}$，$SmCo_5$ が $200\,kJ\,m^{-3}$，$Nd_2Fe_{14}B$ が $400\,kJ\,m^{-3}$ 程度である。$SmCo_5$ や $Nd_2Fe_{14}B$ は結晶構造に異方性があり，磁化が特定の結晶方位に向きやすくなっている。この性質は**磁気異方性**（magnetic anisotropy）と呼ばれ，磁気異方性が大きい結晶では保磁力も大きくなるため，$(BH)_{max}$ の大きい永久磁石が得られる。

10.3.3　軟磁性体と磁心

　前節で述べた軟磁性体は，主に磁心材料として変圧器や発電機に利用される。実用化されている合金には，Fe に 3～4 wt% の Si が添加され

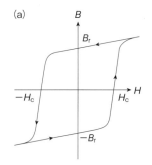

（a）

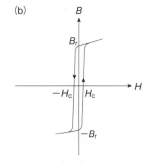

（b）

図 10.9　（a）硬磁性体および（b）軟磁性体の *B-H* 曲線

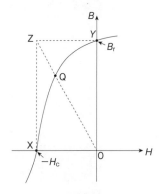

図 10.10　減磁曲線と最大エネルギー積（点 Q における *BH* の値）

た Fe-Si 系合金で，特に結晶粒子の配向により磁化が生じやすい組織をもつ方向性ケイ素鋼，Fe-Ni 系合金で 78.5 wt% の Ni と 21.5 wt% の Fe とからなるパーマロイ（permalloy），79 wt% の Ni，16 wt% の Fe，5 wt% の Mo からなるスーパーマロイ（supermalloy）などがある。いずれの合金も透磁率が高く，保磁力が小さい。たとえば，スーパーマロイの保磁力は $0.16 \, \mathrm{Am^{-1}}$ で，永久磁石である KS 鋼（保磁力は $2 \times 10^4 \, \mathrm{Am^{-1}}$）や $SmCo_5$（保磁力は $7.9 \times 10^5 \, \mathrm{Am^{-1}}$）と比べると桁違いに小さい。

10.3.4　金属多層膜の巨大磁気抵抗効果とスピントロニクス

物質の電気抵抗が磁場によって変化する現象を磁気抵抗効果（magnetoresistance）という。電気抵抗の変化は通常の磁気抵抗効果では数％程度であるが，厚さが数 nm 程度の強磁性体と常磁性体（あるいは反強磁性体）の薄膜が交互に積層し，強磁性層の磁化の向きが層ごとに変わるような多層膜（図 10.11）では，室温でも数十％に及ぶ変化が見られる。これを巨大磁気抵抗効果（giant magnetoresistance；GMR）という。電子が多層膜の表面に垂直な方向に流れる場合を考えると，強磁性を担う実体は金属中に含まれる電子の磁気モーメント（スピン）であるから，流れる電子は磁化に寄与する電子による散乱を受ける。このとき，流れる電子のスピンが磁化をつくる電子のスピンと同じ向きであれば，パウリの排他原理により両者は近づくことができず，散乱の効果は小さいが，スピンが互いに逆向きであれば，両者は近づきうるので大きく散乱されることになる。よって，外部からの磁場がゼロの場合〔図 10.11 (a)〕，強磁性層の磁化は互い違いを向いているため，上向きスピンの電子も下向きスピンの電子も同様に散乱されるが，磁場が加えられてすべての強磁性層の磁化の向きが同じになれば〔図 10.11 (b)〕，これと同じ向きの磁気モーメントをもつ電子は散乱されず流れることができて，電気抵抗は減少する。これが GMR の原理である。GMR は高感度の磁場センサーに応用できるので，ハードディスクの磁気ヘッド（記録読み出し用の素子）として利用されている。このような磁性と電気伝導が相関した材料は，電荷とスピンの両者を制御する工学であるスピントロニクス（spintronics）の分野で有用なデバイスとなる。

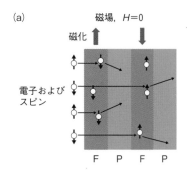

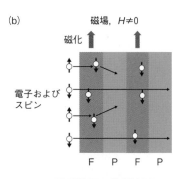

図 10.11　強磁性層と常磁性層からなる多層膜の巨大磁気抵抗効果

(a) 外部磁場がゼロ，(b) 外部磁場によりすべての強磁性層の磁化の向きが揃った状態．図中の F と P はそれぞれ強磁性層と常磁性層である。また，白丸は電子，付随する小さい矢印はスピン（上向きと下向き）を表し，最も左側の 4 個の電子は伝導電子を表現している。強磁性層中の電子のスピンは磁化に寄与する。横方向への矢印は，電子の流れ。

10.4 酸化物磁性体と磁性材料

10.4.1 超交換相互作用

　金属や合金では不対電子をもつ原子どうしが直接結合しているため，直接的なスピンの相関によって強磁性や反強磁性が現れる。一方，酸化物では不対電子をもつ金属イオンが酸化物イオンを介して結合しており，酸化物イオンは電子状態が閉殻構造であって不対電子をもたない。このように，磁気モーメントがゼロであるイオンが介在する場合の磁気的相互作用について例を挙げて説明しよう。たとえば，NiO は塩化ナトリウム型構造をとる結晶であり，一直線に並んだ Ni^{2+}-O^{2-}-Ni^{2+} という結合が存在する。Ni^{2+} の最外殻の電子配置は $3d^8$ であり，酸化物イオンの一つの 2p 軌道と σ 結合をつくる e_g 軌道に 2 個の不対電子が存在する。結合は模式的に図 10.12 のようになる。酸化物イオンの 2p 軌道にはスピンの異なる 2 個の電子があり，いずれも空軌道をもつ Ni^{2+} の e_g 軌道に飛び移ることができる。たとえば 2p 軌道の上向きスピンの電子が右側の Ni^{2+} に移動するためには，この Ni^{2+} の不対電子のスピンは下向きでなければならない。実際にある確率でこのような電子移動が起こったとすると，2p 軌道に残った電子は下向きのスピンをもつから，これが左側の Ni^{2+} の空の e_g 軌道に入るためには，Ni^{2+} の 2 個の不対電子のスピンは上向きでなければならない。結果として二つの Ni^{2+} のスピンの向き，すなわち，磁気モーメントの向きは互いに反平行になる。実際，NiO は反強磁性体である。このように，非磁性イオンを介した磁性イオンが電子の瞬間的な移動によってスピン相関をもつ機構を超交換相互作用（superexchange interaction）という。酸化物では他の種類の磁気的相互作用も働くが（10.4.3 項参照），超交換相互作用は多くの酸化物で見られる主要な機構である。

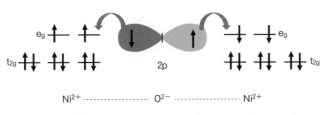

図 10.12　一直線に並んだ $Ni^{2+}-O^{2-}-Ni^{2+}$ 結合における超交換相互作用

10.4.2　フェライト

　フェライト（ferrite）は，主な構成元素として鉄を含む酸化物で，古くから実用化されている酸化物磁性体の一つである。結晶構造に応じてスピネル型フェライト（spinel-type ferrite），マグネトプランバイト型フェライト（magnetoplumbite-type ferrite），ガーネット型フェライト（garnet-type ferrite）に大別される。スピネル型フェライトはMFe_2O_4（Mは2価の金属元素）の組成式をもち，結晶構造において酸化物イオンは面心立方格子を組み，四面体位置と八面体位置を金属イオンが占める。$ZnFe_2O_4$や$CdFe_2O_4$は正スピネル型構造をとり[*4]，反強磁性を示す。一方，$CoFe_2O_4$，$NiFe_2O_4$などは逆スピネル型構造であり，四面体位置と八面体位置の磁性イオン間に働く超交換相互作用のためフェリ磁性体となる。$CoFe_2O_4$や$NiFe_2O_4$に反強磁性体の$ZnFe_2O_4$が少量だけ固溶すると磁化はかえって増加する（問題10.5参照）。これらの固溶体は軟磁性体であるため磁心材料として用いられる。特に電気抵抗が高い点が金属や合金の軟磁性材料にない特徴であり，このため高周波領域でも渦電流による損失が少なく，効率の良い磁心材料となる。

　スピネル型フェライトは必ずしも2価のカチオンを含む必要はなく，γ-Fe_2O_3のように3価のカチオンのみから成る酸化物もある。γ-Fe_2O_3ではFe^{3+}は四面体位置と八面体位置をともに占有するが，八面体位置には空格子点が生じ，これを反映した組成式は$Fe^{3+}(Fe^{3+}_{5/3}\square_{1/3})O_4$となる。ここで，$\square$は$Fe^{3+}$の存在しない空格子点である。針状の形状をもつ$\gamma$-$Fe_2O_3$結晶は，その特徴的な形に基づく磁気異方性（これを形状磁気異方性という）が大きく，磁化は針状結晶の長軸方向に向きやすくなっている。この性質を利用して磁気テープなどの記録材料として用いられている。

　マグネトプランバイト型フェライトは$AFe_{12}O_{19}$（Aは2価のイオン半径の大きなカチオン）の組成式をもち，$SrFe_{12}O_{19}$，$BaFe_{12}O_{19}$，$PbFe_{12}O_{19}$などが知られている。Fe^{3+}は四面体位置，八面体位置，酸素5配位の三方両錐の位置に存在し，これらの超交換相互作用によりフェリ磁性体となる。磁化が大きく，結晶構造に異方性があるため，磁化はc軸方向を向きやすい。この磁気異方性のため，保磁力が大きい硬磁性体となる。このため，マグネトプランバイト型フェライトは永久磁石として利用されている。

　ガーネット型フェライトは，$R_3Fe_5O_{12}$の組成式をもつ。Rは希土類やBiのようなイオン半径の大きい3価のカチオンであり，ガーネット型構造中の十二面体位置（酸素8配位）を占める。また，Fe^{3+}は四面体位

*4　スピネル型構造のうち，2価のカチオンがすべて四面体位置に入り，3価のカチオンがすべて八面体位置を占めるものを正スピネル型，3価のカチオンの半分が四面体位置に入り，残りの3価のカチオンと2価のカチオンが八面体位置を占めるものを逆スピネル型という。

置と八面体位置に存在する。R がランタノイドの場合，不対電子は 4f
軌道に存在しているので，外部との相互作用が小さく，超交換相互作用
も弱い。このため，特に高温では二つの格子位置を占める Fe^{3+} 間の超
交換相互作用が主となり，結晶はフェリ磁性を示す。低温ではランタノ
イドイオンの超交換相互作用も巨視的な磁性に寄与し，結晶全体の磁化
はランタノイドイオンの磁気モーメントの大きさと向きにも依存するよ
うになる。

　ガーネット型フェライトの実用化では，磁気光学効果の応用が有名で
ある。磁気光学効果の一種であるファラデー効果は，磁性体が示す非相
反の旋光性であり，図 10.13（a）に示すように，磁化（あるいは外部磁
場）に平行に直線偏光が入射するとき，透過後の偏光（これは厳密には
楕円偏光になっている）の偏光面が入射した直線偏光に対して，相対的
に回転している現象である。この現象を用いると，光を一方向だけに通
すデバイスである光アイソレーターを作製できる。図 10.13（b）にその
原理を示す。ファラデー効果により直線偏光が $45°$ だけ傾くように磁性
体を調整しておき（これは，磁性体の厚さや磁化を制御すれば可能であ

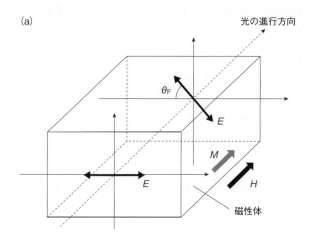

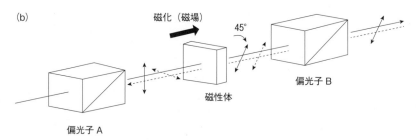

図 10.13　ファラデー効果と光アイソレーターの原理
（a）ファラデー効果。M は磁化，H は磁場，E は直線偏光の偏光面の向き，θ_F はファラデー回
転角，（b）光アイソレーターの原理。

る），磁性体を透過した偏光が通過する偏光子（偏光子 B）の偏光面が
入射前の偏光子（偏光子 A）に対して 45° だけ傾くようにしておけば，
図中の左から右に偏光は透過できるが，右から左へ進む逆方向の偏光は
磁性体を透過したあとさらに 45° 回転して偏光子 A と直交した状態とな
るため，その時点で光は遮断される。ガーネット型フェライトは光の広
い波長範囲で大きなファラデー効果を示し，特に赤外領域では透過率も
高いため，1.5 μm 付近の光を信号として利用する光通信において光ア
イソレーターとしての実用化が進んでいる。

10.4.3　導電性強磁性酸化物とスピントロニクス

　実用的に重要な酸化物はフェライトのようにフェリ磁性体となる物質
が多いが，強磁性を示す酸化物も知られている。CrO_2，$(La, Sr)MnO_3$，
EuO，$(Eu, Gd)TiO_3$ などがその例である。このうち，CrO_2 は $\gamma\text{-}Fe_2O_3$
と同様，磁気記録材料として実用化されている。また，その電子構造は
ハーフメタル（half-metal）となることが知られている。ハーフメタル
とは，一方のスピンの電子については金属，もう一方のスピンの電子に
ついては絶縁体（半導体）となるような電子構造をもつ物質を指す。

　$(La, Sr)MnO_3$ はペロブスカイト型構造をとる $LaMnO_3$ と $SrMnO_3$
の固溶体であり，組成に応じてマンガンの価数が Mn^{3+} と Mn^{4+} の間で
変化することが特徴である。これらのカチオンの最外殻の電子状態はそ
れぞれ $3d^4$，$3d^3$ であり，図 10.14 に示すように Mn^{4+} から Mn^{3+} へ正孔
が移動することにより電気伝導が起こる。このとき，マンガンイオンに
局在する電子と移動する正孔のスピンは同じ向きを保つので，電気伝導
にともなって強磁性が現れる。強磁性を導くこのような機構を二重交換
相互作用（double exchange interaction）という。すなわちこの酸化物
ではスピン偏極した電流が観察される。また，$SrMnO_3$ の固溶量がおお

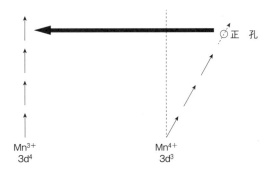

図 10.14　$(La, Sr)MnO_3$ における強磁性と電気伝導
　　　　　の機構，二重交換相互作用

よそ 20〜50％の範囲では，キュリー温度が室温以上になる。このため，スピントロニクスへの応用の観点から注目されている。

EuO は塩化ナトリウム型構造の結晶で，磁性体であると同時に半導体であり，伝導電子が Eu^{2+} に局在したスピンの向きを揃えながら伝導するため，強磁性が生じる。EuO はキュリー温度が 69 K であるが，Eu^{2+} を Gd^{3+} で置換すると電荷補償のために電子が注入され，これが伝導電子となるため強磁性的な相互作用は大きくなる。2 ％程度の Gd^{3+} を添加するだけで，キュリー温度は約 140 K まで上昇することが知られている。ペロブスカイト型構造の $(Eu, Gd)TiO_3$ でも，同様の機構で伝導電子が生じている。したがって，$(Eu, La)TiO_3$ や $Eu(Ti, Nb)O_3$ なども強磁性体となる。ちなみに $EuTiO_3$ は反強磁性体である。

10.4.4 マルチフェロイクス

強磁性と強誘電性など種類の異なる"強い（ferroic）"特性が共存し，相関した物質をマルチフェロイクス（multiferroics）という。このような物質では電場による磁性の制御や磁場による誘電性の制御が可能であるため，伝導電子のスピンの状態を電場で制御するスピントランジスタ（spin transistor）や，磁気分極と誘電分極を同時に使う高密度記録材料などへの応用が考えられる。これまでに $TbMnO_3$，$BiMnO_3$，$CoCr_2O_4$，$LiNiPO_4$，$CuFeO_2$ といった酸化物がマルチフェロイクスとして報告されている。このような性質が現れる機構にもさまざまなものがある。たとえば，三角格子の頂点に磁気モーメントが存在して，隣接する磁気モーメント間に反強磁性的相互作用が働く場合，図 10.15 に示すように安定な反強磁性的配列は存在せず，磁気モーメントは互いに妥協しあい，少し傾いた状態で落ち着く。このような系は磁気的フラストレーション（magnetic frustration）をもつと表現される。この配列は最も安定な状態とは異なるため，格子が歪んで互いの磁気的相互作用を変えて，より

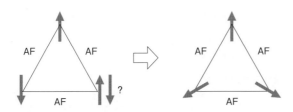

図 10.15　磁気的フラストレーション
三角格子の頂点に同種の磁気モーメントが存在し，最隣接の相互作用が反強磁性的（AF）な場合，磁気的フラストレーションが生じる。これは，マルチフェロイック特性の起源となりうる。

安定な状態に変化する可能性があり，このときの格子の歪みが強誘電性の起源となりうる。また，M-O-M 結合（M は磁性イオン）において，酸化物イオンを介して隣接する磁気モーメントが平行になるか反平行になるかは結合角に依存するため磁気モーメントの配列に平行と反平行が共存する系では，磁気秩序の生成とともに結合角に変化をもたらすように酸化物イオンが変位して誘電分極が生じるような機構も考えられる。

------------------------ 参 考 文 献 ------------------------

磁性，磁性体，磁性材料についてさらに詳しく学ぶための参考書を以下に記す。

近角聰信，『強磁性体の物理 上下』，裳華房（1978, 1984）.

金森順次郎，『磁性』，培風館（1969）.

小口武彦，『磁性体の統計理論』，裳華房（1970）.

永宮健夫，『磁性の理論』，吉岡書店（1987）.

岡本祥一，近桂一郎，『マグネトセラミックス』，技報堂出版（1985）.

岡本祥一，『磁気と材料』，共立出版（1988）.

堀石七生，『機能性酸化鉄粉とその応用』，米田出版（2006）.

佐藤勝昭，『光と磁気』，朝倉書店（2001）.

有馬孝尚，『マルチフェロイクス』，共立出版（2014）.

------------------------ 章 末 問 題 ------------------------

10.1　常磁性の状態における（a）Ti^{3+}，（b）Fe^{3+}，（c）Ni^{2+} の基底状態の有効ボーア磁子数を求めよ。

10.2　常磁性体と反強磁性体の磁化率の逆数と温度の関係を模式的に描け。

10.3　Cu や Au のような常磁性金属に磁場が加えられたとき，電子はどのように伝導帯を占有するか。電子構造を模式的に図示せよ。上向きスピンと下向きスピンの電子構造の違いを明確に示せ。

10.4　保磁力の小さい強磁性体が永久磁石に向かない理由を定性的な視点で述べよ。

10.5　$NiFe_2O_4$ が逆スピネル型構造をとると仮定して，絶対零度における化学式あたりの磁気モーメントを，ボーア磁子を用いて表せ。また，$NiFe_2O_4$ に正スピネル型構造の $ZnFe_2O_4$ がモル分率で 10% だけ固溶した化合物の磁気モーメントを求めよ。

10.6　光アイソレーターに求められる磁性体の重要な機能を二つ挙げよ。

10.7　$Eu(Ti,Nb)O_3$ が強磁性体となる機構を説明せよ。

第11章　生体材料

■ この章の目標 ■

　病気やけがで失われた生体の機能を，患者の負担を最小にしなが
ら回復をはかる医療は，健康で長寿をまっとうするために発展が望
まれている技術である。無機材料（セラミックス）は医療の現場に
おいて，診断器具や温度計，ガラス器具，クロマトグラフィー用カ
ラム，レーザーおよび光ファイバーなどの生体外環境で用いられる
場合と，人工骨や人工関節および歯科材料などの生体内環境で用い
られる場合がある。生体材料（バイオマテリアル，biomaterial）
は，治療や診断のために，生体の組織や体液などに接して用いられ
る材料を意味する。セラミックスで構成される生体材料が，セラミ
ックバイオマテリアル（ceramic biomaterials）であり，それらは
バイオセラミックス（bioceramics）とも呼ばれる。本章では，生体
内環境で用いられる生体材料に焦点を絞り，セラミックバイオマテ
リアルの特徴と機能について学ぶ。

11.1　生体の作るセラミックス

　材料を大きく分類すると，有機材料（主に高分子材料），金属材料お
よびセラミックスの三つに分類できる。ヒトなどの生命体を構成材料と
いう観点から見ると，生命を持っている個体が有機体と呼ばれることか
ら連想されるように，タンパク質などの有機物質を中心に構成されてい
る。有機の対極にある語が無機であるため，セラミックスは生命活動と
はほど遠い印象が持たれがちであるが，ヒトにおいて硬組織である骨や
歯は，主に無機物質で構成されており，生体においてはセラミックスも
重要な役割を果たしている。

　ヒトの骨格は，約200個のパーツで構成されており，それぞれの骨は

関節でつながり，筋肉と連動して日常の運動を可能にしている。骨を材料科学的な観点から見ると，身体を支えたり，臓器を保護するための優れた構造材料といえる。骨は，水酸アパタイト（hydroxyapatite，ヒドロキシアパタイトとも呼ばれる）というリン酸カルシウム化合物が約70 質量％とタンパク質のコラーゲンが約 30 質量％で構成されている複合材料である。セラミックスである水酸アパタイトは，高い力学的強度と高い弾性率をもつので，身体を支えたり，臓器を保護するのに適している。ただし，セラミックス単独では，弾性率が高すぎるとともに，陶器でできた食器等を高いところから落とすと簡単に割れてしまうように，その脆さのため破損の危険がつきまとう。ここで，重要な役割を果たすのが有機高分子のコラーゲンである。コラーゲンは，特有の三重らせん構造をとるタンパク質であり，この三重らせんが線維構造やネットワーク構造を構築し，しっかりとした構造体を形成する。コラーゲンは皮膚や腱にも豊富に存在し，体を形作るのに重要な役割を果たしている。骨は，図 11.1 に示すように，コラーゲンの線維に水酸アパタイトが析出し，これが編み上げられて構造材料から構成されている。この水酸アパタイトとコラーゲンの複合化によって，皮質骨と呼ばれる緻密な骨は，50〜150 MPa 程度の曲げ強度をもち，7〜30 GPa 程度のヤング率を示す，しなやかで強い材料になる。一方で，ヒトの骨が無機成分としてリン酸カルシウム化合物の水酸アパタイトを用いている理由は，カルシウムやリンの貯蔵庫としての役割も担っているためと考えられてい

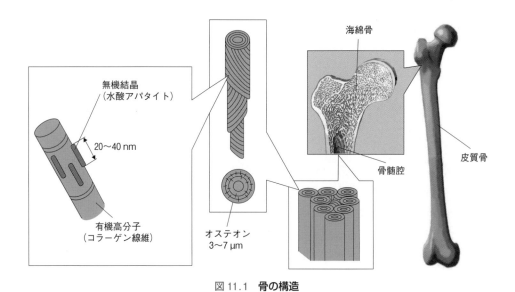

無機結晶
（水酸アパタイト）

20〜40 nm

有機高分子
（コラーゲン線維）

オステオン
3〜7 μm

海綿骨

骨髄腔

皮質骨

図 11.1　**骨の構造**
文献［1］より引用。

る。カルシウムイオンは，筋肉を動かしたり，神経刺激の伝達など，さまざまな情報を伝達するために必要不可欠である。リン酸イオンは，遺伝情報を担う核酸の原料であり，さらに，エネルギーの貯蔵，供給および運搬を仲介するアデノシン三リン酸（ATP）の原料でもある。進化の過程でイオンを多く含む海中から陸上へと，生活環境を変えていった脊椎動物は，体液中のさまざまな無機イオン濃度を一定に保つために，これらの無機イオンを蓄える貯蔵庫が必要となり，水酸アパタイトを骨格の無機成分に選択したと考えられている。なお，水酸アパタイトは，化学量論組成では $Ca_{10}(PO_4)_6(OH)_2$ となるが，骨を構成する水酸アパタイトは，Ca^{2+} の一部が Mg^{2+} や Na^+ で，PO_4^{3-} イオンの一部が CO_3^{2-} や HPO_4^{2-} で，OH^- の一部が Cl^- で置換されている。

　ヒトの歯もまた水酸アパタイトを主成分としている。食物を咀嚼する際に，硬いことが必要となるため，歯の無機成分含有量は骨のそれよりも多い。歯の表面部分は，エナメル質と呼ばれ，このエナメル質は人間の体の中で最も硬い組織である。エナメル質は，約95質量％が水酸アパタイトからできており，構成する水酸アパタイトの結晶性も高い。実験室で使われる乳棒・乳鉢が一般にセラミックスでできているのは，セラミックスが耐摩耗性に優れているからであり，水酸アパタイトを主成分とするエナメル質も耐摩耗性に優れている。さらにエナメル質は耐食性にも優れるので，歯を保護する働きをもっている。エナメル質の内部には**象牙質**があり，象牙質は歯の大部分を占める。象牙質の水酸アパタイトの含有量は約70質量％であり，エナメル質よりもやや軟らかい生体組織である。

　このように骨や歯が，主に水酸アパタイトという無機物質からできているので，それらをセラミックスで修復するということはイメージしやすいであろう。実際に，セラミックス製の人工骨（artificial bone）や人工歯が広く利用されている。

11.2　骨組織を修復するセラミックス

11.2.1　求められる特性と分類

　超高齢社会を迎えたわが国では，骨の治療の重要度が増している。病気やけがが，加齢により機能が果たせなくなった生体組織の機能を修復する治療として，臓器移植がある。しかし，自分の生体組織を移植する自家移植では，採取できる量が限られること，および移植片を採取するために正常な組織に侵襲を加える必要があることが問題である。他人の臓

表 11.1　骨や関節を修復するセラミックスの分類と代表例

分類	代表例
生体不活性セラミックス	アルミナ（Al_2O_3）焼結体 ジルコニア（ZrO_2）焼結体
生体活性セラミックス	Bioglass® （Na_2O-CaO-SiO_2-P_2O_5 系ガラス） Ceravital® （Na_2O-K_2O-MgO-CaO-SiO_2-P_2O_5 系結晶化ガラス） Cerabone® A-W （Glass-ceramic A-W） （MgO-CaO-SiO_2-P_2O_5-CaF_2 系結晶化ガラス） 水酸アパタイト（$Ca_{10}(PO_4)_6(OH)_2$）焼結体
生体吸収性セラミックス	β型リン酸三カルシウム（$Ca_3(PO_4)_2$）焼結体 炭酸カルシウム（$CaCO_3$）

器から移植する他家移植では，拒絶反応や感染という生物学的問題とド
ナー不足という社会的問題がある。そこで人工物で生体の機能を代替す
る治療技術が必要とされる。特に整形外科分野では生体材料を用いた治
療が積極的に行われている。さらに，生体材料を単独で用いるだけでな
く，生体材料と細胞の働きを組み合わせて組織を再生する再生医療の技
術も発展してきている。セラミックスは，特に骨組織の修復を目的とし
た生体材料および再生医療用材料として期待されている。

　骨の機能を修復するセラミックスには，生物学的条件としては，毒
性，組織刺激性，発がん性などの有害な作用を示さないことに加え，周
囲の生体組織に高い親和性を示すことが要求される。さらに力学的条件
としては，材料にはできるだけ修復部位に近い力学的特性が要求され
る。表 11.1 に，現在臨床で使用されている骨や関節の機能を修復する
セラミックスについて，生物学的挙動から大別した分類と代表例を示
す。生体内で化学的に安定な**生体不活性**（bioinert）セラミックス，骨
と直接結合する**生体活性**（bioactive）セラミックス，生体内で分解吸収
される**生体吸収性**（bioabsorbable, biodegradable）セラミックス，の三
つに分類される。

11.2.2　生体不活性セラミックス

　生体不活性セラミックスは，化学的に安定で，生体の異物反応が非常
に小さい材料である。アルミナ（Al_2O_3）やジルコニア（ZrO_2）焼結体
がここに分類される。以前はアルミナ焼結体が人工骨としても用いられ
たが，後述するように生体活性セラミックスのような骨結合性を示さな
いので，人工骨としての用途は生体活性セラミックスや生体吸収性セラ
ミックスに置き換わっている。一方で，生体不活性セラミックスに分類
されるアルミナやジルコニアは，高い強度と高い耐摩耗性を示すことか

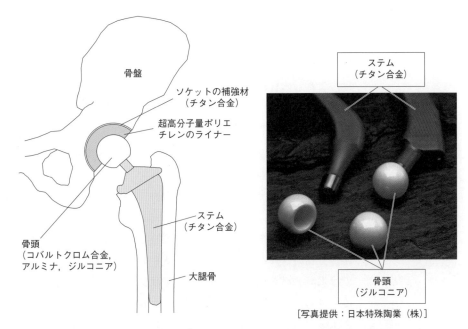

骨盤

ソケットの補強材
（チタン合金）

超高分子量ポリエ
チレンのライナー

ステム
（チタン合金）

ステム
（チタン合金）

骨頭
（コバルトクロム合金，
アルミナ，ジルコニア）

大腿骨

骨頭
（ジルコニア）

［写真提供：日本特殊陶業（株）］

図11.2　セメントレス人工股関節の模式図（左）とジルコニア製人工骨頭の例（右）

ら，関節摺動面に利用されている。図11.2に，セメントレス人工股関
節の模式図とジルコニアを骨頭に用いた人工股関節の写真を示す。ジル
コニア強化アルミナも開発され，臨床で利用されている。一般に広く用
いられているコバルトクロム合金の骨頭を用いた場合に比べ，ソケット
のポリエチレンライナーの摩耗が小さくなることが報告されており，セ
ラミックス製の骨頭が注目されている。それは，ポリエチレンの摩耗粉
が，生体反応を引き起こし，それに伴って人工関節周辺の骨吸収が生じ
て人工関節が緩んでしまうリスクがあるためである。人工股関節のポリ
エチレンの表面を生体親和性リン脂質ポリマーにより修飾することによ
り，ポリエチレンの摩耗を低減する技術も開発されており，材料の改善
による人工関節の長寿命化が図られている。

11.2.3　生体活性セラミックス

　生体活性セラミックスは，生体の異物反応を起こさずに骨と直接結合
する材料である。水酸アパタイト焼結体やCaO-SiO_2をベースとするあ
る種のガラスや結晶化ガラスがここに分類される。一般に，人工材料を
骨の欠損部に埋入すると，生体はそれを異物として認識し，材料表面に
線維性被膜（コラーゲンの被膜）を形成し，周囲の骨から隔離しようと
する。この異物反応は，生体不活性セラミックスでも起こる反応であ
る。ところが，生体活性セラミックスは，その異物反応を起こさずに骨

と結合する。水酸アパタイトが骨の無機主成分であることを考えると，水酸アパタイトが異物として認識されないのは想像に難しくない。それに対し，ある種のガラスや結晶化ガラスであっても生体活性を示すのは，これらの材料が骨欠損部に埋入された後に，その材料表面が体液と反応して，表面に骨に類似した構造をもつアパタイトの層を形成するためであると報告されている。

　生体活性を示すセラミックスとして，最初に Na_2O-CaO-SiO_2-P_2O_5 系ガラスである Bioglass® が報告された。その後，高強度な生体活性セラミックスの開発を目指し，Bioglass® の骨結合性に関する知見をもとに，ガラスの中に結晶を析出させた結晶化ガラスの開発が行われた。一方で，水酸アパタイト焼結体の作製技術も開発され，水酸アパタイト焼結体も利用されるようになった。現在では，生体活性セラミックスの中では水酸アパタイトが最も広く骨補填材（人工骨）として利用されている。さらに，溶解度の大きい β 型リン酸三カルシウム〔β-$Ca_3(PO_4)_2$〕を水酸アパタイトに複合化した人工骨もある。これらは，高強度を目指し緻密なセラミックスや，骨組織が内部に侵入することで骨組織と一体化できるような多孔体，ならびに顆粒など，図11.3に示すようにさまざまな形状で実用化されている。多孔体においては，多孔体の孔内への

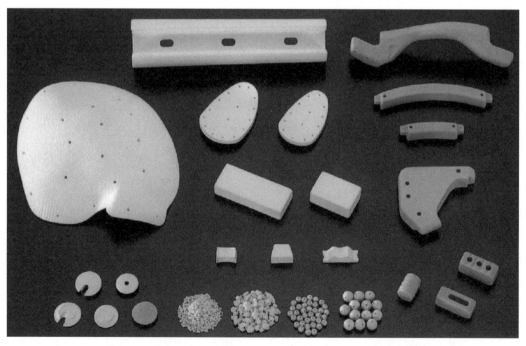

図11.3　水酸アパタイトと β 型リン酸三カルシウムの複合セラミックス製骨補填材（人工骨）
［写真提供：日本特殊陶業（株）］

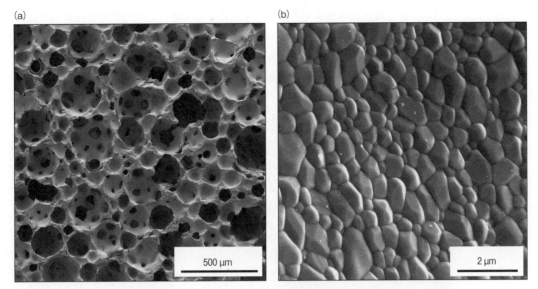

図11.4　水酸アパタイト製多孔質人工骨の微構造の例 (a) 低倍率 (b) 高倍率

［写真提供：クアーズテック（株）］

骨組織の進入や強度も考慮し，多孔構造（孔径や連通性）が制御されている。多孔体であるために，移植直後においては移植部位の強度は低いものの，孔に骨が進入し骨と多孔体が一体化していくことで移植部位の強度は向上する。気孔率を大きくすると，多孔体の強度が低下してしまうので，微構造の設計の高度化が進んでいる。図11.4には，100 μm 程度の連通孔をもちながら，骨格構造を緻密にすることで取り扱いに容易な機械的強度を達成している多孔質水酸アパタイト焼結体の人工骨の例を示す。また，水酸アパタイトの骨形成能力を向上させる目的でケイ酸や微量金属元素を含有させたり，水酸アパタイトに生体吸収性を付与するために炭酸イオンを添加する研究が行われている。

　さまざまな形状の欠損部に充填が可能な，生体内で硬化する生体活性リン酸カルシウムペーストも利用されている。この材料は，粉末と液体を混ぜ合わせると数分間流動性を示し，これを骨欠損部に注入すると，そこで固まり周囲の骨と自然に結合する。さまざまな粉末と溶液の組み合わせが報告されているが，実際に臨床で利用されている材料の一つとして，α 型リン酸三カルシウム〔α-$Ca_3(PO_4)_2$〕，リン酸四カルシウム〔$Ca_4(PO_4)_2O$〕，リン酸水素カルシウム〔$CaHPO_4$〕および水酸アパタイトおよびリン酸マグネシウム〔$Mg_3(PO_4)_2$〕からなるセラミック粉末に，コンドロイチン硫酸ナトリウム，コハク酸二ナトリウムおよび亜硫酸水素ナトリウムの水溶液を混ぜ合わせたものがある。この混合物は，ペースト状や粘土状となり，混和後数分から 10 分程度で硬化し始める。

硬化は水酸アパタイトの生成に伴って進行し，硬化物の圧縮強さは徐々に増加し，体液環境下において 3 日目で 70～85 MPa 程度になる。リン酸カルシウム系ペーストは，骨粗しょう症により骨折した骨の補強材，骨腫瘍切除や人工関節置換の際の骨補塡材などに用いられている。

11.2.4　生体吸収性セラミックス

　生体吸収性セラミックスは，骨と結合しつつ生体内で分解吸収される材料である。水酸アパタイトよりも溶解度の大きいリン酸カルシウムである β 型リン酸三カルシウムがその代表である。水酸アパタイトが生体内でほとんど吸収されないのに対し，β 型リン酸三カルシウムは骨部位で徐々に吸収されて骨に置換される。吸収性の向上と骨組織の進入のために，多孔体が広く臨床で用いられている。多孔体であるために強度は低いが，完全に骨に置き換わった後には強度の問題は解決される。セラミックスが溶解・吸収されることで機能を発現する材料は，組織再生を促す足場材料としての応用展開が期待されており，組成の選択を変えてリン酸八カルシウム（OCP）や炭酸含有水酸アパタイト（炭酸アパタイトとも呼ばれる）を用いた人工骨も開発されている。また，生体微量必須元素を導入する技術が進められている。

11.3　歯科で用いられるセラミックス

　歯は食物を食べるために大変重要であり，その損傷は患者の生活の質（QOL）の低下に直結する。歯は，齲歯（虫歯），歯周病や怪我などにより損傷を受けることがある。その場合，これらの損傷を修復する技術が必要となる。義歯（入れ歯）に用いる人工歯材料として，正長石や石英を主成分としたセラミックスが用いられている。図 11.5 にセラミックス製の人工歯の写真を示す。これらの人工歯を義歯床に固定して義歯を作製する。歯科においては，力学特性や化学的耐久性に加え，審美性も重視されるため，材料の色調も考慮され，歯と同じように無機物質でできた人工歯が利用される。ただし，近年ではセラミックス粒子をポリマー中に分散させた複合材料が，人工歯材料の主流となってきている。

　齲歯の治療においてもセラミックスが利用される。齲歯などにより生じた歯の欠損部を補うために，多くの場合，比較的安価で，靱性が高く，しかも成形しやすいことから，金属材料が広く用いられている。しかし，金属材料は金属光沢があり審美性が劣ることや，金属アレルギーを引き起こす可能性があることから，まだ高価ではあるが，審美性と化

図 11.5　セラミックス製の人工歯

学的耐久性に優れたジルコニアでできたクラウン（被せ物）やインレー（詰め物）も治療の選択肢として利用できるようになっている。

11.4　複合材料とコーティング

　生体活性セラミックスは，骨と結合するものの，緻密体は弾性率が骨に比べて大きすぎ，しかも脆く壊れやすい。骨が無機材料である水酸アパタイトと有機材料であるコラーゲンの複合体であることから，生体活性セラミックスと有機材料の複合体は，骨に近い力学的性質を示すと期待できる。これまでに水酸アパタイト粉末を高密度ポリエチレンに分散させた複合材料が開発され，水酸アパタイト量を適量混合することで，骨結合性と適度な柔軟性を示すことが明らかにされている。この複合材料は，眼窩の再建や中耳用のインプラントとして臨床で使用されてきた。さらに骨の微構造に倣った，水酸アパタイト/コラーゲン複合体の開発も行われている。先に述べたように，骨はコラーゲン線維上に水酸アパタイトの微結晶が配向して析出した複合構造をもつ。コラーゲンが存在する溶液中で水酸アパタイトを析出させることで，コラーゲン線維上に水酸アパタイトの微結晶が配向して析出して骨に類似した微構造をもつ水酸アパタイト/コラーゲン複合体が開発されている。スポンジ状に成形した複合体はやわらかく，手術中にメスなどで簡単に成形することが可能である。さらに，弾力性があり変形できるので，複雑な形状の骨欠損部にも充塡しやすく，非常に操作性が高い。この骨と類似した微構造をもつ水酸アパタイト/コラーゲン複合体からなる多孔体は，その骨再生能力の有効性が確かめられ，近年臨床で使用されている。また，

骨折時に骨を接合するための骨接合材として，水酸アパタイト/ポリ乳酸複合体が開発され利用されている。骨接合材としては，一般に金属製のスクリューなどが用いられているが，これらの金属製の骨接合材は生体内で吸収されないために，再手術により取り除く必要があり，患者の負担が大きい。そこで，再手術が必要ないように，骨どうしの接合を維持しつつ，徐々に生体内で吸収されるように，生体吸収性高分子であるポリ乳酸からなる骨接合材が開発されてきた。ただし，ポリ乳酸は骨と直接結合できないので，骨結合性を付与するために，ポリ乳酸に水酸アパタイト微粒子を分散させた骨接合材が開発されて利用されている。

　一方，金属材料が，高強度高靱性を示すことから，骨格や関節の修復に広く利用されているので，これらの金属材料の表面に生体活性セラミックスをコーティングして骨結合性を付与する技術が開発されてきた。人工股関節のステムや人工歯根に水酸アパタイトをコーティングすることで，コーティング層を介した骨との結合が達成され，早期に安定した固定が達成することが可能となる。図11.6に人工歯根の模式図と水酸アパタイトをコーティングした人工歯根の写真を示す。水酸アパタイト以外にも，生体活性ガラスや結晶化ガラスをコーティングしたデバイスも報告されている。また，チタンもしくはチタン合金に，化学処理や電気化学処理を施すことで，その表面に生体活性を示すチタネートもしくはチタニア（TiO_2）層を形成させる技術も開発され，その一部は実用化されている。

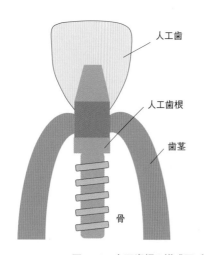
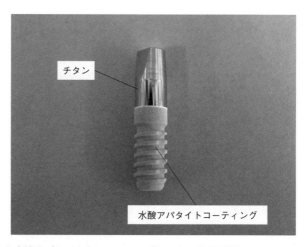

図11.6　**人工歯根の模式図（左）と水酸アパタイトをコーティングした人工歯根（右）**

11.5 骨の再生医療に求められる材料

　生体材料を用いた治療であれば，供給量の制限もなく，感染リスクは低減できるものの，生体に対して生物学的にも力学的にも満足する材料を得ることは容易ではない。そこで，損傷を受けた生体組織・臓器に対して，細胞を積極的に利用して，その機能の再生をはかる治療，すなわち再生医療が注目を浴びていて，多くの研究が進められている。再生医療で生体組織を構築する場合には，細胞（cell），成長因子（growth factor）および細胞増殖のための足場（scaffold）の三要素が重要となる。細胞においては，特に幹細胞が注目される。幹細胞とは，自己複製能をもち，さまざまな細胞へ分化する能力をもった細胞である。幹細胞のなかで特に注目されているのが，山中教授らが作り出した iPS 細胞である。体細胞に特定の因子を導入し培養することによって，さまざまな組織や臓器の細胞に分化する能力とほぼ無限に増殖する能力をもたせることに成功したのが，人工多能性幹細胞（induced pluripotent stem cell），すなわち iPS 細胞である。生体のすべての組織が一つの受精卵をもとにしていることを考えると，幹細胞の重要性は自明である。ただし，一般に，細胞は足場となる表面に接着することによって分裂するので，組織の構築を目指して細胞が増殖するためには，足場が必要となる。骨の再生を目的にした場合には，この足場は細胞の増殖のための連続気孔をもつと同時に，骨の代謝に合わせて吸収され，最終的には骨に置き換わる材料が望ましい。そこで，骨組織の再生に用いる足場としては，連続気孔をもつ**生体吸収性セラミックスの多孔体**が有用である。図11.7 に骨再生を目指した足場の設計概念図を示す。足場となる材料を設計する際には，先に述べたように，その素材はもちろんのこと，その多孔構造も制御する必要がある。連続気孔は，細胞の侵入を可能にするとともに，細胞の分化・増殖を促すような薬剤の担持を可能にする。日本においてはまだ認可されていないが，海外においては成長因子として，骨形成を強力に誘導する骨形成タンパク質が薬剤として認可されている。現在生体吸収性セラミックスとして用いられている β 型リン酸三カルシウムは，足場の有用な材料になりうる。また，骨の再生を促す骨誘導性の因子（薬剤）との複合化を想定した場合には，より高い吸収性が期待される α 型リン酸三カルシウムも利用できる可能性がある。

　さらにセラミックスの機能を活かして，人工骨自身に骨形成促進や骨吸収緩和の薬理機能を付加する試みも行われている。たとえば骨芽細胞を活性化し，破骨細胞による骨吸収を抑制する生体微量成分である亜鉛

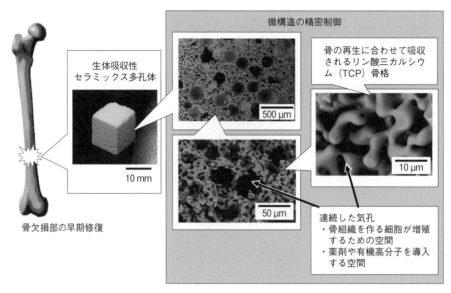

図11.7　骨再生を目指した足場材料の微構造の精密設計
文献［2］より許可を得て，改変し引用。

をリン酸三カルシウムに含有させることで骨形成を促進する骨補塡材料が研究されている。

11.6　硬組織の修復以外に利用されるセラミックス

　カーボン材料も生体との親和性が高いので，コーティング材料として使用されている。代表的な材料にパイロライトカーボンがある。パイロライトカーボンとは，炭化水素を熱分解することにより化学気相蒸着したカーボンのことである。パイロライトカーボンは，化学的耐久性と強度が高く，耐摩耗性に優れ，そして抗血栓性も高い。そのため，パイロライトカーボンは，人工心臓弁の表面のコーティングに用いられている。

　治療や診断に用いられるセラミックスもある。がんの治療においては，患部を手術により切除する外科的療法が一般的に行われている。しかし，このような外科的治療は，患者の負担が大きいため，低侵襲な治療法が求められている。セラミックスの機能を低侵襲機能温存治療に用いた例として，がんの局所放射線治療がある。がんの局所放射線治療のために世界で最初に実用化されたのは，Y_2O_3–Al_2O_3–SiO_2系ガラスの微小球である。これに熱中性子線を照射すると，ガラス中の^{89}Yは^{90}Yに変化し，半減期**64.1**時間のβ線放射体となる。このガラス微小球を肝臓に注入すると，β線放射体として，がんを局部的に放射線照射できる。

β線は生体組織を数ミリメートル程度しか通らないので，患部のみに放射線を照射できる。このガラス微小球は，海外において手術不可能な肝臓がんの治療のために利用されている。その他，核磁気共鳴画像法（MRI）用造影剤に含まれる酸化鉄ナノ粒子のように診断に用いられるセラミックスもある。

11.7　おわりに

　すでにセラミックスは，骨や歯の修復には無くてはならないものとなっている。骨や歯の単なる代替ではなく，生体組織に積極的に働きかけ，組織と融合し一体化する材料が求められてきている。セラミックスは，生体活性や生体吸収性だけでなくさまざまな機能性の付与も可能である。生体とセラミックスの関わりの理解は，さらに新しい医療用材料の展開につながると期待される。

------------------------ 参 考 図 書 ------------------------

［1］J. B. Park and R. S. Lakes, "Biomaterials, An Introduction, Second Edition", Plenum Press, New York（1992），p. 193.

［2］古薗　勉・岡田正弘，『臨床工学ライブラリーシリーズ5　新版　ヴィジュアルでわかるバイオマテリアル』，学研メディカル秀潤社，p. 109，（2011）.

［3］筏　義人　編，『再生医工学―基盤技術の確立と臨床応用をめざして』，化学同人（2001）.

［4］谷原正夫　編，『有機・無機ハイブリッドと組織再生材料』，アイピーシー（2002）.

［5］河本邦夫　編，『無機機能材料』，東京化学同人（2009）.

［6］日本セラミックス協会　編，『生体材料（環境調和型新材料シリーズ）』，日刊工業新聞社（2008）.

［7］石原一彦・塙　隆夫・前田瑞夫　編，『バイオマテリアルの基礎』，日本医学館（2010）.

［8］Larry L. Hench Ed., "An Introduction to bioceramics（Second edition）", Imperial College Press（2013）.

［9］岡野光夫　監修，田畑泰彦・塙　隆夫　編，『バイオマテリアル―その基礎と先端研究への展開―』，東京化学同人（2016）.

------------------------ 章 末 問 題 ------------------------

11.1　生体が無機材料を利用している理由について考察せよ。

11.2　生体材料とは何か答えよ。

11.3　骨を修復するセラミックスに要求される特性を答えよ。

11.4　骨を修復するセラミックスの生物学的挙動に基づいた分類三つを答えよ。

11.5　骨を修復する生体材料において，セラミックスと有機材料の複合体が利用される理由について述べよ。

11.6　再生医療において重要となる 3 要素を答えよ。

表面の機能

第12章

■ この章の目標 ■

　この章では，無機材料において，固体表面が重要な役割を示す材料の性質や機能について学ぶ。まず，固体表面の性質に関して，原子サイズのスケール，原子により形成される結晶面のサイズのスケール，それよりさらに大きいバルク体レベルのスケールで考える。次に，固体表面における分子の吸着挙動について解説し，吸着挙動が重要な役割を果たす固体触媒，多孔質体について学ぶ。特に，表面積が非常に大きい多孔質体の合成方法および吸着剤への応用などを見ていく。ここでは多孔質体の代表例として，シリカゲル，ゼオライト，活性炭を取り上げる。最後に，構造体を占める原子数において，表面を占める原子数の割合が高いナノ粒子などのナノ構造体の特徴と合成法について学ぶ。

12.1　表面とは？

　無機材料科学の分野では固体を扱う場合が多いため，固相・液相・気相の中の二つの相が形成する界面の中で，固相と液相または固相と気相が形成する界面に対して，固体の「表面」をおもに考える。

　固体表面では，原子サイズのスケール，原子により形成される結晶面のサイズのスケール，それよりさらに大きいバルク体レベルのスケールで表面の性質を考えることができ，その性質に基づきさまざまな表面の機能が発揮される。

12.1.1　原子配列から見た表面構造

　固体内で原子やイオンが配列している場合，原子やイオンは互いに相互作用を及ぼしあい，ある位置に安定に存在する。固体を構成する原子

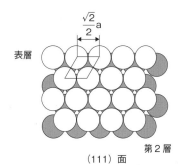

表層

第2層

（111）面

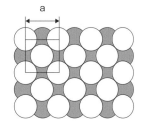

（100）面

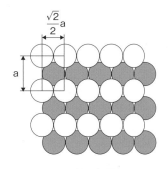

（110）面

図12.1　**面心立方格子構造を
もつ金属単結晶にお
ける（111）面，（100）
面，（110）面に相当す
る表面および第2層
の原子の配列**

やイオンが無限の距離に離れて存在している状態と，集合して固体を形
成している状態とのエネルギー差を**格子エネルギー**（lattice energy）と
呼ぶ。格子エネルギーの効果により，原子が集合している方が，熱力学
的に安定な温度域において固体として存在している。つまり格子エネル
ギーは固体が結晶状態で安定に存在できる目安となる。

　結晶や非晶質などさまざまな構造をもった固体が存在するが，ここで
はまず金属単結晶表面の原子配列について考える。図12.1には，格子
定数がa である面心立方格子構造の金属単結晶における（111）面，
（100）面，（110）面に相当する表面および第2層の原子の配列を示す。
面心立方格子では，内部のどの原子も12個の最近接原子で取り囲まれ
ており，格子エネルギーにより安定化された状態にある。一方，「表面」
では，図12.1に示すように，露出している結晶面により原子配列その
ものが異なる。また，この表面の原子は，表面側には結合する原子が存
在しないことになり，周囲の原子の配位によるエネルギーの安定化がな
い分だけ不安定な状態，つまりエネルギー的に高い状態となっている。
この結晶内の内部エネルギーにおける過剰分のエネルギーを**表面エネル
ギー**（surface energy）または**表面エンタルピー**（surface enthalpy）と
呼ぶ。この表面エネルギーの存在が，表面の性質を利用した材料におい
て重要な役割を果たす。

　結晶が割れて新たな表面が表出したとき，原子配列の観点から表面を
考えると，その表面ではこれまで結合していた原子が失われたので，表
面は非常に不安定な状態，あるいは，化学反応に対して活性な状態とな
る。この状態を緩和するために，気相からの分子の吸着，あるいは表面
の原子が内部とは異なる結合を形成した周期構造（**再構成表面**と呼ばれ
る）を構成することによる安定化が起こる。たとえば，ボールミルなど
を用いて固体を粉砕・混合しながら合成反応を行う**メカノケミカル法**
（mechanochemical process）では，固体の粉砕による活性表面の生成
が反応の駆動力となっている。

　図12.1に示すように，表出する格子面によって，原子の存在する密
度やその間隔が大きく異なる。このことは，さまざまな分子が表面に吸
着する際の分子の配列や，固体表面に別の固体を成長させるときに大変
重要になる。下地の固体表面上に同じ結晶構造をもつ固体の薄膜を形成
させる手法は，**エピタキシャル成長**（epitaxial growth）と呼ばれる。
固体表面と格子定数が一致した別の固体を成長させることができれば，
欠陥の少ない良質な結晶の薄膜が得られる。固体表面と成長させる結晶
の格子定数が一致しない場合には**格子不整合**と呼ばれ，転位などの欠陥

が生じることが多い。結晶方位の揃った高品位な薄膜を形成する場合には，エピタキシャル成長は非常に重要な技術となる。

12.1.2　結晶面スケールにおける表面構造　〜表面欠陥構造〜

　次に原子の配列によって形成される結晶面スケールにおける固体表面の構造について考える。図 12.2 は固体表面の様子を結晶面に着目して模式的に示したものである。実際の固体表面は，表面全体にわたって図 12.1 のように，一定の原子配列となって一様に平滑になっている面（テラスと呼ばれる）のみで構成されていることはきわめてまれであり，図 12.2 に示すような，さまざまな原子の配列の乱れが存在する。たとえば，図 12.2 のように，テラスを構成している原子層が途中で途絶え，下層である第 2 層が表れるような場所では，その境界で段が存在することがある。これをステップと呼ぶ。また，ステップが直線でなく，原子の配列の乱れにより段になっているところがあり，この場所をキンクと呼ぶ。その他，テラス内などには原子の抜けた空格子点も存在する可能性がある。このような原子配列の乱れた場所（表面欠陥）の原子は，通常の表面原子よりもさらに隣接する原子数が少ないので，表面エネルギーがより大きくなっている。後ほど述べる吸着現象や触媒反応では，このような表面欠陥が大きな役割を果たすことになる。

12.1.3　バルク体の表面

　最後に，バルク体の表面について考える。バルク体レベルのスケールでは，たとえば，液体に対する濡れ性，他の物質との接着などにおいて表面が重要な役割を果たす。これらを考えるためには，さまざまなサイズにおける凹凸構造や**表面自由エネルギー**（表面張力）が重要となる。

　その中で，表面自由エネルギー（表面張力）を考えるために，まず，液体-気体界面について考える。液体内においても，表面に存在する分子は内部に存在する分子と比べて不安定である。この不安定な状態を解決するために，液体にはその表面積をできるだけ小さくするような傾向が生じる。表面では，その表面積を小さくするような張力が働いていることになり，これを**表面張力**と呼ぶ。熱力学的な観点から考えると，表面張力は単位面積あたりのギブズの自由エネルギーとして定義され「**表面自由エネルギー（surface free energy）**」とも呼ばれる。表面自由エネルギーは通常 J/m^2，表面張力は N/m の単位で表されることが多いが，これは実際には等価な次元である。

　固体表面においても表面張力・表面自由エネルギーを定義することが

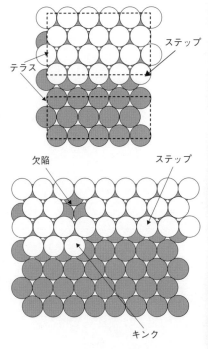

図 12.2　表面の欠陥構造の例

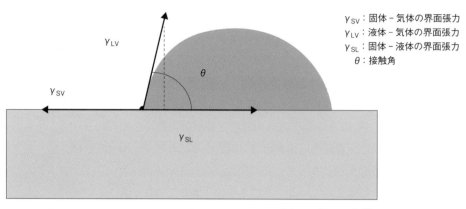

$$\gamma_{SV} = \gamma_{LV}\cos\theta + \gamma_{SL} \quad (\text{Young の式})$$

図 12.3　液体の固体に対する濡れ性の概念図

液体の固体に対する濡れ性は，接触角 θ で評価される。水の場合，固体の表面張力（γ_{SV}）が大きい物質は親水性が高い（接触角が小さい），γ_{SV} が小さい物質は疎水性（接触角が大きい）を示す。

できる。液体の場合は，分子の再配列が比較的容易に起こり表面積を減少させる形に変形することができるが，固体の場合には，基本的に自由に動くことができない。したがって，表面積を小さくするのではなく，次節で説明する表面への気体や液体分子の吸着，あるいは他の固体の付着により，熱力学的に安定な状態を達成しようとする。特に，固体の表面への液体の濡れ性，他の固体との付着などを考える場合には，表面張力・表面自由エネルギーを考えることが大切である。

図 12.3 には，液体の固体に対する濡れ性に関して，界面張力に着目した概念図を示している。固体表面上に液体を乗せた場合，液体の表面張力（液体-気体間の界面張力）と，固体の表面張力（固体-気体の界面張力）および固体-液体の界面張力がつりあったところで固体上の水滴の形（接触角）が決定される。この関係において，たとえば，表面張力の小さい表面の場合，液体が固体表面に濡れ広がって，固体の表面自由エネルギーを小さくするよりも，液体自身の表面積を小さくして液体の表面自由エネルギーを小さくした方がエネルギー的に有利になるので，液体は表面に濡れ広がらず，液体を弾くことになる。無機材料は表面が極性をもつヒドロキシ基などで覆われているために，比較的表面自由エネルギーは大きい。一方，フッ素系の高分子などでは，C-F 結合が非常に強い結合であり，また F 原子が非常に分極しにくいために，表面と液体との分子間力は小さくなり，表面自由エネルギーの小さい固体材料としてよく知られている。

12.2 吸着現象

　気体あるいは液体が固体に接したとき，ある割合の分子は固体表面に付着し，固体表面付近でその分子の濃度が高くなる。この現象を「吸着（adsorption）」と呼ぶ。実際には，固相，気相，液相のさまざまな組み合わせの界面において吸着が起こるが，ここでは，固相-気相，固相-液相での界面における吸着のみを取り扱う。分子を吸着する固体のことを「吸着材（adsorbent）」と呼び，表面に保持される分子のことを「吸着質（adsorbate）」と呼ぶ。吸着していた吸着種が吸着材から離れ，吸着量が減少する現象を「脱着（desorption）」と呼ぶ。

　固体表面の吸着は主に「物理吸着（physical adsorption / physisorption）」と「化学吸着（chemical adsorption / chemisorption）」に分類することができる。物理吸着は，主にファンデルワールス力による相互作用に基づく吸着であり，吸着材の表面原子と吸着質の弱い分子間力が重要となる。単分子層上に何層かの分子が吸着する多分子層吸着も物理吸着に基づく吸着である。静電的相互作用に基づく吸着も物理吸着の一部と分類できるが，「静電吸着（electrostatic adsorption）」とも呼ばれる。一方，化学吸着は，表面と吸着する物質の化学結合による強い相互作用によって起こり，分子状で吸着する場合と，分子の一部が解離して吸着する場合がある。吸着によって分子が解離した場合は解離吸着とも呼ばれる。熱力学的には，物理吸着よりもはるかに大きいエンタルピー変化を示す。

　吸着材は表面の化学的性質と表面積によって特徴づけられる。これらの吸着現象が活躍する材料の例として，不均一系触媒，吸着剤，電気二重層キャパシタを挙げることができる。

12.2.1 触媒（固体触媒）

　触媒（catalyst）の中で，触媒が反応相と異なる相として存在する場合，不均一系触媒（heterogeneous catalyst）と呼ばれる。通常，気相あるいは液相中での反応における固体触媒のことを指すことが多い。不均一系触媒反応では，通常，少なくとも一つの反応物が化学吸着されて，化学反応が容易に起こる状態で触媒表面に存在するように変化することが必要である。

　図 12.4 に，固体触媒における反応機構の例を示す。多くの不均一系触媒反応では，図 12.4（a）に示すような共吸着の状態，つまり二つ以上の化学種が化学吸着した状態で反応が進行する。この場合，化学吸着

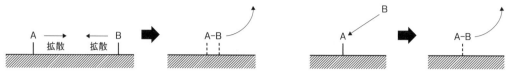

（a）表面に吸着した化学種どうしが反応　　　　　　　　　（b）吸着した化学種に，吸着していない
　　　　　　　　　　　　　　　　　　　　　　　　　　　　　　化学種が衝突して反応

図 12.4　固体触媒上における反応機構の例

した化学種に，化学吸着している別の化学種が衝突することによる化学反応が起こる。これ以外に，図 12.4（b）に示すような，表面に吸着した化学種に気相や液相の分子が直接衝突することによって化学反応が起こる場合がある。以上のことから，不均一触媒反応を考える場合，触媒表面の化学的性質，触媒上への吸着，化学種の拡散，脱着，表面積の大きさなどが触媒反応に大きな影響を及ぼすことがわかる。触媒表面上では，図 12.2 に示したような欠陥構造が重要となる。たとえば，図 12.2 におけるテラスに分子が吸着した場合，この分子は表面を移動（拡散）してエネルギー的に不安定な欠陥上やステップに留まりやすい。したがって，このような場所が反応の活性点になることが多い。

　固体触媒に用いられている材料には，主に，金属，遷移金属酸化物，固体酸塩基触媒などがある。遷移金属単体や貴金属単体の金属は，水素化あるいは脱水素化反応に対して触媒として用いられることが多く，Fe，Ni，Pt，Ag などが知られている。これらの金属は，反応表面積の増大および粒成長を防止するために，さまざまな酸化物担体に，微粒子として分散・担持されることが多い。担体としては，アルミナ，シリカ，アルミノシリケート，ゼオライト，活性炭などの炭素材料などがあり，表面積の大小だけでなく，担体表面の酸性・塩基性度や細孔構造などを考慮して選択される。遷移金属酸化物触媒においては，原子価の変化や電子移動のしやすさが触媒作用と密接な関係をもつことが多く，さまざまな反応に用いられる。固体酸塩基触媒は，主に Si，Al およびアルカリ土類金属などの酸化物で形成されている。後述するゼオライトを含むアルミノシリケート材料では，SiO_4 四面体や AlO_4 四面体から構成される架橋構造において，Si と Al の価数が異なることによりブレンステッド酸点あるいはルイス酸点を形成し，これらが固体酸触媒として作用することが知られている。

12.2.2　吸着剤と多孔質体

　固体表面が分子や原子を吸着する性質を利用して，気相や液相の目的

とする特定の分子や成分を吸着除去する材料は**吸着剤**（adsorbent）という。吸着剤には，特定の物質を選択的に吸着する性質が要求される。さらに，吸着剤では，吸着量を大きくするためには表面積が大きくなければいけないので，微粒子の凝集体あるいは粒子の内部に多数の細孔（pore）をもつ**多孔質体**（porous material）が用いられる。細孔は，その深さがその直径よりも大きな微小な穴と定義され，微小な粒子の凝集体の粒間なども細孔として考えることができる。細孔はその大きさによって分類されており，直径 2 nm 以下の細孔を**ミクロ細孔**（micropore），直径 2〜50 nm の細孔を**メソ細孔**（mesopore），直径 50 nm 以上の細孔は**マクロ孔**（macropore）と呼ばれる。

　物理吸着に基づく吸着現象を用いると，物質の**吸着等温線**（adsorption isotherm）（ある温度における表面の被覆率の圧力依存性）を測定することにより，物質の**比表面積**（specific surface area）を測定することができる。比表面積は試料の単位質量あたりの面積で定義され，通常単位は m^2g^{-1} が用いられる。物理吸着の代表的な理論式として，単分子層吸着を表す **Langmuir 式**と，多層吸着に基づく **BET 式**がよく知られている。幅広い圧力範囲における等温吸着線の結果を解析することにより，比表面積だけでなく，細孔容積，細孔径分布などを求めることができ，多孔質体の特徴を表す性質としてよく用いられる。

　吸湿剤（乾燥剤）として用いられるシリカゲルは，直径約 2〜50 nm のメソ細孔をもち，比表面積は約 $500\ m^2g^{-1}$ 前後であるものが多い。一方，消臭剤，脱臭剤，水処理などに用いられる活性炭の場合には，一般に 0.4〜4 nm のミクロ・メソ細孔をもち，比表面積は 800〜2000 m^2g^{-1} というきわめて大きな値をもつものが多い。その他の吸着剤としては，ゼオライト，活性アルミナなどがあり，製糖，脱臭，乾燥，水処理，溶剤回収，医薬品精製，油脂生成などに用いられている。

12.2.3　電気二重層キャパシタ

　電気二重層キャパシタ（electronic double layer capacitor）は，電極（固体）と電解質（液体）の界面に電解質中のイオンが吸着することにより形成される電気二重層を用いて蓄電する素子である。典型的には比表面積の大きい活性炭が電極として用いられ，電極表面に電解質中のイオンを吸着・脱着することにより充放電を行う。電気二重層だけでなく，電極表面近傍における酸化・還元反応を用いて蓄電するキャパシタは**スーパーキャパシタ**などと呼ばれる。たとえば，酸化・還元能をもつ元素を含む酸化物ナノシートは，スーパーキャパシタの電極材料として

応用されることが期待されている。

12.3　多孔質固体の合成法と性質

多孔質固体の代表例として，シリカゲル，ゼオライト，活性炭の合成法と性質について取り上げる。

12.3.1　シリカゲル

乾燥剤などに用いられるシリカゲル（silica gel）は SiO_2 を基本成分とする多孔質体であり，成分は $SiO_2 \cdot nH_2O$ で表される。シリカゲルの形成過程を示すモデル図を図12.5に示す。通常，シリカゲルは水ガラスと硫酸（または塩酸）を用いて合成される。水ガラスは，ケイ酸ナトリウム（Na_2SiO_3 または Na_4SiO_4）の水溶液である。水ガラスと硫酸を混合することにより得られるケイ酸〔$Si(OH)_4$〕は，Si-OH 間の脱水縮合反応によりシロキサン結合（Si-O-Si）が形成され分子量が増大する。ある分子量以上になると，溶液中で粒径数 nm のコロイド粒子として析出する。コロイド粒子が分散した液はゾル（sol）と呼ばれる。さらに反応が進行すると，コロイド粒子表面の Si-OH 間で脱水縮合反応が進行し，図12.5（b）に示すようなコロイド粒子が凝集した三次元ネットワ

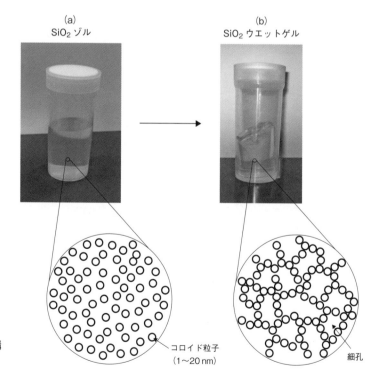

(a)
SiO₂ ゾル

(b)
SiO₂ ウエットゲル

コロイド粒子
（1〜20 nm）

細孔

図12.5　**シリカゾルおよびゲルの構造モデル図**

ークの形成により反応系の粘度が上昇し，最終的に流動性を失い，ゲル（gel）と呼ばれる状態になる。この状態では，コロイド微粒子が凝集し形成された三次元ネットワークの隙間に溶媒が存在するので，特にウェットゲル（wetgel）と呼ばれる。流動性を失ったあともウェットゲルの状態で熟成するとさらに反応が進行し，ゲルを形成している無機骨格がさらに発達する。この後，溶媒内に含まれるナトリウムイオン，硫酸イオンあるいは過剰の硫酸を水洗により除去し，乾燥すると，三次元ネットワークを維持したまま収縮して乾燥剤として使用される多孔質体である乾燥ゲル（xerogel）となる。

　合成反応における重縮合反応あるいは乾燥時に Si-OH 基の脱水縮合反応により Si-O-Si 結合が形成され，骨格はシリカ（SiO_2）であるが，表面には Si-OH 基が多数残存している。このために，表面は親水性となり，水やアルコールなどの極性分子を吸着しやすい。また，不飽和結合をもった分子も吸着しやすい。上述のように，吸湿剤（乾燥剤）として用いられるシリカゲルは，直径 2〜50 nm のメソ細孔をもち，比表面積は約 500 m^2g^{-1} 前後であるものが多い。

　シリカゲルは，ケイ素アルコキシド〔$Si(OR)_4$〕の加水分解・縮重合反応を用いるゾル-ゲル法（sol-gel process）によっても合成することができる。ゾル-ゲル法では，加水分解・縮重合反応の制御がより容易であるために，細孔構造を制御したシリカゲルの製造などに用いられることが多い。たとえば，きわめて大きな細孔容積をもちながらも光に対して透過性を示すエアロゲル（aerogel）やマクロ孔をもつ多孔質体の骨格がミクロ孔をもつような階層的な細孔構造をもつ多孔質体を合成することが可能である。

　近年では，メソ孔領域に均一な大きさの細孔が規則正しく配列した構造をもつメソポーラス材料が非常に大きな注目を集めている。その中でもっとも汎用性の高い材料の一つとしてメソポーラスシリカを挙げることができる。

　メソポーラスシリカの形成過程を図 12.6 に示す。メソポーラスシリカは，ケイ酸ナトリウムやケイ素アルコキシドなどを含む溶液中に界面活性剤を添加し，界面活性剤が形成する分子集合体を構造鋳型（template）として合成される。典型的なメソポーラスシリカである MCM-41（メソポーラスシリカを開発したアメリカ Mobil 社のコードネーム，Mobil crystalline material No. 41）の場合には，鋳型として陽イオン性の界面活性剤であるアルキルトリメチルアンモニウム塩が用いられる。この界面活性剤の場合，ある濃度以上の水溶液中で棒状ミセルがヘキサゴナ

界面活性剤棒状
ミセル集合体

SiO₂ 源との
複合化

シリカ‐界面活性剤
ミセル複合体

界面活性剤
の除去

メソポーラスシリカ

図 12.6　**メソポーラスシリカの作製プロセスの概略**

ル構造に規則配列した分子集合体を形成する。そこで，これを鋳型にして棒状ミセルの周囲でシリカを析出させ，シリカ‐界面活性剤複合体を得る。この複合体からシリカ骨格を破壊することなく界面活性剤を取り除くことにより，界面活性剤が形成していた棒状ミセルのサイズに対応する細孔をもつ多孔質体が生成する。メソポーラスシリカは，用いる界面活性剤の有機鎖の長さを変えることにより，円筒構造の細孔径を容易に制御することができる。また，鋳型に用いる界面活性剤の種類などにより，細孔の構造が二次元または三次元の円筒構造をもつもの，あるいは三次元のかご型構造をもつものを作製することができる。

　シリカ以外でも，メソポーラス構造をもつ材料が合成されている。これらの均一で制御された細孔径をもつメソポーラス材料は，触媒，吸着材，ドラッグデリバリー担体としての応用が期待されている。

12.3.2　ゼオライト

　ゼオライト（zeolite）はアルミノケイ酸塩の結晶材料であり，結晶中に微細な細孔をもつことを特徴としている。組成は一般に，$(M^I, M^{II}_{1/2})_m(Al_mSi_nO_{2(m+n)})\cdot xH_2O$，$(n \geqq m)$（$M^I$：$Li^+$，$Na^+$，$K^+$，etc.，$M^{II}$：$Ca^{2+}$，$Mg^{2+}$，$Ba^{2+}$ など）で表される。SiO_4 および AlO_4 の四面体が酸素を頂点共有して三次元的に連結した網目構造を形成している。Al は 3 価なので，このアルミノシリケート骨格は Al の含有量に応じた負電荷を帯びることになり，陽イオンがアルミノケイ酸塩骨格の負電荷を補償している。ゼオライトの骨格構造は約 200 種類が知られており，構造ごとにアルファベット大文字 3 個からなる構造コードが与えられている[6]。SiO_4 および AlO_4 四面体が八〜十四員環構造を形成しており，これらの構造により，結晶構造に規定された直径 0.2〜1.0 nm 程度の均一な細孔（ミクロ孔）をもつ。また，大きな比表面積をもつことも特徴である。

　典型的なゼオライトの構造を図 12.7 に示す。(a) に示すゼオライト

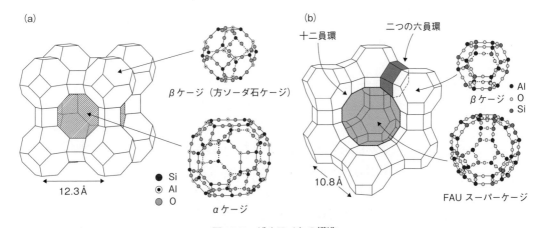

図 12.7 ゼオライトの構造
(a) A 型ゼオライト (LTA 構造), (b) X 型および Y 型ゼオライト (FAU 構造).

の中で最も Al 含量の大きい (Si 含量が最も小さい) A 型ゼオライト (Si/Al = 1) の場合には,八員環構造により形成されており,比較的小さな細孔をもつ。これに対して,(b) に示す X 型あるいは Y 型ゼオライト (構造は同じで Si/Al = 2～3 のものを X 型,Si/Al>3 のものを Y 型と呼ぶ) の場合には十二員環構造をもっており,比較的大きな細孔をもっている。細孔の大きさが分子オーダーであるために,分子ふるいの作用を示す。この分子ふるい作用を利用して,選択的吸着や触媒反応が可能であり,分離膜としても応用されている。細孔のサイズは,含まれる陽イオンによっても異なる。また,これらの陽イオンは,比較的自由に結晶細孔内を移動できるため,液相中で可逆的にイオン交換可能である。

　ゼオライトの合成では,主にケイ素源として水ガラスやコロイダルシリカ,ケイ素アルコキシド,アルミニウム源としてアルミン酸塩やアルミニウムアルコキシドを用い,そのほかに水酸化ナトリウム水溶液を原料として,これらの溶液を密閉容器中,100～200 ℃で加熱する水熱合成法によって合成される。

12.3.3 活性炭

　活性炭 (activated carbon) は日常生活で用いる脱臭剤をはじめ,気体分離,水処理や溶剤回収などに用いられている。また,上述のように電気二重層キャパシタの電極材料としても用いられている。活性炭は通常,石炭,石油ピッチあるいは木材,ヤシ殻などを還元雰囲気で加熱分解することによって炭化し,さらに表面を賦活 (活性化,activation) することにより得られる。炭化の過程で原料中の非炭素成分 (H や O) が取り除かれ,賦活により炭化物表面を酸化浸食して,細孔を連結して

開孔し，大きな比表面積をもつ多孔質体にする。賦活の方法には水蒸気，酸素，二酸化炭素などの酸化性ガスなどを 700〜1000 ℃ で接触させるガス賦活法と，塩化亜鉛などを原料に加えて不活性ガス雰囲気中 500〜700 ℃ で加熱して活性化する薬品賦活法がある。

　このようにして合成された活性炭は微細な黒鉛（グラファイト）型構造の結晶子が不規則に集合した構造である。活性炭の比表面積は 500〜2500 m^{2}g^{-1} と非常に大きく，直径約 1〜20 nm の細孔をもつ。活性炭の性質は，細孔構造のほかに，賦活する際に細孔表面に導入されるカルボキシ基（−COOH），カルボニル基（>C=O），ヒドロキシ基（−OH）などの表面官能基が大きく影響する。したがって，表面官能基や細孔径分布を制御するための賦活法の開発が行われている。

12.4　ナノ構造体（一次元，二次元，三次元）

12.4.1　ナノ構造体の特徴

　近年，ナノファイバー（一次元），ナノシート（二次元），ナノ粒子（三次元）などのナノ構造体に関する研究が盛んに行われている。このナノ構造体を「表面」の観点から考えると，構造体を占める原子数の中で表面を占める原子数の割合が非常に大きいものであり，表面の果たす役割は非常に大きい。

　ナノ粒子について考えてみると，ナノ粒子はその粒径が小さくなるにつれて表面原子の割合が増加する（表 12.1）。これは，粒径が小さくなるにつれて，表面エネルギーも大きくなることを意味する。そして，表面エネルギーの効果により表面での原子拡散が大きいなどの効果が現れ，バルク体と異なる性質を示す。たとえば，金（Au）の融点はバルク体では 1064 ℃ であるが，粒径が 10 nm 付近から徐々に低下し，3 nm では約 600 ℃，2 nm では約 300 ℃ になることが知られており，微粒子

表 12.1　単純立方格子構造の粒子1個に含まれる原子数と表面原子の割合

1辺の原子数	全体の原子数	表面の原子数	表面原子の割合（%）	原子間距離が 0.2 nm の原子における粒子1辺の長さ
2	8	8	100	0.4
3	27	26	96	0.6
5	125	98	78	1.0
10	1,000	488	49	2.0
20	8,000	2,168	27	4.0
50	125,000	14,408	12	10.0

文献［7］より引用.

化によって大きく低下することがわかる。粒径が数～数十 nm の金ナノ
粒子が分散したガラスは古くから赤色に着色することが知られており，
現在ではその原因が微粒子表面の**表面プラズモン共鳴**（surface plasmon
resonance）の作用であることが知られている。

　また，微粒子において表面エネルギーが大きいことは，セラミックス
粉体において，微粒子は非常に焼結が進行しやすいことを示している。
つまり，焼結においては，加熱によって原子の拡散が加速される状態で
あり，焼結が進行する際には粒子の表面エネルギーが小さくなるように
進行するので，微粒子を焼結に用いるとその焼結がより低温でも加速さ
れ，低温で緻密な焼結体が得られる。

12.4.2　ナノ構造体の製造法と性質

　ナノ構造体の製造法としては，バルク状の材料を機械的に粉砕・加工
などによって微細化する**トップダウン**（top-down process）法と，原子
や分子を物理的あるいは化学的な方法によって核生成・粒成長によって
粒径を増大させていく**ボトムアップ**（bottom-up process）法がある。
　トップダウン法の代表例である機械的粉砕では，通常 1 μm 以下の粒
径をもつ粒子を得ることが困難である。したがって，粒径が数～数十
nm のナノ粒子の場合には，通常，ボトムアップ法により合成される。
たとえば金属ナノ粒子の場合には，物理的合成法がよく用いられる。不
活性ガス中で抵抗加熱などにより金属を加熱・蒸発させ，気体との衝突
により冷却・凝縮させてナノ粒子を生成させる**ガス中蒸発法**が代表例で
ある。触媒担体に触媒作用を示す金属微粒子を担持する場合には，前駆
体錯体の熱分解・還元などの化学的合成法がよく用いられる。酸化物や
水酸化物のナノ粒子の場合にも，化学的合成法がよく用いられる。溶液
内の化学反応と溶解度を制御することにより，析出物を核生成，成長さ
せる**均一沈殿法**（homogeneous precipitation process）や金属アルコキ
シドの加水分解を用いる**ゾル-ゲル法**（sol-gel process），金属や金属塩
水溶液を高温高圧下の水または水蒸気で酸化する**水熱合成法**
（hydrothermal process）などがある。化学的合成法では，その反応を
制御することにより，粒径分布が非常に小さい**単分散**（monodisperse）
の粒径をもつ微粒子を合成できる。
　カーボンナノチューブのような一次元ナノ構造体の場合においても，
ボトムアップ法が主に用いられる。カーボンナノチューブ合成の一例と
して，基板上に触媒となる金属微粒子をまず形成し，**化学気相成長**
（CVD）法により，炭化水素ガスと水素を用いて基板上にカーボンナノ

　　チューブを成長させる方法がある。

　　二次元ナノシートの場合には，層状化合物を構成する層を1枚ずつ剥離することにより得ることができる。つまり，トップダウン法である。剥離は機械的剥離方法と化学的剥離方法に大別される。化学的剥離方法では，かさ高いゲスト分子を層間にインターカレーションすることにより層間剥離し，ナノシートを得る。これらの手法により，厚みは数 nm，縦横の大きさは，通常 μm オーダーの広がりをもった非常に異方性が高い二次元単結晶が得られる。

　　近年，このようなさまざまなナノ構造体が合成されており，表面の原子数の割合が大きいという特徴を活かし，電子材料，光学材料，触媒や電気化学デバイスといったさまざまな分野での応用が期待されている。

----------- **参 考 文 献** -----------

［1］足立吟也，島田昌彦，南　努　編，『新無機材料科学』，化学同人（1990）．

［2］足立吟也，南　努　編著，『現代無機材料科学』，化学同人（2007）．

［3］P. Atkins, J. de Paula，千原秀昭，中村亘男　訳，『アトキンス物理化学（下）第8版』，東京化学同人（2009）．

［4］近藤精一，石川達雄，安部郁夫，『吸着の科学第2版』，丸善（2001）．

［5］岩澤康裕，福井賢一，吉信　淳，中村潤児，『ベーシック表面化学』，化学同人（2010）．

［6］小野嘉夫，八嶋建明　編，『ゼオライトの科学と工学』，講談社（2000）．

［7］林田美咲，産総研計量標準報告，Vol. 8，No. 1，55（2010）．

----------- **章 末 問 題** -----------

12.1　固体の内部にある原子やイオンと，表面になる原子やイオンにはどのような違いがあるのか説明せよ。

12.2　図 12.1 に示す面心立方格子構造の（111）面，（100）面，（110）面の表面原子の最近接の原子数をそれぞれ答えよ。

12.3　固体を微粒子にして表面積を大きくすると，どのような物性の変化が起こるか説明せよ。

12.4　固体表面の触媒活性は，分子の化学吸着の強さに対してどのような依存性を示すと予想できるかを説明せよ。

12.5　ゼオライトが性能の高い不均一系触媒として作用するのは，どのような物理的，化学的性質によるものかを説明せよ。

12.6　原子直径 0.2 nm の原子が集合して，単純立方格子の立方体形状の粒子を形成したとする。この粒子の一辺が 1〜20 nm の範囲における代表的な粒径において，表面を占める原子数の粒子を構成する全原子の数に対する割合を計算し，粒径と表面原子数の割合の関係を示すグラフを作成せよ。このグラフから，表面原子数の割合に対する粒径の与える影響について考察せよ。

第13章 セラミックスの破壊と強度

■ この章の目標 ■

　コップを床に落としたり，強くぶつけたりした場合，「壊れる」と直感する。お皿を洗う場合，壊れることを想定して丁寧に扱わなければ，と潜在的に小さい頃からの感覚が身についている。では，キャンプなどで使う金属，またはプラスチック製のカップやお皿の場合はどうだろうか？　また，金属材料は削ったり，曲げたり，穴を開けたり，と自由自在に加工できるが，セラミックスはなぜこのような加工ができないのか？　この章では，セラミックスの「変形と破壊」に関する知識を習得することを目的とする。セラミックスはなぜ脆いのか，「壊れる」過程をどのように扱うことができるのかを理解することで，高強度な信頼性の高いセラミックスを開発するための材料設計指針について考える。

13.1　セラミックスの変形と破壊

　金属，高分子などの他の工業材料との比較において，セラミック材料は，本質的に「硬く」，「強い」という優れた特性をもっている。1980年代に始まるファインセラミックスブーム以降，急速な科学技術の発展を支える先端材料の候補として，精力的な研究が行われている。過去に，耐火材料，絶縁材料などを主な用途として発展してきたセラミック材料においても，構造部材としての高強度化，高靱化が必須となりつつあり，金属材料で確立した手法を基礎として，脆性セラミックスの破壊や変形に関する力学的特性をよく理解する必要がある。セラミック材料は，耐熱性，耐腐食性，耐摩耗性に優れた特性をもつものの，金属材料のような延性材料に見られる「しなやかさ」に著しく欠ける。多くの人は，セラミックス製のコーヒーカップ，または，ガラスのコップを床に

落とした際に「割れる」と一瞬で想像する。このような，「脆さ」に関する不安が，セラミックスを構造材料として活用する際の最大の欠点となり，信頼性が得られない要因である。

　金属材料は，金属結晶に由来する空間対称性の高い最密充填結晶構造をもっており，任意外部荷重に対して結晶面のすべりが容易に発現する（転位の運動）。このような結晶面の「ずれ」が金属材料の延性をもたらし，構造材料としての信頼性を与えている。一方，無機固体結晶であるセラミックスにおいては，その結合様式が，イオン結合，共有結合であることから，金属結晶と比較して，空間対称性，充填性が悪く，結晶面のすべり（転位の運動）が著しく制限される。この結果，延性に乏しく，脆性破壊を招く。セラミック材料の多くは，このように脆性破壊が支配的であることから，一見して機械的強度も低いと考えられがちであるが，破壊現象を原子論的に考察した場合（固体の理想強度の概念），実は，潜在的には非常に強度が高いことに気づくはずである。ではなぜ，セラミック材料の多くは，本質的には高い破壊強度をもっているにもかかわらず，構造用部材として広く用いられることはないのか？

　本章では，セラミック材料の「変形と破壊」（弾性，強度，靭性）をより深く理解するための基本的な考え方を習得する。

13.2　固体の変形

13.2.1　応力とひずみ

　セラミックスの破壊を議論するにあたり，変形挙動を記述するための基礎的な準備として，応力とひずみを定義しておく。図13.1に示すような，断面積A，長さLの材料（棒状固体）の一端を固定し，他方に荷重Pを負荷する場合を考える（一軸引張変形）。荷重を徐々に増加させていくと，最終的には，材料内に蓄積される外部から付加された荷重を支えることができなくなり，ある臨界値に到達した時点で破断することになる。この臨界荷重は，もちろん，注目した棒状固体の「強さ」に依存しているが，ここで注意すべき点は，棒状固体の断面積にも依存することに気がつくだろう。断面積が大きければ臨界荷重は大きくなり，小さければ小さくなる。したがって破壊時に測定された破壊荷重P_cは，材料固有の物性値としての強さを表す指標として取り扱うことはできない。そこで，荷重Pを担う棒状固体の断面積Aで除した物理量として「応力」の定義が必要となる。単位面積あたりに付加された荷重，つまり圧力の次元をもつパラメータを導入することで，物性値として扱うこ

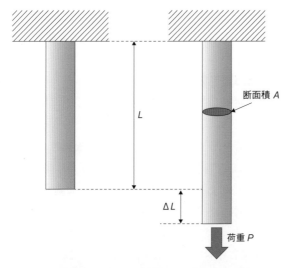

図13.1　断面積 *A*，長さ *L* の試験片に荷重 *P* を付加した場合の変形（伸長引張試験）

とができなかった臨界荷重を臨界応力に変換すれば，試験片断面積に依存しない，「強度」を記述できるようになる。応力 σ は，以下のように定義され，

$$\sigma = \frac{P}{A} \tag{13.1}$$

先に示したように，応力は，圧力と同じ次元をもっていて，$P_a (= \mathrm{N/m^2})$ で与えられる。したがって，破壊を記述するためには，破断に要した臨界荷重 P_c を試験片断面積 A で除すことで破壊応力（強度）$\sigma_c (= P_c/A)$ を試験片の形状，断面積に依存しない物理量として示すことができる。

　次に，伸びやすさ（変形しやすさ）を記述する物理量である「ひずみ」を定義する。図 13.1 に示すように，外部から荷重 P が付加されると，これに対応した試験片全体の長さの変化が観察されるようになる。初期長さを L とした場合，荷重付加により $(L + \Delta L)$ となり，この関係は，付加する荷重に応じて比例関係をとる。この際の伸び量 ΔL は，後に定義する弾性率に支配されることになり，材料により異なる。ここで注意する点は，材料としての伸びやすさが同じであっても，初期長さが倍になると，同一荷重に対する伸び量も倍になる。そこで，試験片の初期長さに依存しない物性値としての変形量を記述するために，伸び量 ΔL を初期試験片長さ L で除した，ひずみ ε を定義する。

$$\varepsilon = \frac{\Delta L}{L} \tag{13.2}$$

式からも明らかなように，ひずみは無次元の物理量である。応力とひずみの関係（応力-ひずみ曲線）を用いて材料特性の評価を行う。

13.2.2　固体の変形様式

図13.1では，材料特性評価の手法の一つとして，引張伸長の例を示したが，ここでは，もう一つの重要な変形様式であるせん断変形を定義する。図13.2に示すような，原子（分子）が二次元的に配列したモデル固体（結晶）を用いて，固体の変形様式をもう少し細かく考えてみよう。図13.1で示したように，試験片の鉛直方向に荷重を付加する伸長変形様式では，固体内部の原子面間隔の増加，減少が生じる。一方，せん断変形様式（ちょうど，トランプを横にずらすような変形様式）では，個々の原子面に相対的なずれが生じるだけで原子面間隔の変化は起こらない。図13.2のような伸長変形は，個々の原子面間隔が原子面の法線方向に変換することから，法線変形と呼び，図13.1で定義したような応力，ひずみは正確には，それぞれ，法線応力 σ，法線ひずみ ε と呼称する。図13.2のような，原子面の間隔を保ちながら相対的なずれにより変形する場合，せん断変形と呼ばれ，同様に，これにより生じる応力，ひずみは，それぞれ，せん断応力 τ，せん断ひずみ γ と定義される。両者の違いは，変形の際に体積変化を生じるか否かであり，材料の変形機構を議論するうえで重要となることから，厳密に区別して用いる必要がある。

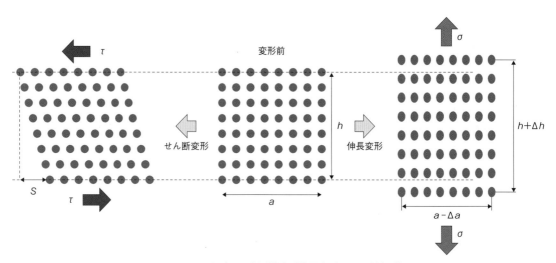

図13.2　さまざまな変形様式（伸長変形とせん断変形）

13.2.3 構成方程式

固体に外力として，応力を付加した場合に変形が起こり，ひずみが生じる。ここでは，応力とひずみの間に生じる関係式，構成方程式（constitutive equation）を記述する。バネやゴム紐を伸長した際の荷重 P と伸び ΔL の関係は，フックの法則として知られ初等物理学で与えられたとおり，そのバネ定数を k とすると

$$P = k\Delta L \tag{13.3}$$

で記述される。ここで，応力，ひずみを用いて書き換えると，以下のようになる。

$$\sigma = E\varepsilon \tag{13.4}$$

E は，弾性率（elastic modulus）と呼ばれ，

$$E = \frac{kL}{A} \tag{13.5}$$

で定義される。バネ定数 k はバネの長さ L に逆比例し，その断面積に比例する。式（13.4）は，先に示した法線応力（たとえば単純引張変形）の完全弾性変形における法線応力と法線ひずみの間に成立するフック則を表す比例定数であり，この弾性率をヤング率（Young's modulus）と呼び，一方，せん断変形様式の場合をせん断弾性率 G（shear modulus）として区別し，この場合の構成方程式は，式（13.4）に対応するかたちとして

$$\tau = G\gamma \tag{13.6}$$

で表される。ヤング率とせん断弾性率は，セラミックス（多結晶体）やガラスなどの結晶方位依存性のない等方弾性体においては，

$$G = \frac{E}{2(1+\nu)} \tag{13.7}$$

で関係付けられる。式中の ν はポアソン比と呼ばれ，たとえば，弾性体の x 軸方向の伸長ひずみ ε_x が生じる変形を受けた場合，同時に付随的に y 軸，z 軸方向への変形も誘起され（ポアソン効果），その際生じる，ひずみ ε_y，ε_z との比として次式で定義される。

$$\nu = \left| \frac{\varepsilon_y}{\varepsilon_x} \right| = \left| \frac{\varepsilon_z}{\varepsilon_x} \right| \tag{13.8}$$

表 13.1　各種工業材料のヤング率，せん断弾性率，ポアソン比

	物質	E (GPa)	G (GPa)	ν (−)
金属材料	鉄 (Fe)	206	80	0.28
	アルミニウム (Al)	68	26	0.34
	銅 (Cu)	123	45	0.35
	ニッケル (Ni)	201	77	0.31
	金 (Au)	79	28	0.42
セラミックス	アルミナ (Al_2O_3)	380	151	0.26
	ジルコニア (ZrO_2)	205	83	0.23
	窒化ケイ素 (Si_3N_4)	450	123	0.24
	炭化ケイ素 (SiC)	304	189	0.19
	ケイ酸ガラス (SiO_2)	75	32	0.17
	ダイヤモンド (C)	1210	505	0.198

　注目する変形に一切の体積変化を起こさない完全弾性変形では，$\nu =$ 0.5 が成立し，この場合，式（13.7）から $E = 3G$ が成立する。実在材料の多くは，弾性変形に伴う体積変化はきわめて少ないことから，$\nu =$ 0.5 の近似が成立し，換言すれば，ヤング率はせん断弾性率のほぼ 3 倍と考えてよく，ポアソン比が不明の場合は，この関係を用いて必要に応じて変換することができる。代表的な等方性固体のヤング率，せん断弾性率，ポアソン比を表 13.1 に示す。詳細は割愛するが，弾性変形の原子論的な考察から，一般論として，ZrO_2（ジルコニア）や MgO（マグネシア）のようなイオン結合結晶に比べて，ダイヤモンドや SiC（炭化ケイ素）のような共有結合性結晶の方が大きな弾性率をもつ。

13.2.4　応力-ひずみ曲線

　弾性変形に関する構成方程式〔式（13.4），式（13.6）〕より，完全弾性体に見られる応力とひずみの関係は，比例関係をもっていることは明らかである。応力とひずみの関係をプロットすれば，その直線の傾きが，ヤング率，せん断弾性率を与える。応力-ひずみ曲線の模式図を図 13.3 に示す。応力付加過程では，この直線に沿って，直線的に増加し，徐荷の過程では，弾性回復に伴い，負荷-徐荷の関係に一切の履歴現象なく直線的に減少する。図 13.3 にまったくの履歴現象が見られないことが弾性変形の重要な性質であり，負荷過程で外部から投入された力学的エネルギーが，固体内に弾性ひずみエネルギーとして蓄積され，徐荷の際は，固体内でエネルギーが消費（散逸）されることなく，すべて系外に放出されることを意味している（後述するような，エネルギー散逸機構が存在する場合，履歴が観察される）。応力，ひずみにおける弾性体の単位体積あたりの弾性ひずみエネルギー U_e は，図 13.3 中のうすい

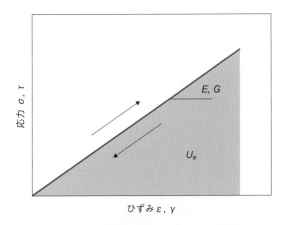

図 13.3　**弾性領域における応力–ひずみ曲線**

赤色部分の面積で与えられ,

$$U_e = \frac{1}{2}\frac{\sigma^2}{E} = \frac{1}{2}E\varepsilon^2 \qquad\qquad (13.9)$$

となる。これらの議論は先に示したように，厳密には，無機ガラスのような非晶質等方性固体でのみ成立することになるが，焼結により作製される粒界構造をもつ多結晶材料においても適用できる。一方，無機単結晶の多くは，空間異方性をもつそれぞれの結晶系から構成されていることから，たとえば，比較的対称性の良い正方晶系結晶でさえも，変形方向が a 軸方向か，c 軸であるかによって異なる値となるために，それぞれの異方性を考慮に入れて定義する必要がある。

13.3　強度と靭性

13.3.1　脆性破壊と延性破壊

　ガラスのコップが壊れた際，バラバラになった破片が飛び散ることになる。しかしながら，器用で辛抱強い人であれば，この破片をすべて集め，接着剤で元の形に「復元」することができる。一方で，アルミニウムやスチール製の缶ジュースの缶を引き裂いた場合，復元するには，まず，変形してしまった部分を元どおりに引き伸ばしてからつなぎ合わせる必要があるが，そもそも引きちぎられた部分が同じ形に戻るとは限らず，コップの復元のような完成度は期待できないと想像できる。クリーニング屋さんでもらえる針金製のハンガーも，一度曲げてしまうと，完全な形に戻しにくいことは経験している。先のコップの破壊様式を，脆

性破壊，後者の缶の破壊様式を延性破壊と区別することができる。

　図13.3に示すように，弾性変形の範囲内での応力−ひずみ曲線は直線的であったが，さらに破断まで荷重を負荷した際にはどのようになるだろうか。図13.4は，金属材料との比較として，破壊するまで変形させた場合の応力−ひずみ曲線を模式図として示す。一般に，金属材料に引張荷重を負荷すると，初期の低応力領域においてフック則に従う線形弾性変形が観察され，その後，応力が降伏応力（Yielding stress, σ_Y）に達すると，結晶面間のすべりとして定義される塑性変形が生じることで，上記の直線関係からの逸脱が観察されるようになる。さらに荷重を増大させていくと，塑性変形に伴う巨視的な「くびれ（ネック）」が観察されるようになり，最終的な破断に至る。この際の応力を最終破断強度（Ultimate strength, σ_u）と呼ぶ。金属材料で見られる塑性変形の起源は，金属結合に由来する転位の移動のためである。荷重負荷に伴い，材料内部に蓄積されるひずみエネルギーの上昇とともに，弾性ひずみエネルギーとして系内に貯蔵できる限界を超えると（降伏応力），散逸機構として結晶面のすべり（転位）が生じ，フック則に従わない塑性変形が発現する。一方，セラミックスのような無機固体中の原子間結合は，イオン結合性，共有結合性が支配的であり，このため，転位の移動は，少なくとも室温付近において制限されており，その結果として，図13.4に見られるような降伏状態を観測することができず，線形弾性変形後，

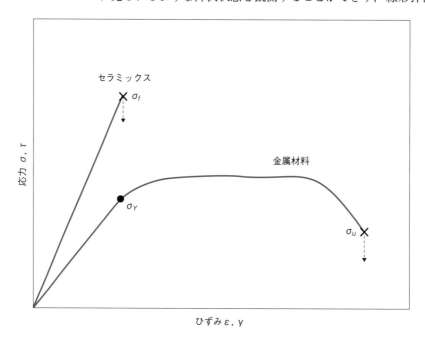

図13.4　**セラミックスと金属材料の応力−ひずみ曲線の模式図**

突然の破断を示すことになる（脆性破壊）。したがって，強度の定義として，降伏応力（降伏強度，σ_Y）と最終破断強度 σ_u が金属材料を評価する指標と用いることになるが，セラミックスの場合，とくに引張試験では，塑性変形が観察されないことから，脆性破断に至った応力を用いて破壊強度 σ_f で評価することになる。

　固体が延性破壊を示すのか，脆性破壊を示すのかは，固体がもつ破壊応力 σ_f と降伏応力 σ_Y の相対的な大小関係で決定される。すなわち，金属材料のように $\sigma_f > \sigma_Y$ となる場合は延性破壊，セラミックスのように $\sigma_f < \sigma_Y$ なる関係が成立し，降伏応力に到達するよりも低い応力レベルで原子間結合力の開裂（破壊）が生じる場合は，降伏現象が観察されず，結果として脆性破壊となる。セラミックスが金属材料と比較して著しく「脆い」，「割れやすい」理由は，これによるものである。関連して，弾性ひずみエネルギーの説明と同様に，破断に至るまでの応力-ひずみ曲線で囲まれた面積は，破断に至るまでに系内に投入したエネルギーを表すことから，たとえば，この図では，セラミックスの方が一見して強度の値は高いが，破壊エネルギーは金属材料の方が圧倒的に大きいことが明らかである。上述したように，金属材料の場合は，降伏応力を超えた後も転位の運動にエネルギーが消費され，この事実は，試験片のくびれ（ネッキング）として巨視的に観察することができる。これに対してセラミックスでは，応力-ひずみ曲線の変化も見られず，試験片の巨視的な変形を目視することができないまま突然の破壊を引き起こすことになる。金属材料で観察されるこのような「粘り強さ」は，後述する破壊靭性という概念で説明することができる。

13.3.2　理想強度

　結晶性固体の破壊に関しての原子論的な本質は，構成する原子間または分子間結合の破断と考えることができる。そこで，原子論的（微視的）な立場から，固体の理想的な破壊強度，言い換えれば，固体本来がもつポテンシャル強度を簡単な仮定から見積もることとする。固体結晶を構成する 2 原子間に作用するポテンシャル $U(r)$ は，原子間距離 r と平衡原子間距離 r_0 を用いて図 13.5 のようなかたちを与える。2 原子間面の結合力 σ は，

$$\sigma = \frac{\partial U(r)}{\partial r} \tag{13.10}$$

で定義され，図 13.5 のようになる。ちなみに上述したヤング率 E は

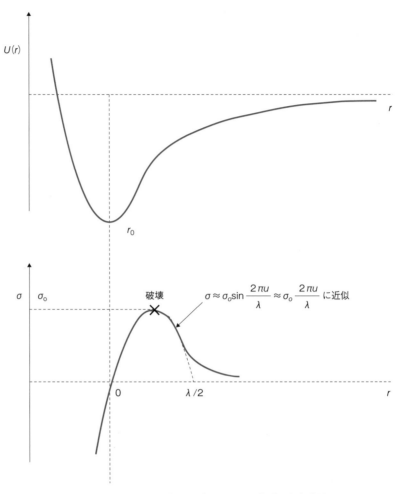

図13.5　2原子間に生じるポテンシャル曲線と応力曲線

$$E = \frac{\partial^2 U(r)}{\partial r^2} \tag{13.11}$$

で定義される（弾性率の原子論的表現）。図13.5の原子の平衡位置近傍でのグラフ形状を以下のような波長λの正弦関数で近似し，さらにuがλに比べて十分小さいと考えれば，式（13.11）は以下のように書き換えることができる。

$$\sigma \approx \sigma_0 \sin \frac{2\pi u}{\lambda} \approx \sigma_0 \frac{2\pi u}{\lambda} \tag{13.12}$$

ここで，σ_0 は結合力の最大値，u は原子の平衡位置からの変位である。これとは別に，u が十分に小さい場合にはフックの法則が成立するので，微視的ひずみを $\frac{u}{r_0}$ と考えれば，

$$\sigma = E\frac{u}{r_0} \tag{13.13}$$

が得られる。ここで，r_0 は 2 原子の平衡距離である。式（13.12）と式（13.13）を比較すれば，

$$\sigma_0 = \frac{\lambda E}{2\pi r_0} \tag{13.14}$$

が得られる。先に示すように，破壊は「2 原子面間の分離に要する仕事」であり，これにより，「新たに二つの破面が形成される」と考えれば，単位面積あたりの表面エネルギー γ_s を用いて，

$$2\gamma_s = \int_0^{\frac{\lambda}{2}} \sigma_0 \sin\frac{2\pi u}{\lambda}\,\mathrm{d}u = \frac{\lambda\sigma_0}{\pi} \tag{13.15}$$

となり，式（13.14）と式（13.15）を比較すれば，最終的に，

$$\sigma_0 = \sqrt{\frac{\gamma_s E}{r_0}} \tag{13.16}$$

で表される微視的な強度式（理想強度）が得られる。つまり，平衡原子間距離が小さい，または，弾性率が大きく，さらに破面表面エネルギーが大きな材料は原子間を破断するために大きな応力を要する，言い換えれば強い材料であるということになる。実存する材料において，$\gamma_s \approx r_0 E/100$ が成り立つことが多いので，式（13.16）は

$$\sigma_0 \approx \frac{E}{10} \tag{13.17}$$

と近似される。つまり，原子論的に固体の「理想的」な破壊強度を見積もると，ヤング率のほぼ 1/10 程度となることが期待される。たとえば，アルミナ製のウィスカー（ひげ状単結晶の繊維）で引張強度を測定すると 16 GPa 程度となり，アルミナのヤング率が 380 GPa として考えれば，式（13.17）のような簡単な仮定から導かれた理想強度（38 GPa）に近いと考えられる。しかし，焼結により，バルク状のアルミナを作製し強度を測定すると，0.5 GPa 程度の強度しか得られない。そのほかのセラミックスにおいても，バルク体では，1/10〜1/100 程度まで低下してしまう。この事実は，式（13.17）の導出における近似精度の低さでもなければ，理論的な破綻でもなく，材料内部に存在する「欠陥」のためであることがわかっている。

13.3.3 Griffith 理論

　先のアルミナウィスカーのように単結晶繊維状物質の場合，理想強度と近い値が得られるものの，金属材料も含め，実際のセラミックスの強度は，理想強度と比較して著しく低い。理想強度の議論では，破壊は，隣り合う原子に作用する結合が破断することで起こると仮定した。もし，材料中に原子間の結合よりも容易に破断するような「要因」が存在すれば，当然ながらエネルギーの低いプロセスで破断面を形成させ破壊することになる。材料中には，製造，加工過程で残存した「欠陥」が多く存在する。実在材料の破壊は，この欠陥（亀裂）を起点に発生することが知られている。微細な亀裂（潜在亀裂）が多数存在（あるいは負荷中に発生）し，亀裂先端の高い応力集中によって，いとも簡単に分断されてしまうと理解されている。身近な例では，食品包装用プラスチックフィルム（ポテトチップスのような袋菓子）の袋が開けにくいことがある。この場合，「切り欠き」があらかじめ入っており，ここを起点として容易に開封することができる。このような切り欠きは，食品包装用プラスチックフィルム本来の強度を著しく低減させることができることを想像すれば理解しやすいであろう。A. A. Griffith は，強度に関する多くの実験結果を基に，強度は注目する材料中に潜在する傷や亀裂のような微小欠陥の大きさに依存することを明らかにし，破壊力学の基礎を築いた。破壊は，応力集中源となる材料中の最大欠陥（亀裂）を起点として起こり，その際，この亀裂をもつ材料全体の自由エネルギーが亀裂寸法の増大（亀裂の進展）と共に減少する場合には，自発的な亀裂の進展，つまり破壊が起こると仮定し，亀裂寸法，材料物性（ヤング率，表面エネルギー）を用いて「強度」を表現し，破壊現象を科学的に説明することに成功した。

　試験片を貫通する楕円形欠陥（図 13.6）先端の応力集中は，欠陥先端の曲率 ρ が欠陥の半長 c に比べて十分小さい場合，また，欠陥の先端が十分に鋭い場合（$\rho \ll c$）を仮定すれば，以下のように表現できる。

$$\sigma_{max} = \sigma\left(1 + 2\sqrt{\frac{c}{\rho}}\right) = 2\sigma\sqrt{\frac{c}{\rho}} \tag{13.18}$$

ここで，σ は試験片に無限遠方から作用する引張応力であり，σ_{max} は欠陥先端近傍での最大引張応力である。つまり，内部欠陥が存在する材料に外部から σ を負荷すると，亀裂サイズ c が大きいほど，また，亀裂の曲率半径 ρ が小さい（鋭い）ほど，亀裂先端では，応力が集中してしまうことを意味しており，この値が，結合力の最大値として定義した σ_c。

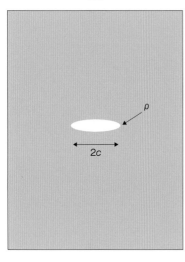

図 13.6　長さ 2c の楕円亀裂が導入されたモデル材料

を超えるような亀裂進展の十分条件（$\sigma_{max} \geq \sigma_o$）となった場合,

$$\sigma \geq \sqrt{\frac{\gamma_s E \rho}{4 c r_0}} \tag{13.19}$$

の関係から亀裂が進展し破壊を招くことになる。式（13.19）は見かけの応力 σ が右辺を超えると破壊が生じることを意味しているので, 右辺が亀裂を含む材料の破壊強度に相当する。一方, Griffith のポテンシャル論によれば, 亀裂進展の必要条件は

$$\sigma \geq \sqrt{\frac{2 \gamma_s E'}{\pi c}} \tag{13.20}$$

で与えられる（E' は平面応力, 平面ひずみ状態でのヤング率）。
式（13.19）と式（13.20）を比較すると, 亀裂先端曲率 ρ が

$$0 < \rho < \frac{8}{\pi} r_0 \tag{13.21}$$

を満たす場合には, 両者が一致することがわかる。つまり, 亀裂が十分に鋭く, 亀裂先端曲率が上述の条件を満たすほど小さい場合, 式（13.20）で与えられる Griffith の臨界条件は亀裂進展の必要十分条件となり, 右辺が亀裂を含む材料の破壊強度に相当する。この結果は破壊強度が亀裂長さに大きく左右されることを意味している。

13.3.4 破壊靭性

　前項でセラミックスのような脆性材料の破壊強度が材料中の亀裂先端の応力集中によって著しく低下することを説明した。ここではその亀裂先端の応力場に注目し, 脆性材料固有の「亀裂進展のし難さ」の指標となる破壊靭性という概念を説明する。

　図 13.7 の座標系において, 長さ $2c$ の亀裂を含む無限体に無限遠方から亀裂面と垂直に引張応力 σ を作用させたとき, 亀裂面に垂直な y 方向への亀裂先端近傍での引張集中応力 σ_y は次式で表される。

$$\sigma_y = \frac{\sigma (c + x)}{\sqrt{x (2c + x)}} \tag{13.22}$$

ここで, x は亀裂延長線上の亀裂先端からの距離である。式（13.22）において, $x \to 0$ で $\sigma_y \to \infty$ であることから, 亀裂先端は応力場の特異点になっていることがわかる。式（13.22）を級数展開し, $x \ll c$ が成立する

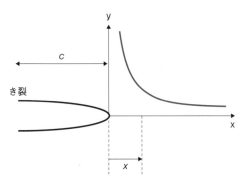

図 13.7　**外部応力 σ を付加した際の楕円亀裂先端の応力分布**

亀裂先端近傍のみに注目すると，展開した初項のみが残り，次式となる。

$$\sigma_y = \sigma\sqrt{\frac{c}{2x}} = \frac{K_I}{\sqrt{2\pi x}} \tag{13.23}$$

ここで，$K_I = \sigma\sqrt{\pi c}$ は応力拡大係数と呼ばれ，応力場の強さの指標となる。つまり，亀裂先端にどのくらい強い応力場が形成されているかを知るためには，応力拡大係数 K_I を求めればよく，K_I は無限遠方から試験片に作用する引張応力 σ と亀裂長さ c（内部亀裂の場合は半長，表面亀裂の場合は全深さ）を測定すれば簡単に算出することができる。

　線形破壊力学では，応力拡大係数が材料固有の値を超えた場合を，亀裂進展の**臨界条件**としている。その材料固有の臨界値が破壊靱性 K_{Ic} であり，上記のクライテリアは次式で与えられる。

$$K_I \geq K_{Ic} \tag{13.24}$$

　Griffith のポテンシャル論を発展させた Irwin のポテンシャル論によれば，応力拡大係数と破壊表面エネルギーの間には以下の関係（Irwin の**相似則**）が成立するので，

$$\frac{K_I^2}{E'} = 2\gamma_s \tag{13.25}$$

　式（13.24）のクライテリアは，Griffith のクライテリア〔式（13.20）〕と等価であることが証明できる。つまり，K_{Ic} は，破壊表面エネルギー γ_s と同様，亀裂進展のしにくさを表す指標となり，線形破壊力学における最も重要な工学パラメータとして，材料設計，構造設計材料寿命予測などに広く用いられている。破壊靱性値を用いた強度の表現式は以下と

なる。

$$\sigma_f = \frac{K_c}{\sqrt{\pi c}} \tag{13.26}$$

13.4 セラミックスの材料設計

　セラミックスの変形と破壊を中心に，金属材料と比較した利点，欠点を議論した。しかしながら，現時点では，やはり「脆性」を克服できておらず，金属材料のような構造用用途での活用が十分ではないのが現状である。一方では，イオン結合，共有結合を中心とした固体であるセラミックスは，超過酷状況，たとえば，1000 ℃を超えるような超高温部材としては，金属材料では代用できない優れた特性をもっている。このことから，新たな金属系合金が今後さらに開発されようが，セラミックスは重要な工業材料としてなくなることはないであろう。ここでは，エンジニアリングセラミックスとしての信頼性向上を目指した材料設計指針を議論する。

　破壊強度は，式（13.20）より

$$\sigma_f = \sqrt{\frac{2\gamma_s E'}{\pi c}} \tag{13.27}$$

で与えられることから，潜在欠陥 c を極力小さくすることで高強度化を図ることができる。潜在欠陥としては，焼結後に残存する気孔，粒界があげられ，それぞれ，高密化，焼結粒径の微細化など，プロセッシング技術の高度化により解決することができる。また，強度向上に加え，脆性の克服が必須となる。これには，破壊を引き起こす亀裂の進展を抑制するような「仕掛け」を材料内に導入し，K_{Ic} を向上させる必要がある。式（13.25）より，破壊靱性値は，

$$K_c = \sqrt{2\gamma_s E} \tag{13.28}$$

であるから，ヤング率，または表面エネルギーを向上させればよいことを意味している。ヤング率は物質固有の物性値であるから，γ の向上を検討することになる。本節では単純に原子間の結合力として記述してきたが，実際は少し複雑であり，ここで定義したように，対象とした物質の真の表面エネルギーはもちろん，微小領域での塑性変形に費やされるエネルギー，マイクロクラック形成のためのエネルギーなどがこの部分

表13.2　各種工業材料の破壊靭性値

	物質	K_{Ic}（MPa m$^{1/2}$）
金属材料	炭素鋼	200
	4340鋼	46
	Ti-6Al-4V合金	115
セラミックス	アルミナ（Al$_2$O$_3$）	4.0
	ジルコニア（ZrO$_2$）	8.0
	窒化ケイ素（Si$_3$N$_4$）	6.5
	炭化ケイ素（SiC）	4.5
	ケイ酸ガラス（SiO$_2$）	0.8

に集約されると考えられる。セラミックスでは，転位の運動による塑性変形の寄与は期待できないことは先に述べたとおりであり（金属材料では，この寄与が大きいことから表13.2で示すように，相対的に高い破壊靭性値をとる），他の機構を積極的に導入することになる。これまでに，高靭化のための多くの研究が行われており，基本的な考え方として，亀裂が開口することを積極的に防ぐ，亀裂が複雑な経路を通るような幾何構造を導入する，などのエネルギー散逸機構を取り入れた材料開発が行われている。亀裂先端に生じるプロセスゾーンの模式図を図13.8に示す。前者で最も有名なものは，相変態を利用した高靭化機構である。たとえば，部分安定化ジルコニアでは，応力誘起型の相変態が起こることを利用して，亀裂の進展を阻止する設計となっている。亀裂先端で集中した引張応力により，正方晶粒子が単斜晶にマルテンサイト変態を起こす。この際に体積膨張を伴うことから，亀裂の開口を阻害する

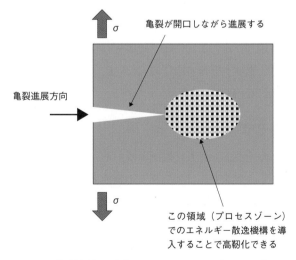

図13.8　**亀裂先端に形成されるフロンタルプロセスゾーンの模式図**

ように働き，亀裂進展を防ぎ，結果として破壊靱性値を向上させる。後者の例では，セラミックスの母材中に，第二相として，ウイスカーや微粒子を分散させ（複合化），亀裂の進展経路を複雑化することでエネルギーを吸収する仕組みであり，多くの複合材料が開発された。また，長繊維系の添加物により亀裂進展中に，亀裂を架橋するような破壊を誘起することで，繊維の切断，母材からの引き抜けのエネルギーにより亀裂進展を遅くすることができる。しかしながら，多くの検討にもかかわらず，金属材料なみに活用するには，まだまだ改善する余地がある。近年，計算機の進歩に加え原子スケールでの変形や破壊挙動をその場で観察できる手法が開発されつつあり，破壊現象に関する新たな知見が今後も見いだされ，新規な高靱化機構の提案がなされることが期待される。また，「脆く硬い」性質のために，金属材料では当たり前に行われる切削等の除去加工をはじめ，塑性加工が困難であることもセラミックスの用途拡大を阻害している。これに関しても，付加製造技術として急速に普及しつつある 3D プリンタなどの出現により，解決の可能性もあり，今後もセラミックスの活用範囲が拡大すると期待できる。

---------------- 章 末 問 題 ----------------

13.1　ヤング率が E で長さ L，直径 d のセラミックス製の丸棒に P の引張応力を付加した際の伸び量を表せ。

13.2　式（13.4）で定義されるひずみは，正確には，工学ひずみ ε（engineering strain）と呼ばれる。一方，金属材料や高分子材料のような変形量が大きくなるような場合には，真ひずみ ε_t（true strain）を用いる必要がある。真ひずみの定義を各自で調査し，工学ひずみとの関係を表せ。また，この両者は，どれくらいまでの変形量まで等価に扱うことができるかを考察せよ。

13.3　ある等方性セラミックスのヤング率を測定したところ，250 GPa であった。ポアソン比を 0.2，0.25，0.3 と仮定した際の，せん断弾性率をそれぞれ計算せよ。

13.4　高密度に焼結されたアルミナセラミックスの破壊試験をしたところ，600 MPa の破壊強度が得られた。この材料が破壊に至った要因となる内在欠陥の寸法を見積もれ。ここでアルミナのヤング率を 380 GPa，単位面積あたりの表面エネルギーを 15 J/m² と仮定する。

13.5　高強度，高靱性な材料を開発するためには，どのような微構造の材料とするべきかを自由に考察せよ。

章末問題の解答

第1章

1.1 シリコン結晶にわずかにホウ素（13族元素）をドープすると、ホール伝導性が増し（p型半導体）、リン（15族元素）をドープすると、電子伝導性が増す（n型半導体）。

1.2 化学組成が SiO_2 の二酸化ケイ素という物質がある。この物質の不純物を極端に少なくし、ガラス繊維状にすると光透過性の高い材料（通信用光ファイバー）になる。

1.3

	長所	短所
ガラス	透明，長期安定性	重い，割れやすい
金属	耐熱性，軽量	長期安定性，不透明
有機高分子	透明，軽量	長期安定性
紙	軽量	耐久性，不透明

第2章

2.1
$$MgO + Al_2O_3 \longrightarrow MgAl_2O_4 \tag{2.27}$$
$$BaCO_3 + TiO_2 \longrightarrow BaTiO_3 + CO_2 \tag{2.28}$$
$$2Y_2O_3 + 8BaCO_3 + 12CuO + (1 - 2\delta)O_2$$
$$\longrightarrow 4YBa_2Cu_3O_{7-\delta} + 8CO_2 \tag{2.29}$$
などが例として挙げられる。

固相反応が進行するためには、固相中を原子が拡散する必要がある。しかし、室温では拡散係数が非常に小さい。拡散係数を大きくするために高温を必要とする。

2.2 粉末の加圧成形体を高い温度で焼成すると、粉末間の接触が、点での接触から面での接触に変化し、気孔が収縮し、比表面積が減少する。これが、現象としての焼結である。

粉末加圧成形体の比表面積の減少による自由エネルギーの減少が、焼結の駆動力である。

焼結が進行するためには、原子の拡散が必要である。しかしながら、一般に固体粉末中の原子の拡散係数は室温ではきわめて小さい。一方、拡散係数は温度上昇とともにアレニウスの式に従って増加する。焼結を進行させるために高温が必要であるのは、高温にすることによって原子の拡散係数を大きくするためである。

2.3 融液からサイズの大きい一つの単結晶を生成させるためには、生成する核の数を減らす必要があり、最も望ましいのは、核が生成する場所を限定することである。ブリッジマン法では、種結晶を用いたりルツボ先端をとがらせることによって、さらには、温度勾配を生じさせることによって、核が生成する場所を限定している。チョクラルスキー法では、融液の表面に種結晶を接触させることによって、また、ゾーンメルト法では溶融帯を少しずつ移動させることによって、温度勾配を生じさせ、核が生成する場所を限定している。

2.4 尿素は以下の式に従って分解し、その結果、OH^- 濃度が増大する。
$$(NH_2)_2CO + H_2O \longrightarrow 2NH_3 + CO_2$$
$$\tag{2.30}$$
$$NH_3 + H_2O \longrightarrow NH_4^+ + OH^- \tag{2.31}$$
その結果、$[Zn^{2+}][OH^-]^2$ が $Zn(OH)_2$ の溶解度積 K_{sp} を超え、$Zn(OH)_2$ が沈殿として生成する。

2.5 シリコンのアルコキシド $Si(OR)_4$（R はアルキル基）をアルコール中で加水分解させると、生成したシラノール（Si-OH）基どうしの間で脱水縮合反応が起こって H_2O 分子が副生成物として生じるとともに、Si-O-Si 結合（シロキサン結合）が生じる。
$$Si(OR)_4 + H_2O \longrightarrow (RO)_3Si\text{-}OH + ROH$$
$$\tag{2.32}$$

(RO)₃Si-OH + HO-Si(OR)₃

— (RO)₃Si-O-Si(OR)₃ + H₂O　(2.33)

以上の反応が逐次的に進行し，シロキサン結合を骨格とする重合体が溶液中に生じる。この重合体が溶液中で成長し，つながることにより，溶液は流動性を失ってゲルとなる。

得られたゲルを乾燥させたのち，約1000℃まで加熱することによって，石英ガラスが得られる。ただし乾燥過程では，ゲル中に含まれる溶媒が蒸発し，加熱過程では細孔が収縮・消滅する。

2.6　薄膜を作製するための気相プロセスは，PVD法とCVD法に大別される。PVD法には真空蒸着法，スパッタ法，パルスレーザー蒸着法がある。いずれにおいても原料となる原子や分子は固体からつくられるが，真空蒸着法では加熱によって，スパッタ法ではAr⁺イオンの照射によって，パルスレーザー蒸着法では紫外線パルスレーザーの照射によってつくられる。CVD法では，加熱した気体の反応によって，薄膜の原料となる原子や分子をつくる。

薄膜を作製するための液相プロセスにゾル–ゲル法がある。ゾル–ゲル法では，ディップコーティングやスピンコーティングを利用して基板表面にゲル膜を作製し，焼成することによって酸化物薄膜が作製される。金属塩の溶液をコーティング液とする方法はCSD法と呼ばれ，また，有機酸塩やβ–ジケトナートを使う場合には，MOD法と呼ばれることもある。LPD法も液相プロセスの一つであり，金属フルオロ錯体の加水分解平衡反応が利用され，溶液中で基板表面に酸化物薄膜が直接作製される。

第3章

3.1　{ Mg₂SiO₄：SiO₂のモル％は33％，重量％は43％

MgSiO₃：SiO₂のモル％は50％，重量％は60％ }

3.2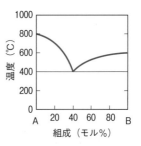

3.3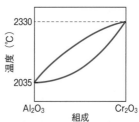

3.4　Mg₂NiO₃

3.5　(a) 2560℃，固相の組成：97重量％ CaO
(b) 2460℃，液相の組成：76重量％ CaO
(c) 2100℃

第4章

4.1　細密充塡状態になる構造には六方細密充塡および立方最密充塡があり，いずれも同一の充塡率を示す。立方最密充塡は面心立方格子で見られる充塡率の計算については4.3.1に示したとおりであり，74.1％である。

4.2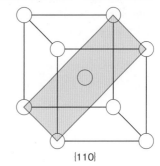

〔110〕

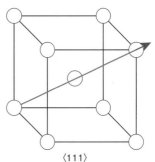

〈111〉

4.3 岩塩構造（立方晶）である MH の格子定数 $a = 2(r_{M+} + r_{H-})$。したがって，$r_{Na+} = 488/2 - 146 = 98\,pm$，$r_{Li+} = 408/2 - 146 = 58\,pm$。

4.4 NaCl（岩塩型）構造：Na-Cl 間の距離 $d = a/2$

セン亜鉛鉱型構造：Zn-S 間の距離 $d = \sqrt{3}\,a/4$（単位胞の対角線長の 1/4）

ウルツ鉱型構造：ウルツ鉱型構造は六方晶系であり，単位胞の長軸 $c = 2\sqrt{6}/3\,a = 1.633\,a$
Zn がつくる六方細密格子の z 方向に 3/8 ずれた位置に S がある。すなわち Zn-S 間の距離 $d = 3/8\,c = (3/8) \times (2\sqrt{6}/3)a = (\sqrt{6}/4)a$

ルチル型構造：O は Ti の周りに 6 配位で存在する。c 軸長の 1/2 の位置に Ti が存在するが，その中心から水平方向にある軸の長さと斜めにできる結合の長さがわずかに異なり，6 配位であるが実際には 4 + 2 配位といえる長さになる。c/a 比は物質によって異なるため，幾何的に正確に表すことはできない。

4.5 原子量 $M = 183.84\,g\,mol^{-1}$ 原子半径 $r = 137\,pm = 137 \times 10^{-12}\,m$
単位胞 1 辺の長さ $a = (4/3)\sqrt{3}\,r$ p = 316.4 pm から 単位胞体積 $V = 3.16 \times 10^{-29}\,m^3 = 3.16 \times 10^{-23}\,cm^3$
単位胞重量 $W = M \times (2/N_A) = 6.11 \times 10^{-22}\,g$
したがって，単位胞密度 $d = W/V = 19.3\,g/cm^3$ 実測値 19.25 g/cm³ は計算値よりわずかに小さい。

4.6 単位胞体積 $V = (459.4 \times 10^{-12})^2 \times 295.9 \times 10^{-12}\,m^3 = 6.24 \times 10^{-23}\,cm^3$
単位胞内に Ti が二つ，O が四つあるため，重量 $W = 2M/N_A = 79.87 \times 2/(6.02 \times 10^{-23}) = 2.653 \times 10^{-22}\,g$
したがって，単位胞密度 $d = W/V = 4.251\,g/cm^3$ 実測値 4.26 g/cm³ は計算値よりわずかに大きい。

4.7 それぞれ $LiCoO_2$ は層状岩塩型，$LiMnO_3$ はスピネル型，$LiFePO_3$ はオリビン（かんらん石）型構造をとる。リチウムイオンが入りう
るサイトは二次元あるいは一次元的に移動しやすい空間があり，理想的な構造をもつように調製することによりリチウムが非常に移動しやすい構造をもつ。これらの材料に端子を接続し，電位を貴な方向に変化させると脱 Li が生じ，充電状態になる。

4.8 4.5.1 および図 4.19 を参照のこと。液相中の結晶析出においては過飽和状態から活性化エネルギーを超える摂動が与えられると，過飽和度が高いほど核が急激に生成する。そのため，溶液中の過飽和度が急激に減少し，そこから結晶の生成量（析出物の総体積）が急激に増加する。そのため，結晶の核生成は溶液内の過飽和度に大きく影響を受ける。

第 5 章

5.1 H_2 分子の結合性および反結合性軌道のエネルギーはそれぞれ $E_0 - A$ と $E_0 + A$。E_0 は H 1s 軌道のエネルギー（−13.6 eV），共鳴積分 A を 3 eV とすると，結合性軌道は −16.6 eV，反結合性軌道は −10.6 eV となる。

LiH 分子の結合性および反結合軌道のエネルギーはそれぞれ $E_H - \dfrac{A^2}{E_{Li} - E_H}$，$E_{Li} + \dfrac{A^2}{E_{Li} - E_H}$ である。H 1s 軌道のエネルギーを −13.6 eV，Li 2s 軌道のエネルギーを −5.5 eV，共鳴積分を 3 eV とすると，結合性軌道は −14.7 eV，反結合性軌道は −4.4 eV となる。

5.2 式（5.23）〜（5.28）の各物理量は，次の SI 単位系の下で取り扱えばよい。電流：アンペア（A），電圧：ボルト（V），試料の厚さ：メートル（m），磁場（磁束密度）：テスラ（T = Wb m⁻² = V s m⁻²），電荷：クーロン（C = A s），キャリア密度：毎立方メートル（m⁻³），ホール係数：C⁻¹ m³，電気伝導度：ジーメンス毎メートル（S m⁻¹ = Ω⁻¹ m⁻¹），移動度：平方メートル毎ボルト毎秒（m² V⁻¹ s⁻¹）
$R_H = (V_H \times d)/(I \times B) = (25 \times 10^{-6} \times 0.5 \times 10^{-3})/(10 \times 10^{-3} \times 0.5) = 2.5 \times 10^{-5}$ (C⁻¹ m³)
$n = 1/(R_H \times e) = 1/(2.5 \times 10^{-5} \times 1.602 \times 10^{-19}) = 2.5 \times 10^{24}$(m⁻³) = 2.5×10^{18}(cm⁻³)
$\mu_H = R_H \times \sigma = 2.5 \times 10^{-5} \times 2 \times 10^2 = 5 \times$

$10^{-4}(m^2 V^{-1} s^{-1}) = 5(cm^2 V^{-1} s^{-1})$

5.3 完全なイオン結合を仮定すると，TiO_2 と TeO_2 を構成するイオンの電子配置は，Ti^{4+} $1s^2 2s^2 2p^6 3s^2 3p^6 3d^0 4s^0$，$Te^{4+} 1s^2 2s^2 2p^6 3s^2 3p^6$ $3d^{10} 4s^2 4p^2 4d^{10} 5s^2 5p^0$，$O^{2-} 1s^2 2s^2 2p^6$。各原子の価電子の原子軌道のエネルギーは，Ti 3d $= -8.5 \, eV$，Ti 4s $= -6.2 \, eV$，Te 5s $= -17.1 \, eV$，Te 5p $= -8.6 \, eV$，O 2s $= -29.17 \, eV$，O 2p $= -14.16 \, eV$。Ti は遷移元素なので，原子状態では 4s 軌道が 3d 軌道より安定であるが，Ti^{4+} イオンでは 3d 軌道が 4s 軌道より安定。したがって，TiO_2 では Ti 3d 軌道がエネルギーが最も小さい空の原子軌道で，O 2p がエネルギーが最も大きい電子で満たされた原子軌道となる。すなわち，価電子帯は O 2p 軌道が，伝導帯は Ti 3d の寄与が大きいといえる。TeO_2 の場合，Te 5p 軌道がエネルギーが最も小さい空の軌道で，電子で満たされた Te 5s 軌道と O 2p 軌道のエネルギーは近い。したがって，価電子帯は Te 5s 軌道と O 2p 軌道の寄与が大きく，伝導帯は Te 5p 軌道の寄与が大きいといえる。

5.4 前問と同様に考えると，SnO_2 の価電子帯は O 2p 軌道の，伝導帯は Sn 5s 軌道の寄与が大きく，SnO の価電子帯は Sn 5s 軌道と O 2p 軌道の，伝導帯は Sn 5p 軌道の寄与が大きいといえる。SnO_2 では O 2p 軌道と Sn 5s 軌道のエネルギー差は $1.66 \, eV$，SnO では Sn 5s 軌道と Sn 5p 軌道のエネルギー差は $6.6 \, eV$ であり，これらをエネルギーバンドギャップを推定する根拠とすればよい。これらに共鳴積分の効果，エネルギーバンドをつくるときのエネルギーの広がりを考慮に入れる。現実のエネルギーバンドギャップは SnO_2 が約 $3.5 \, eV$，SnO が $0.7 \, eV$ である。SnO がなぜそのように小さいバンドギャップになるのかは議論の的となっている。

5.5 分子の場合，結合性軌道を電子が満たすことで化学結合が生成する。これを固体に拡張すると，価電子帯が電子で満たされることが化学結合の起源と考えればよい。正孔は価電子帯の電子の抜け穴であるため，化学結合を切りながら移動すると考えれば，それが動きにくい（有効質量が大きい）ことを，感覚的に理解できる。

第6章

6.1 $D = \varepsilon_0 E + P$

分極は電場により誘電体表面に発生する電荷の面電荷密度，または，電場により誘電体内部に発生する単位体積あたりの双極子モーメント。

6.2 電界 $100/0.005 = 20 \, kV/m$

電束密度 $D = \varepsilon E$ より $10 \times 8.854 \times 10^{-12}$
$$\times 20000 = 1.77 \times 10^{-6} C/m^2$$

分極 $P = D - \varepsilon_0 E$ より $1.77 \times 10^{-6} - 8.854 \times 10^{-12} \times 20000 = 1.59 \times 10^{-6} C/m^2$

6.3 解答省略

6.4 圧電体は電場だけでなく応力によっても分極する。焦電体は電場や応力がなくても最初から分極している（自発分極）。強誘電体は，自発分極をもち，かつ，その方向が外部電場で反転する。

6.5 チタン酸バリウムは，キュリー温度以下では正方晶系の強誘電体で，チタンイオンは c 軸方向に変位した二つの位置に存在できる。キュリー温度以上では常誘電体層となり，チタンイオンが体心の位置に存在する。その境界のキュリー温度では，二つの位置から一つの位置への変化が起こるため，過渡的にイオンの存在する位置のポテンシャルは非常になだらかな形になる。そのため，キュリー温度では誘電率が鋭く上昇する。

6.6 電極を含めた一層の厚みは $0.4 + 0.4 = 0.8 \, \mu m$ なので，チップ高さを $0.5 \, mm$ とすると，積層数は $0.5 \times 10^{-3}/0.8 \times 10^{-6} = 625$ 層になる。$C = N\varepsilon_r \varepsilon_0 S/t$ から $\varepsilon_r = C \times t/(N \times \varepsilon_0 \times S)$ に数値を代入すると，
$\varepsilon_r = 20 \times 10^{-6} \times 0.4 \times 10^{-6}/(625 \times 1.0 \times 10^{-3} \times 0.5 \times 10^{-3} \times 8.854 \times 10^{-12})$
より $\varepsilon_r = 2890$ となる。

第7章

7.1 多くの空格子点をもつもの。
トンネル（一次元），層状（二次元），あるいは網目（三次元）構造をとるもの。
いわゆる平均構造をとるもの。

7.2 酸化カルシウム（2 mol%）の場合：2 mol%
酸化イットリウム（3 mol%）の場合：3.0 mol%

7.3 どちらも濃淡電池の原理を利用している。酸素センサでは，片側は酸素濃度が既知の空気に触れているのに対し，イオン電極では，そのような濃度既知の物質に触れていないため，参照物質が必要となる。

7.4 約1%
$R = 8.314, F = 96500$ として式（7.7）に代入。

7.5 電気化学反応によって燃料の化学エネルギーを電気エネルギーとして取り出す電池。
電解質の種類により，主にプロトン伝導体（リン酸塩型，固体高分子型）アルカリ金属炭酸塩（溶融炭酸塩型），酸化物イオン伝導体（固体酸化物型）に分けられる。プロトン伝導体を用いた電池では低温駆動が実現できるが触媒として用いるPtの被毒が問題である。残りの二種類は触媒が不要であるが，高温が必要なため利用箇所が限定される。

第8章

8.1 1.59 − 3.26（eV）
波長：λ（nm）とエネルギー：E（eV）の関係式は，h はプランク定数，c は光速を用いて E（eV）$= hc/\lambda = 1240/\lambda$ である。ここで λ は nm である。よって 380 nm ＝ 3.26 eV，780 nm ＝ 1.59 eV である。上記の係数 1240 を覚えておくとよい。

8.2 励起状態にある電子は，励起状態の平衡位置まで格子や分子振動の<u>熱エネルギーを放出し緩和</u>する。その平衡位置から，基底の電子状態へ振動緩和できない場合，その余剰分のエネルギーを光として放出し，再び基底状態に遷移し平衡位置まで振動緩和することで元の最安定状態に戻る。

8.3 Eu^{3+} は 5s や 6p 軌道で<u>遮蔽された 4f 軌道間の電子遷移</u>を特徴とする。そのため結合に関わる Eu^{3+} 周りの配位環境の影響は受けにくく，光励起した際も基底と励起状態における電子構造変化が小さい（励起と基底の平衡位置が直上にある）。よって電子遷移は基底平衡位置から真上へ遷移し，発光も同じ励起平衡位置で生じるため，シャープで高効率な輝線

発光となる傾向がある。

8.4 代表的な白色 LED 蛍光体は，青色 LED 光を効率良く別発光（黄色光など）に変換できるものが用いられ，LED 透過の青と黄色蛍光の補色で擬似白色光を呈している。その利点は，LED チップ上に蛍光体を樹脂でマウントさせたシンプルな構造にあり，青赤緑の 3 種の LED チップを用いた白色方式と異なり，制御が容易で価格的に安いなど，多くの利点から主に照明用途などで利用されている。

第9章

9.1 式（9.1）を用いる。
$1/\lambda = 10^7/520 = 1.92 \times 10^4$ cm^{-1}
$\nu = c/\lambda = 2.998 \times 10^8/520 \times 10^{-9} = 5.77 \times 10^{14}$ Hz
$V = hc/\lambda e$ より $\lambda = 6.626 \times 10^{-34} \times 2.998 \times 10^8/(520 \times 10^9 \times 1.602 \times 10^{-23}) = 2.38$ eV

9.2 陰イオンはいずれも第 2 周期の元素であるため，バンドギャップは陰イオンの原子番号順である Al_4C_3, AlN, Al_2O_3, AlF_3 の順に大きくなり，それぞれ約 2 eV，6 eV，9 eV，11 eV である。

9.3 式（9.6）を用いる。$R = [(1.5 - 1)/(1.5 + 1)]^2 = 0.04$

9.4
$$n_e = \left(\frac{2\pi c}{\lambda_p e}\right)^2 \varepsilon m_e$$
$$= \left(\frac{2\pi \times 2.998 \times 10^8}{1000 \times 10^{-9} \times 1.602 \times 10^{-19}}\right)^2$$
$$\times 3.5 \times 10^{-11} \times 0.3 \times 9.109$$
$$\times 10^{-31} \times 10^{-6} = 1.3 \times 10^{21} \text{ cm}^{-3}$$
$1.3 \times 10^{21} = 32f/(10.12 \times 10^{-8})^3$ より $f = 0.042$。なお，すべての Sn が伝導電子を生じるわけではないので，実際の ITO における Sn の濃度はこの値よりも大きい。

9.5 単色性が良い（波長純度が高い）ため，その波長における屈折率を正しく測定できる，波長が原子固有の値であるため波長確度が高く波長再現性も良い，ランプ光源として利用できるので扱いやすい，など。

9.6 θ_2 の臨界角を θ_{2c} とすると，Snell の法則より $n_1 = n_2 \sin \theta_{2c}$。また，入射光に対しては $n \sin \theta$

$= n_2 \sin(\pi/2 - \theta_{2c})$ が成立する。

$n_2 \sin(\pi/2 - \theta_{2c}) = n_2 \cos\theta_{2c}$
$= \sqrt{n_2^2 - n_2^2 \sin^2\theta_{2c}}$ であるから，$n_1 =$
$n_2 \sin\theta_{2c}$ を代入すれば題意の式が得られる。

9.7 $\mathrm{NA} = \sqrt{n_2^2 - n_1^2}$ より $n_1 = \sqrt{n_2^2 - \mathrm{NA}^2}$。変数を代入すると，$n_1$ は 1.415 とすればよいことがわかる。また，大気中でのこの光ファイバーへの許容入射角は，$n = 1$ であるから，$0.22 = \sin\theta$ より $\theta = 12.7°$ である。

9.8 $0.05 = 10^{-0.15L/10}$ より $L = 87\ \mathrm{km}$

第 10 章

10.1 (a) 1.73　(b) 5.92　(c) 2.83
式（10.8），すなわち，
$$p_{\mathrm{eff}} = 2\sqrt{S(S+1)}$$
を用いる。

(a) Ti^{3+} の基底状態の電子配置は $[\mathrm{Ar}]3\mathrm{d}^1$ であるから，$S=1/2$ である。よって，
$$p_{\mathrm{eff}} = 2\sqrt{\frac{1}{2}\left(\frac{1}{2}+1\right)} = 1.73$$

(b) Fe^{3+} の基底状態の電子配置は $[\mathrm{Ar}]3\mathrm{d}^5$ であるから，$S=5/2$ である。よって，
$$p_{\mathrm{eff}} = 2\sqrt{\frac{5}{2}\left(\frac{5}{2}+1\right)} = 5.92$$

(c) Ni^{2+} の基底状態の電子配置は $[\mathrm{Ar}]3\mathrm{d}^8$ であるから，$S=1$ である。よって，
$$p_{\mathrm{eff}} = 2\sqrt{1(1+1)} = 2.83$$

10.2 常磁性状態での磁化率と温度の関係は，式（10.10）で表される。常磁性体ではワイス温度はゼロ，反強磁性体ではワイス温度は負の値をとる。よって，それぞれの磁性体において高温（常磁性状態）での磁化率の逆数の温度依存性はいずれも直線となり，直線は常磁性体では原点を通り，反強磁性体では温度軸の負の領域で交わる。図示すると下のようになる。

常磁性体

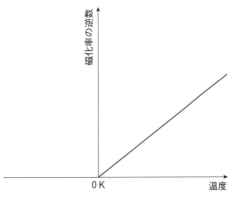

反強磁性体

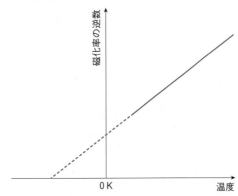

10.3 $2\,\mu_{\mathrm{B}}$, $2.8\,\mu_{\mathrm{B}}$

逆スピネル型構造の $\mathrm{NiFe_2O_4}$ において，式量あたりで考えると四面体間隙に一つの Fe^{3+}，八面体間隙に一つの Ni^{2+} と一つの Fe^{3+} が入り，四面体間隙と八面体間隙の磁気モーメントは反平行になる。このため Ni^{2+} の磁気モーメントの分だけが $\mathrm{NiFe_2O_4}$ の磁化に寄与し，Ni^{2+} のスピンは $S=1$ で，式（10.9）で $g=2$，$J=S=1$ であるから，$2\,\mu_{\mathrm{B}}$ となる。

一方，$\mathrm{NiFe_2O_4}$ に正スピネル型構造の $\mathrm{ZnFe_2O_4}$ が固溶すると，Zn^{2+} は四面体間隙を占め，Fe^{3+} は八面体間隙を占める。固溶した $\mathrm{ZnFe_2O_4}$ のモル分率が x であるとき，式量あたりで考えると四面体間隙の Fe^{3+} の数は $1-x$，八面体間隙には $1-x$ 個の Ni^{2+} と $1+x$ の Fe^{3+} が存在し，Fe^{3+} の磁気モーメントは $5\,\mu_{\mathrm{B}}$ であるから，全体の磁気モーメントは

$$\mu = 2\mu_B(1-x) + 5\mu_B(1+x) - 5\mu_B(1-x)$$
$$= (8x + 2)\mu_B$$

となる。上式に$x=0.1$を代入すると，磁気モーメントとして$2.8\mu_B$が得られる。

10.4 永久磁石には硬磁性体のような最大エネルギー積の大きい強磁性体が要求される。保磁力の小さい強磁性体は最大エネルギー積が小さく，永久磁石としての性能は低い。

10.5 下向きスピンの磁気モーメントの方向に磁場が加えられた場合，磁場の存在下で下向きスピンの電子は上向きスピンの電子より安定化する。言い換えると下向きスピンの状態は上向きスピンの状態よりエネルギーが低くなり，電子構造は図のようになる。この結果，下向きスピンと上向きスピンの数に差が生じ，それが磁化となって現れる。

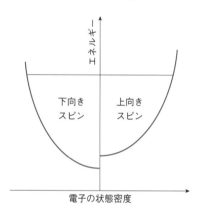

10.6 光アイソレーターは，戻り光を遮る機能とともに効率よく光信号を伝達する性質も有する必要がある。前者は大きなファラデー回転角をもつ物質によって実現できる。後者については物質に低い吸光度（高い透過率）が求められる。

10.7 $Eu(Ti, Nb)O_3$ではEu^{2+}が局在した磁気モーメントをもつ。一方，Ti^{4+}の位置にNb^{5+}が入ると価数の違いから電子が注入され，これは伝導電子として結晶中を動く。この際，伝導電子とEu^{2+}に局在した磁気モーメントが磁気的に相互作用し，伝導電子はEu^{2+}の磁気モーメントを同じ向きに揃えながら移動する。このため強磁性が現れる。

第11章

11.1 無機材料（セラミックス）は，高い力学的強度と高い弾性率をもつので，身体を支えたり，臓器を保護するのに適しているため。また，無機イオンからなる無機材料を利用することで，無機イオンの貯蔵庫としての役割も担うことができるため。

11.2 治療や診断のために，生体の組織や体液などに接して用いられる材料のことである。

11.3 生物学的条件としては，毒性，組織刺激性，発がん性などの有害な作用を示さないことに加え，周囲の生体組織に高い親和性を示すことが要求される。力学的条件としては，材料にはできるだけ修復部位に近い力学的特性が要求される。

11.4 生体内で化学的に安定な生体不活性セラミックス，骨と直接結合する生体活性セラミックス，生体内で分解吸収される生体吸収性セラミックス，の三つに分類される。

11.5 生体活性セラミックスは，骨と結合するものの，緻密体は弾性率が骨に比べ大きすぎ，しかも脆く壊れやすい。生体活性セラミックスと有機材料を複合化することで，骨結合性と柔軟性を併せ示す材料が得られるから。

11.6 細胞，成長因子および足場の3要素が重要となる。

第12章

12.1 表面の原子・イオンは，内部に存在する原子・イオンに比べて，表面側の位置に本来配位している原子・イオンが存在しないので，配位によるエネルギーの安定化が少なく，不安定な状態（エネルギー的に高い状態）になっている。

12.2 （111）面：9配位　　（100面）：8配位
（110）面：7配位

12.3 微粒子になり表面が増えると表面での原子拡散が大きいことから，融点の低下，焼結の促進などが起こる。

12.4 表面への反応基質の分子の吸着力が強くなれば，多くの分子が吸着され反応が促進される。しかし，反応基質や生成物に対する吸着力が強すぎれば，表面が吸着物質で覆われたままとなるので，触媒活性が低下する。

12.5 ゼオライトは，細孔のサイズよりも小さな分子のみ細孔内に入り吸着する。大きな分子は細孔に入れず吸着できないことから，吸着分子の選択性（分子ふるい効果）があり，選択的な反応に利用できる。Si/Al比やイオン交換により，細孔表面に酸点や活性点の導入が可能であるので，反応に最適な表面を設計することができる。

12.6

1辺の長さ	1辺の個数	総個数	表面の個数	表面の割合 (%)
1 nm	5	125	96	78.4
2 nm	10	1,000	488	48.8
4 nm	20	8,000	2,168	27.1
10 nm	50	125,000	14,408	11.5
20 nm	100	1,000,000	29,404	2.94

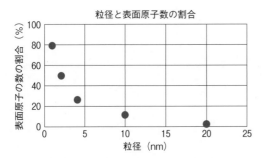

粒径が約5 nm以下になると，急激に表面の原子の数の割合が増加することがわかる。

第13章

13.1 式（13.1）より引張応力は，

$$\sigma = \frac{P}{A} = \frac{P}{\frac{\pi}{4}d^2}$$

となり，式（13.2）のひずみの定義と式（13.5）のフック則から

$$\Delta L = \varepsilon L = \frac{\sigma}{E}L = \frac{4PL}{\pi d^2 E}$$

13.2 真ひずみε_tは，以下のように定義されている。

$$\varepsilon_t = \int_L^{L+\Delta L} dL/L = \ln = \frac{L+\Delta L}{L}$$

したがって工学ひずみの定義を用いて，両者は，

$$\varepsilon_t = \ln(1+\varepsilon)$$

の関係がある。表計算ソフトなどを用いて工

学ひずみに対する真ひずみを数値計算すれば，以下のような関係があることがわかる。つまり，ひずみ量が小さい領域では両者には大きな誤差はなく，等価に扱えることになる。

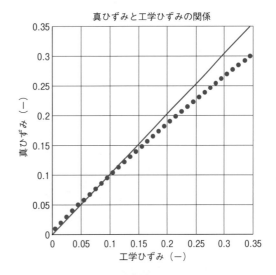

13.3 ヤング率とせん断弾性率の関係は，式（13.7）で表される。$E = 250$ GP，ポアソン比を，それぞれ0.2，0.25，0.3とすると，せん断弾性率は，104，100，96 GPaとなる。

13.4 破壊強度は，ヤング率や表面エネルギーのような物性値だけでなく，破壊起点となる材料に内在する欠陥の寸法に支配されることを，式（13.27）で学んだ。この式から，潜在欠陥cを見積もると，約10 μmとなる。

13.5 式（13.16），式（13.27）の比較から，破壊を誘起する因子として欠陥の寸法が重要であることがわかる。したがって，欠陥寸法の低減により高強度化が実現できる。また，亀裂が容易に進展する場合，壊れやすい（脆性的）材料となることを学んだ。この指標は亀裂進展抵抗であるK_{IC}で表され，この値が大きくなるような材料設計が必要である。これには，亀裂先端に形成するプロセスゾーンにおけるエネルギー散逸機構を導入する必要がある。

索　引

編者略歴

辰巳砂　昌弘（Masahiro Tatsumisago）
1955 年　大阪府生まれ
1978 年　大阪大学工学部応用化学科卒業
1980 年　大阪大学大学院工学研究科博士前期課程修了
現　在　大阪公立大学学長　兼 公立大学法人大阪副理事長
工学博士
おもな研究テーマは，「無機材料化学」，「固体イオニクス」，「ガラス科学」

今中　信人（Nobuhito Imanaka）
1958 年　兵庫県生まれ
1981 年　大阪大学工学部応用化学科卒業
1986 年　大阪大学大学院工学研究科後期課程応用化学専攻修了
現　在　現在，大阪大学環境安全研究管理センター特任教授，
　　　　室蘭工業大学希土類材料研究センター客員教授，大阪大学名誉教授
博士（工学）
おもな研究テーマは，「固体電解質（イオン伝導性固体）」，「環境触媒」

ベーシック無機材料科学

2021 年 2 月 26 日　第 1 版　第 1 刷　発行
2024 年 9 月 1 日　第 1 版　第 4 刷　発行

編　者　辰巳砂　昌　弘
　　　　今　中　信　人

発 行 者　曽　根　良　介

発 行 所　(株)化 学 同 人

検印廃止

〒600-8074　京都市下京区仏光寺通柳馬場西入ル
編 集 部　TEL 075-352-3711　FAX 075-352-0371
企画販売部　TEL 075-352-3373　FAX 075-351-8301
振替　01010-7-5702
e-mail　webmaster@kagakudojin.co.jp
URL　https://www.kagakudojin.co.jp
印刷・製本　創栄図書印刷㈱

ISBN978-4-7598-2024-9
Printed in Japan　© Masahiro Tatsumisago, Nobuhito Imanaka　2021　無断転載・複製を禁ず

本書の感想を
お寄せください

エネルギーの単位の換算表

単　　位	kJ mol^{-1}	kcal mol^{-1}	eV
1 kJ mol^{-1}	1	0.2390057	1.036427×10^{-2}
1 kcal mol^{-1}	4.184	1	4.336410×10^{-2}
1 eV	96.48534	23.06055	1

圧力の単位の換算表

単　　位	Pa	atm	Torr
1 Pa	1	9.86923×10^{-6}	7.50062×10^{-3}
1 atm	101325	1	760
1 Torr	133.322	1.31579×10^{-3}	1

$1 \, \mathrm{Pa} = 1 \, \mathrm{N \, m^{-2}} = 1 \, \mathrm{J \, m^{-3}} = 10^{-5} \, \mathrm{bar}$

SI 接頭語

大きさ	SI 接頭語	記号	大きさ	SI 接頭語	記号
10^{-1}	デ　シ (deci)	d	10	デ　カ (deca)	da
10^{-2}	セン チ (centi)	c	10^2	ヘ ク ト (hecto)	h
10^{-3}	ミ　リ (milli)	m	10^3	キ　ロ (kilo)	k
10^{-6}	マイクロ (micro)	μ	10^6	メ　ガ (mega)	M
10^{-9}	ナ　ノ (nano)	n	10^9	ギ　ガ (giga)	G
10^{-12}	ピ　コ (pico)	p	10^{12}	テ　ラ (tera)	T
10^{-15}	フェムト (femto)	f	10^{15}	ペ　タ (peta)	P
10^{-18}	ア　ト (atto)	a	10^{18}	エク サ (exa)	E
10^{-21}	ゼ プ ト (zepto)	z	10^{21}	ゼ　タ (zetta)	Z
10^{-24}	ヨ ク ト (yocto)	y	10^{24}	ヨ　タ (yotta)	Y

ギリシャ文字

ギリシャ文字	読み方	ギリシャ文字	読み方	ギリシャ文字	読み方
A α	アルファ	I ι	イオタ	P ρ	ロー
B β	ベータ	K κ	カッパ	Σ σ	シグマ
Γ γ	ガンマ	Λ λ	ラムダ	T τ	タウ
Δ δ	デルタ	M μ	ミュー	Y υ	ウプシロン
E ε	イプシロン	N ν	ニュー	Φ φ	ファイ
Z ζ	ゼータ	Ξ ξ	グザイ	X χ	カイ
H η	イータ	O o	オミクロン	Ψ ψ	プサイ
Θ θ	シータ	Π π	パイ	Ω ω	オメガ